Franke / Hesselbach / Huch / Firchau
Variantenmanagement in der Einzel- und Kleinserienfertigung

Hans-Joachim Franke / Jürgen Hesselbach
Burkhard Huch / Norman L. Firchau (Hrsg.)

Variantenmanagement
in der Einzel- und Kleinserienfertigung

Mit 194 Bildern und 33 Tabellen

HANSER

Die Herausgeber:

Prof. Dr.-Ing. Hans-Joachim Franke, Prof. Dr.-Ing. Dr. h.c. Jürgen Hesselbach, Prof. Dr. Burkhard Huch und Dipl.-Ing. Norman L. Firchau sind an der Technischen Universität Braunschweig tätig.

Die Autoren kommen aus den am Projekt beteiligten Firmen.

Die Deutsche Bibliothek – CIP-Einheitsaufnahme

Ein Titeldatensatz für diese Publikation ist bei Der Deutschen Bibliothek erhältlich.

ISBN 3-446-21730-4

© 2002 Carl Hanser Verlag München Wien
http://www.hanser.de
Gesamtherstellung: Druckhaus „Thomas Müntzer" GmbH, Bad Langensalza
Umschlaggestaltung: MCP · Susanne Kraus GbR, Holzkirchen
Printed in Germany

Vorwort des Projektträgers

Verstärkte Kundenorientierung ist eine der wesentlichen Ursachen für die stetige Vergrößerung des Produktspektrums und damit für die höhere Komplexität der Auftragsabwicklungs- und Produktionsprozesse in produzierenden Unternehmen.

Die steigende Komplexität in variantenreichen Produkten und Prozessen erhöht die Kosten, welche nur unzureichend den Varianten zugeordnet und i.a. im Markt nicht erlöst werden können.

Der kostenträchtigen Vielfalt muß durch modulare Strukturen, durch verstärkte Verwendung von standardisierten, parametrisierten Lösungselementen und flexiblen Prozessen entgegengewirkt werden.

Welche Methoden, Werkzeuge und strategischen Ansätze für die Beherrschung variantenreicher Produkte und Prozesse bestehen bereits?

Wie gestaltet sich eine sinnvolle Vorgehensweise bei der Beherrschung der Vielfalt innerhalb der gesamten Wertschöpfungskette?

Welche Optimierungen und Neuentwicklungen von Methoden müssen speziell für die Bedürfnisse der Einzel- und Kleinserienfertigung realisiert werden?

Zur Beantwortung dieser Fragen und zur Entwicklung und Erprobung prototypischer Lösungen haben sich sieben Unternehmen und Hochschulinstitute zum Verbundprojekt "Methoden und Werkzeuge zur Kostenreduktion variantenreicher Produktspektren in der Einzel- und Kleinserienfertigung (EVAPRO)" zusammengefunden.

Das Verbundprojekt wurde innerhalb des Rahmenkonzeptes „Produktion 2000" vom Bundesministerium für Bildung und Forschung (BMBF) gefördert und vom Forschungszentrum Karlsruhe, Projektträger Produktion und Fertigungstechnologien des BMBF, betreut.

In drei Jahren Forschung und Entwicklung wurden praxiserprobte Lösungen für eine Vielzahl von Branchen und für die verschiedenen Wertschöpfungsstufen erarbeitet.

Als Lösungsbausteine und Integrationshilfen liegen Erfahrungsberichte, Handlungsanleitungen und Softwareprototypen vor, die sich folgenden Schwerpunkten zuordnen lassen:

- Strategien und Werkzeuge zur Analyse, Bewertung und Bereinigung von existierenden Variantenspektren,

- Methoden zur verursachungsgerechten Kostenbewertung von Varianten unter besonderer Berücksichtigung der Gemeinkosten,
- Methoden der Produktgestaltung/-strukturierung zur Erfüllung spezieller Kundenanforderungen bei gleichzeitig niedriger Komplexität,
- Methoden und Werkzeuge zur Planung und Steuerung einer variantenreichen Produktion und
- Minderung von Komplexitätskosten durch frühzeitige gegenseitige Abstimmung von Produkt- und Produktionsstrukturen.

Das vorliegende Buch faßt diese Ergebnisse zusammen.

Zunächst werden die theoretischen Grundlagen des Variantenmanagements erläutert, und dem Leser werden Methoden und Lösungsansätze vorgestellt.

Der zweite Teil des Buches schildert die Erfahrungen der industriellen Anwender aus Sicht der Praxis und zeigt Beispiele für den erfolgreichen Einsatz der Methoden.

Die erarbeiteten Ergebnisse leisten einen Beitrag zum systematischen Variantenmanagement und können dadurch zur Stärkung der Wettbewerbsfähigkeit der Unternehmen in Deutschland beitragen.

Der von den Projektkoordinatoren ins Leben gerufene Industriearbeitskreis „Assoziierter Kreis EVAPRO" hat den Erfahrungsaustausch über die Projektpartnerschaft hinaus erfolgreich angeregt.

Die Projektergebnisse wurden im Assoziierten Kreis regelmäßig präsentiert und mit den Teilnehmern diskutiert. Gastvorträge aus angrenzenden Themengebieten bereicherten das Programm.

Aufgrund der starken Resonanz und des großen Interesses wird der Assoziierte Kreis auch nach Ende der Projektlaufzeit weitergeführt werden.

Wir danken allen am Verbundprojekt EVAPRO Beteiligten für ihren Einsatz und für die gute Zusammenarbeit.

Besonderer Dank gilt Herrn Prof. Dr.-Ing. *Hans-Joachim Franke*, Institut für Konstruktionslehre, Maschinen- und Feinwerkelemente der TU Braunschweig, für die Leitung des Verbundprojektes sowie den Koordinatoren Herrn Dipl.-Ing. *Norman L. Firchau* und Herrn Dr.-Ing. *Marc Menge*.

Nicht zuletzt ihrem Einsatz und Engagement ist es zu verdanken, daß dieses umfangreiche und komplexe Verbundprojekt reibungslos ablief, eine Vielzahl von Maßnahmen zum Ergebnistransfer ergriffen wurden und die Dokumentation der Ergebnisse in Form des vorliegenden Buches zur Verfügung steht.

Dem Carl Hanser Verlag sprechen wir unseren Dank für die Veröffentlichung dieses Buches aus.

Nicht zuletzt danken wir dem Bundesministerium für Bildung und Forschung, vertreten durch Herrn Dr. *Gerd Rache*, ohne dessen Unterstützung diese Ergebnisse nicht hätten erarbeitet werden können.

Karlsruhe,
im März 2002

Dr.-Ing. *Ingward Bey*
Dipl.-Ing. *Edwin Steinebrunner*
Forschungszentrum Karlsruhe GmbH
Projektträgerschaft Produktion und
Fertigungstechnologien

Vorwort der Herausgeber

1. Verbundprojekt EVAPRO: Methoden und Werkzeuge zur Kostenreduktion variantenreicher Produktspektren in der Einzel- und Kleinserienfertigung

Ziel des Variantenmanagements ist die erfolgreiche Beherrschung der Vielfalt in Produkten und Prozessen. Das bedeutet insbesondere, die mit Kosten verbundene unternehmensinterne Vielfalt zu senken und gleichzeitig die zu Kundennutzen führende externe Vielfalt zu erhöhen. Variantenbedingte Kosten sind ein wesentlicher Anteil der heute oft zitierten „Komplexitätskosten".

Die Ergebnisse des vom Bundesministerium für Bildung und Forschung (BMBF) im Rahmenkonzept „Produktion 2000" geförderten Verbundprojekts „EVAPRO" sind Recherchen, Analysen, Optimierungen und Neuentwicklungen von Methoden und Werkzeugen zur Beherrschung variantenreicher Produkte und Prozesse speziell für Einzel- und Kleinserienfertiger.

Diese Methoden greifen in allen Phasen des Produktentstehungsprozesses von Entwicklung und Konstruktion über Fertigung und Montage bis zu Vertrieb und Auftragsabwicklung. Instrumente zur verursachungsgerechten Kostenbewertung von Varianten sind Bestandteil dieser Methoden.

Die an EVAPRO beteiligten Institute der Technischen Universität Braunschweig und die Unternehmen Klöckner DESMA Schuhmaschinen GmbH, MAN Nutzfahrzeuge AG, Mette Beverage Processing GmbH und Sterling SIHI GmbH haben sich arbeitsteilig mit nahezu allen Phasen des Produktsentstehungsprozesses beschäftigt und Beiträge zu einer verbesserten Beherrschung von Produkt- und Prozeßvarianten geliefert. Es werden Wege gezeigt, um die Ziele Optimierung des Angebots an den Kunden und Senkung der intern generierten Komplexitätskosten zu harmonisieren.

Das vorliegende Buch faßt die umfangreichen Ergebnisse von EVAPRO zusammen.

2. Gesamthafter Ansatz für das Vorhaben

Frühere bereits von den beteiligten Instituten mit verschiedenen Unternehmen des Maschinenbaus erfolgreich durchgeführte Projekte zur Standardisierung, Variantenbeherrschung, Fertigungssegmentierung und Verbesserung der Ablauforganisation zeigen auf, daß eine nur auf die Konstruktion oder nur die Produktion fokussierte Behandlung der Variantenproblematik keinen optimalen Erfolg nach sich zieht. Vielmehr ist es notwendig, die produktionstechnischen Anforderungen schon in der Konstruktion zu berücksichtigen, die bei der Reduzierung und Beherrschung der Variantenvielfalt aufgrund der dort getätigten Festlegung von Gestalt, Prozessen und damit Kosten eine zentrale Verantwortung übernimmt. Umgekehrt müssen produktionstechnische Investitionen und produktionstechnische Organisationsformen Rücksicht auf die Produktstrukturen nehmen.

Unter diesen Voraussetzungen wurde das Projekt EVAPRO mit einem breiten Ansatz über die gesamte Thematik initiiert und von den beteiligten Projektpartnern aufeinander abgestimmt wissenschaftlich bearbeitet:

Partner	Tätigkeit im Projekt	Schwerpunkte
KLÖCKNER **DESMA** SCHUHMASCHINEN	Optimierung des Produktaufbaus einer Schließeinheit und ihrer Abwicklungsprozesse	• Analyse und Bewertung der Produktstruktur • Systematische Darstellung von Strukturierungsansätzen • Berücksichtigung von Kosteneffekten durch spezielle Gestaltungsregeln • Ermittlung real anfallender Prozeßkosten
MAN	Optimierung der Produktionssteuerung von Omnibussen	• Analyse und Optimierung des Prozesses des Änderungsmanagements • Konzeption einer Druck-/Zugsteuerung für die Fertigung • Konzeption einer Montagesteuerung • Entwicklung eines Montageplanungs-Tools
METTE Beverage Processing	Entwicklung einer Baukastensystematik für Getränkemixer	• Entwickeln eines standardisierten Verfahrensschemas • Konzeption einer Baukastensystematik unter Berücksichtigung technisch- wirtschaftlicher Kennzahlen
STERLING SIHI	Optimierung der Baureihen mehrstufiger Gliederpumpen	• Entwicklung und Anwendung technologischer Kennzahlen zur Beschreibung der Produktvarianz • Entwicklung einer Methode zur verursachungsgerechten Verrechnung varianteninduzierter Gemeinkosten

Tabelle 0.2-1: Themenschwerpunkten der Industriepartner

3.   Wissenschaftlicher und technischer Stand zu Beginn und Ende des Vorhabens

Obwohl eine Vielzahl von Methoden, Werkzeugen und strategischen Ansätzen für die Beherrschung variantenreicher Produkte und Prozesse bekannt sind, haben viele Unternehmen erhebliche Probleme, eigene sinnvolle Vorgehensweisen zu ermitteln und die bekannten teilweise noch unspezifischen Vorschläge an die eigenen Bedürfnisse anzupassen. Mit dem Projekt EVAPRO wurde hierfür ein Beitrag zu mehr Transparenz innerhalb der Thematik geliefert. Weiterhin wurde eine „Methodenbank für das Variantenmanagement" entwickelt, die detaillierte Beschreibungen von Methoden, Werkzeugen, Ablaufpläne, Einflußmatrizen und Strategien zur Beherrschung variantenreicher Produkte und Prozesse speziell für die Einzel- und Kleinserienfertigung systematisch zur Verfügung stellt.

Die bekannten Lösungsansätze zur Beherrschung variantenreicher Produkte konzentrierten sich i.a. lediglich auf Einzelaspekte, so z.B.

- montagegerechte Aufbereitung von Produktstrukturen,
- variantengeeignete Stücklisten, Wiederholteilsuche,
- Erstellung von Variantenarbeitsplänen durch Ähnlichkeitsplanung,
- Produktmodellierung zur rechnerunterstützten Verarbeitung von Produktstrukturen,
- Baukasten- und Baureihenstrukturen,
- Variantenbewertung unter betriebswirtschaftlicher Betrachtung (bislang jedoch ohne einheitliche Ergebnisse),
- flexible (automatisierte) Produktionssysteme,
- Bildung dezentraler, weitgehend selbständig operierender Organisationseinheiten in der Produktion.

Mit EVAPRO wurde aus diesen Ansätzen eine durchgängige, grundsätzliche Vorgehensweise zur Beherrschung (bzw. auch Eingrenzung) eines variantenreichen Produktspektrums abgeleitet. Diese Vorgehensweise enthält Maßnahmen von der Kostenbewertung über Methoden zur Standardisierung und zur konstruktiven Gestaltung der Produkte, der variantenangepaßten Strukturierung der Produktionsbereiche bis hin zur Beschleunigung der operativen Auftragsabwicklung variantenreicher Produkte.

4.   Planung und Ablauf des Vorhabens

Die Bearbeitung der Zielsetzung von EVAPRO im Rahmen eines Verbundprojektes zwischen Industrie und Hochschulinstituten war besonders erfolgversprechend, da nur so existierende methodische und theoretische Ansätze weiterentwickelt, an praktische Randbedingungen angepaßt und erprobt werden können.

Die Thematik wurde arbeitsteilig in fünf Arbeitspaketen behandelt. Die Arbeitspakete wurden von den Projektpartnern eigenständig im vorgesehenen Umfang bearbeitet, wobei jedoch zwischen allen Beteiligten eine intensive Abstimmung erfolgte. Die Arbeitpakete waren wie folgt definiert:

Arbeitpaket	Ziel
I.	Entwicklung von Methoden zur Analyse und Bewertung der Variantenvielfalt
II.	Strukturierung und Gestaltung des Produktspektrums
III.	Variantengerechte Gestaltung der Produktionsstruktur
IV.	Entwicklung von Methoden zur Abstimmung der Produkt- und der Produktions-struktur bei hoher Variantenvielfalt im Produktionsprogramm
V.	Beherrschung der Variantenvielfalt in der Auftragsabwicklung

Tabelle 0.4-1: EVAPRO-Arbeitspakete

Das Institut für Konstruktionslehre, Maschinen- und Feinwerkelemente (IKMF) führte die notwendigen Analyseschritte, die Konzeptentwicklung und die Methodenableitung in den Arbeitspaketen I und II gemeinsam mit den Unternehmen durch und übernahm die Koordination dieser Arbeitspakete sowie des Arbeitspaketes IV. Die Analyseaufgaben im Arbeitspaket III, die Aufstellung der erforderlichen Konzepte sowie die Koordination dieses Arbeitspakets wurden vom Institut für Werkzeugmaschinen und Fertigungstechnik (IWF) übernommen. Ferner koordinierte das IWF zusammen mit dem IKMF das Arbeitspaket V.

Die wissenschaftliche Behandlung der betriebswirtschaftlichen Fragestellungen innerhalb dieses Verbundprojektes übernahm das Institut für Wirtschaftswissenschaften der TU Braunschweig mit der Abteilung Controlling und Unternehmensrechnung.

Während der Projektlaufzeit von September 1997 bis Dezember 2000 gewährleisteten Treffen aller Projektpartner im Abstand von ca. 3 Monaten die inhaltliche Abstimmung und den Erfahrungsaustausch zwischen den Partnern.

Weitergehender Abstimmungsbedarf wurde durch das IKMF koordiniert. Es fand eine Vielzahl von Treffen der Projektpartner in verschiedenen Zusammensetzungen statt. Vor Erreichen der Meilenstein- bzw. Berichtstermine erfolgten ebenfalls Projekttreffen.

Darüber hinaus fand auch die Präsentation des Projektstands und der Erfahrungsaustausch mit dem Assoziierten Kreis in regelmäßigen Abständen statt (ca. halbjährlich).

5.   Erzielte Ergebnisse und generelles Vorgehen

Die Ergebnisse von EVAPRO sind Recherchen, Analysen, Optimierungen und Neuentwicklungen von Methoden zur Beherrschung variantenreicher Produkte und Prozesse speziell für Einzel- und Kleinserienfertiger. Diese Methoden greifen in verschiedenen Phasen des Produktentstehungsprozesses von Entwicklung und Konstruktion über die Fertigung und Montage bis hin zum Verkauf und zur kundenspezifischen Auftragsabwicklung. Instrumente zur verursachungsgerechten Kostenbewertung von Varianten sind Bestandteil dieser Methoden.

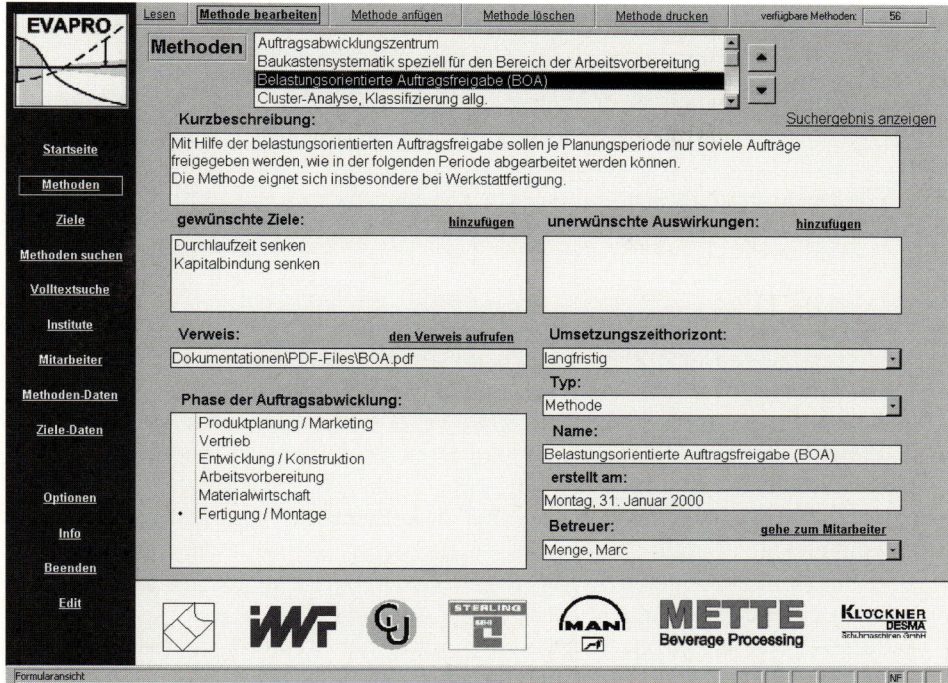

Bild 0.5-1: Methodenbank für das Variantenmanagement

In einer „Methodenbank für das Variantenmanagement" sind diese Ergebnisse zusammengestellt. Die Inhalte sind weitgehend branchenübergreifend formuliert, um eine breite Nutzung zu ermöglichen.

Die industriellen Projektpartner in EVAPRO (DESMA, SIHI, MBP, MAN) sind alle im Bereich der Einzel- und Kleinserienfertigung tätig. Ihr Erfolg hängt davon ab, daß sie einerseits kundenspezifische Anforderungen erfüllen und andererseits das variante Produktspektrum kostengünstig und liefertreu auftragsbezogen planen und abwickeln können.

Erster Schritt war in allen Teilprojekten eine gründliche Analyse in ausgewählten variantenbezogen interessierenden bzw. kritischen Produktbereichen. Bekannte Methoden für die Analyse der Produktstrukturen und der variantenverursachten Kosten wurden erprobt und projektbezogen weiterentwickelt.

Während bei den Projektpartnern DESMA, SIHI und MBP anschließend vorrangig an der Optimierung der Produktspektren, z.B. durch Bereinigung, neue Baukastenkonzepte und teile- und baugruppenbezogene Standardisierung, gearbeitet wurde, lag der Schwerpunkt bei MAN stärker in der variantengerechten Strukturierung der Produktions- und Montageabläufe. Bei MAN lag ein besonderes Augenmerk auch auf einem Frühwarnsystem und Kontroll- und Steuermechanismus für späte Änderungen technischer Merkmale im Auftragsfalle.

Mit Beteiligung der Hochschulinstitute wurden gezielt bekannte Methoden angepaßt und verbessert sowie neue Hilfsmittel und Werkzeuge geschaffen.

Dabei wurde als wesentliche strategische Grundregel verfolgt, Effekte nicht nur in einem einzelnen Ablaufschritt sondern nachhaltig für die gesamte Wertschöpfungskette zu erzielen. Beispielsweise wurden baustrukturelle Maßnahmen in der Entwicklung daran ausgerichtet, daß sie auch in der späteren auftragsbezogenen Abwicklung in Verkauf, Konstruktion, Fertigung und Montage Vorteile bringen.

Exemplarische Projektergebnisse von EVAPRO:

- Strategien zur kostenorientierten Planung und Strukturierung variantenreicher Produkte in der auftragsbezogenen Einzel- und Kleinserienfertigung unter Betrachtung der gesamten Prozeßkette der operativen Auftragsabwicklung,
- Hilfsmittel zur Analyse und Bewertung existierender Variantenspektren und varianter Bedarfe,
- eine durchgängige Methode zur rationellen Entwicklung von Standards auch für variantenreiche Produkte,
- eine Abgrenzung von „nützlicher" (absatzfördernder) Varianz von „schädlicher" (kostentreibender) Varianz,
- Hilfsmittel und Methoden zur Beurteilung der Auswirkungen eines variantenreichen Produktspektrums auf die Produktionsstruktur sowie die Planung und Steuerung von Fertigung und Montage,
- Methoden zur kostenoptimalen Abstimmung der Produkt- und der Produktionsstruktur bei hoher Variantenvielfalt im Produktionsprogramm,
- Ermittlung von Kennzahlen zur Beschreibung und wirtschaftlichen Bewertung der Variantenspektren, die für den Einsatz in der Einzel- und Kleinserienfertigung geeignet sind,
- Ermittlung und verursachungsgerechte Zuordnung der durch die Variantenvielfalt verursachten Kosten und Aufbau von Methoden zur strategischen Kostenbewertung
- sowie die geeignete Umsetzung von vorhandenen Methoden.

6.   Zusammenarbeit mit anderen Stellen außerhalb des Verbundprojektes

Von den EVAPRO-Beteiligten wurden eine Vielzahl von Veranstaltungen koordiniert und mit Beiträgen bereichert:

- Mehrere Treffen des Assoziierten Kreises des Verbundprojekts EVAPRO,
- VDI-Tagung „Effektive Entwicklung und Auftragsabwicklung variantenreicher Produkte", Würzburg im Oktober 1998,
- VDI-Tagung „Variantenvielfalt in Produkten und Prozessen – Erfahrungen, Methoden und Instrumente", Kassel im November 2001.

Weiterhin erfolgte ein reger Austausch und Präsentationen bei z.B.:

- Jahrestreffen des Berliner Kreises 1998 und 2000,
- Symposien DfX, Schnaittach 1998 und 2000,
- AWF-Seminar „Die Ertragskraft steigern durch Reduzierung der Komplexität", Frankfurt 1999,
- Arbeitskreistreffen der IHK Braunschweig und der IHK Bremen 1999,
- Ausschuß „Normenpraxis" des DIN, Bremen 1999,
- Beteiligten des Verbundprojekts „iViP", Teilprojekt „Komplexitätsmanagement",
- Verschiedenen Beteiligten des Assoziierten Kreises (z.B. DaimlerChrysler, Hobart, MKN, neff, SAP, Wilke u.v.m.)

7.   Danksagungen

An dieser Stelle möchte wir dem Bundesministerium für Bildung und Forschung (BMBF) sowie dem Forschungszentrum Karlsruhe, Projektträger Produktion und Fertigungstechnologien des BMBF (PFT), Dank für die Unterstützung des Projektes EVAPRO aussprechen.

Natürlich gilt großer Dank auch den beteiligten Unternehmen und Instituten, die sachkundig und engagiert an dem gemeinsamen Projekt mitarbeiteten sowie allen beteiligten Projektmitarbeitern.

Besonderer Dank gilt Herrn Dipl.-Ing. *Edwin Steinebrunner* vom Projektträger PFT für die ausgezeichnete Betreuung des Projekts.

Braunschweig, im März 2002   Prof. Dr.-Ing. *Hans-Joachim Franke*
                                    Prof. Dr.-Ing. Dr. h.c. *Jürgen Hesselbach*
                                    Prof. Dr. *Burkhard Huch*
                                    Dipl.-Ing. *Norman L. Firchau*

Inhaltsverzeichnis

Autorenverzeichnis

Dipl.-Ing. *Christian Decker*,
Klöckner Desma Schuhmaschinen GmbH, Achim

Dipl.-Ing. *Norman L. Firchau*,
Institut für Konstruktionslehre, Maschinen- und Feinwerkelemente (IKMF)
Technische Universität Braunschweig

Prof. Dr.-Ing. *Hans-Joachim Franke*,
Institut für Konstruktionslehre, Maschinen- und Feinwerkelemente (IKMF)
Technische Universität Braunschweig

Dr.-Ing. *Robert Götz*,
MAN Nutzfahrzeuge AG, Salzgitter

Prof. Dr.-Ing. Dr. h.c. *Jürgen Hesselbach*,
Institut für Werkzeugmaschinen und Fertigungstechnik (IWF)
Technische Universität Braunschweig

Prof. Dr. *Burkhard Huch*,
Institut für Wirtschaftswissenschaften, Controlling und Unternehmensrechnung (CU)
Technische Universität Braunschweig

Dipl.-Ing. *Ralph Koschorrek*,
Institut für Konstruktionslehre, Maschinen- und Feinwerkelemente (IKMF)
Technische Universität Braunschweig

Dr. *Jan Lösch*,
Institut für Wirtschaftswissenschaften, Controlling und Unternehmensrechnung (CU)
Technische Universität Braunschweig

Dr.-Ing. *Marc Menge*,
Institut für Werkzeugmaschinen und Fertigungstechnik (IWF)
Technische Universität Braunschweig

Dr.-Ing. *Manfred Mette*,
METTE Beverage Processing GmbH, Hamburg

Dipl.-Ing. *Arne Oetzmann*,
Institut für Werkzeugmaschinen und Fertigungstechnik (IWF)
Technische Universität Braunschweig

Dipl.-Ing. *Detlef Prokasky*,
Sterling SIHI GmbH, Ludwigshafen

1 Variantenmanagement: Varianten-vielfalt in Produkten und Prozessen erfolgreich beherrschen

Norman L. Firchau, Hans-Joachim Franke, Burkhard Huch, Marc Menge

1.1 Problemstellung Variantenvielfalt

Die Komplexität moderner Produkte nimmt ständig zu. Höherwertige Funktionalität und differenzierte Bedarfe auf weltweiten Märkten, aber auch historisch gewachsene Programme führen zu differenzierten Produktstrukturen mit einer Vielzahl von Produkt- und Prozeßvarianten. Dies hat tiefgreifende Konsequenzen für die gesamte Wertschöpfungskette.

Eine Zunahme der Variantenvielfalt kann sich dabei sowohl positiv als auch negativ auf den Unternehmenserfolg auswirken [gem98, lin94].

Die Erhöhung der Anzahl von Produktvarianten ermöglicht die Erfüllung zusätzlicher Kundenwünsche und trägt zur Bedienung neuer Marktsegmente oder zum Erschließen weiterer Kundenkreise und damit zur Steigerung des Unternehmensumsatzes bei.

Demgegenüber stehen die kostenerhöhenden Wirkungen der Variantenvielfalt. Diese treten funktionsübergreifend über alle Prozeßschritte der technischen Auftragsabwicklung hinweg auf, weisen starke Interdependenzen auf und schlagen sich in zunehmend komplexeren Abläufen und Strukturen nieder [kai95, lös00].

Die kostentreibende Wirkung hoher Variantenvielfalt ist jedoch mit den üblichen Kalkulationsmethoden kaum gerecht abzuschätzen und unternehmerisch zu bewerten [jes97, kai95].

Werden die Risiken der Variantenvielfalt nicht früh genug erkannt, geraten Unternehmen in einen Teufelskreis von Variantenvielfalt und Wettbewerbsnachteilen (**Bild 1.1-1**) [rat93]: Als Reaktion auf stagnierende Absätze wird eine Erweiterung des Produktspektrums in Nischenmärkte durchgeführt. Die tatsächlichen Kosten der steigenden Variantenvielfalt werden unterschätzt und langfristig verändern sich die Kostenstrukturen hin zu höheren Gemeinkostenanteilen, da z.B. die notwendige stärkere Flexibilisierung der Fertigung zusätzliche Investitionen erfordert und betriebliche Strukturen und Abläufe komplexer werden. Dadurch sinkt die Wettbewerbsfähigkeit und der Teufelskreis beginnt von Neuem.

Für Unternehmen mit auftragsbezogener Einzel- und Kleinserienfertigung ist das Variantenproblem ganz besonders gravierend, da die resultierenden Kosteneffekte auch in Entwicklung und Verkauf relativ stark durchschlagen und zu Kostenproblemen häufig noch Kapazitäts- und Terminprobleme generieren. Ohne die puffernde

Wirkung großer Stückzahlen (Lerneffekte) kann der Circulus vituosus aus **Bild 1.1-1** besonders schnell zur Instabilität führen.

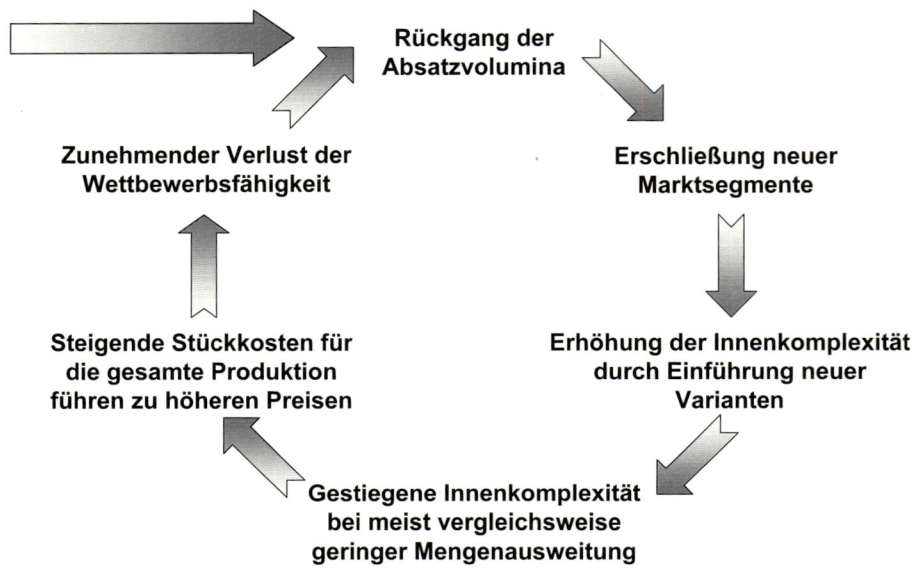

Bild 1.1-1: Teufelskreis aus Variantenvielfalt und Wettbewerbsnachteilen [rat93]

Kenngrößen	Mittelständische Serien-fertigung einfacher Produkte	Mittelständische Auftrags-fertigung komplexer Produkte
Anzahl Endprodukte Vielfalt Endprodukte (unterschiedliche)	300 1−2	5.000 200
Eigenfertigungsteile Fremdfertigungsteile	200, 45 verschiedene 800	50.000, 10.000 verschiedene 100.000
Anzahl Stücklistenebenen	2−5	10−20
Anzahl Bestandsstufen	1−5	5−20
Anzahl Betriebsmittel Anzahl Arbeitsplätze Anzahl Kapazitätseinheiten	50 80−120 20	1.000 2.500 400
Anzahl Arbeitspläne, Vielfalt	300, 5 verschiedene	75.000, 40.000 verschiedene
Arbeitsplatzzustände (Rüstzustände)	max. 350	20.000
Dynamik, Veränderlichkeit	gering, nur bei Änderungen der Produkte und Prozesse	sehr hoch, mit jedem Auftrag vielfältige Anpassungen

Tabelle 1.1-1: Kenngrößen von Serienfertigung und auftragsbezogener Einzel- und Kleinserienfer-tigung [men01]

In **Tabelle 1.1-1** sind einige komplexitäts- und somit kostenbestimmende Kenngrößen unterschiedlicher Fertigungsarten im Mittelstand dargestellt, um die Auswirkungen der Variantenvielfalt zu quantifizieren.

Während die betrieblichen Prozesse und Strukturen in der Serienfertigung vergleichsweise einfach und überschaubar sind, weist die Auftragsabwicklung variantenreicher Produkte in Einzel- und Kleinserienfertigung eine erheblich größere Komplexität und Dynamik in der technischen Auftragsabwicklung auf.

Das aufgezeigte Spannungsfeld verdeutlicht, daß sich gerade Unternehmen der Einzel- und Kleinserienfertigung dem Trend zur kundenindividuellen Lösung nicht entziehen können.

Um jedoch den innerbetrieblichen Aufwand für die Abwicklung variantenreicher Produktspektren begrenzt zu halten, müssen die direkten und indirekten Prozesse und Strukturen der technischen Auftragsabwicklung effektiv und effizient gemanagt werden [men01].

1.2   Ursachen der Variantenentstehung

Die Gründe für eine hohe Variantenvielfalt im Produktspektrum lassen sich in unternehmensexterne (Markt, Gesellschaft und Wettbewerb) und -interne Ursachen unterteilen.

Varianten, die aus externen Anforderungen entstehen, sind überwiegend nicht vermeidbar, während unternehmensinterne Gründe eher zu unnötiger Variantenvielfalt führen [jes97].

Bedingt durch die Globalisierung des Wettbewerbs und den Wandel vom Anbieter- zum Käufermarkt steigt die Tendenz zum individuellen Produkt bzw. zur individuellen Problemlösung [bar95, kai95]. Daher werden mittelfristig nur diejenigen Unternehmen bestehen, denen es gelingt, im weltweiten Wettbewerb in meist gesättigten Märkten ständig und präzise die Bedürfnisse der Kunden zu befriedigen. Allerdings kann falsch verstandene Kundenorientierung zu explodierenden Variantenzahlen und starken wirtschaftlichen Problemen führen [bou97].

Häufig wird versucht, auf stagnierenden Absatz und Umsatz mit einer Diversifizierung des Produktspektrums und der Bedienung von Nischenmärkten zu reagieren [jes97, wüp98d].

Unternehmen, die international tätig sind, müssen bei der Produktgestaltung auch auf differierende Normen, Richtlinien und Vorschriften Rücksicht nehmen sowie sprachliche, kulturelle und anatomische Unterschiede beachten, wodurch länderspezifische Varianten entstehen [jes97]. Als Beispiele seien andere Netzspannungen bzw. Frequenzen (z.B. 60 Hz in Brasilien und USA) oder der Einsatz von Rattengittern in Waschmaschinen für den indischen Markt genannt [hun98].

Interne Gründe für steigende Variantenvielfalt sind häufig historisch gewachsene Produktprogramme. Häufig wird weder konsequent noch regelmäßig eine Bereinigung von Teilen, Baugruppen und Produkten durchgeführt [jes97].

Oftmals erzeugt auch der Vertrieb in falsch verstandenem Umsatzdenken unnötige ertragsmindernde Varianten, indem den Kunden die Erfüllung beliebiger Sonderwünsche zugesagt wird.

Im Unternehmen zeichnet niemand für die Genehmigung neuer Varianten verantwortlich, oder den dafür zuständigen Stellen (z.B. Normungsstelle) fehlt es am notwendigen Verständnis für die Bewertung neuer Varianten. Verstärkend kommt hinzu, daß die variantenbeschreibenden Informationen meist unvollständig und nicht bereichsübergreifend verfügbar sind [cae91].

Ein entscheidend wichtiger strategischer Schwachpunkt ist darin zu sehen, daß die durch Variantenvielfalt verursachten Kosten i.a. in Gemeinkosten versteckt und somit durch die traditionell in den Unternehmen eingesetzten üblichen Zuschlagskostenrechnungsverfahren kaum zu kontrollieren sind.

Häufig verstärken übliche Kalkulationssysteme auf Grundlage der Zuschlagskalkulation den Trend zur Variantenexplosion, da sie für Exoten nur geringfügig höhere oder bei geringfügig geringeren Gewichten oder Fertigungsminuten sogar sinkende Material- und Fertigungseinzelkosten ausweisen (**Bild 1.2-1**).

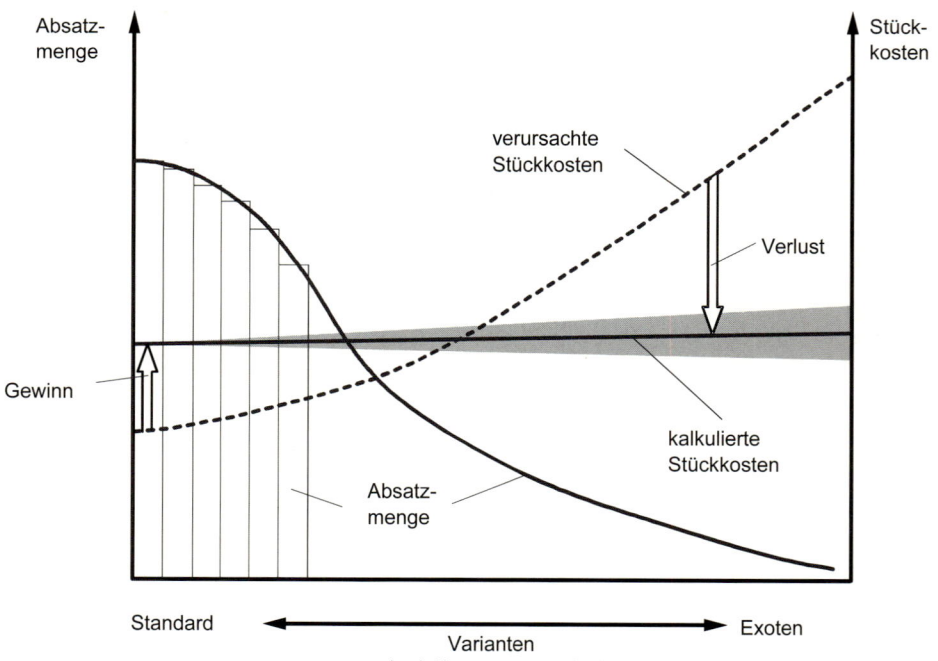

Bild 1.2-1: Tatsächliche und kalkulierte Kosten in der Zuschlagkalkulation [jes97, cae91]

Generell werden durch die Entstehung neuer Varianten zusätzliche Fertigungseinrichtungen benötigt und Mehraufwände in den indirekten Bereichen erzeugt, die nur als Gemeinkostenzuschläge und damit nicht verursachungsgerecht auf alle Varianten verrechnet werden.

Standardprodukte werden so zu teuer bewertet, während Exoten zu kostengünstig angeboten werden [jes98].

Ursachen für die Variantenentstehung sind an anderer Stelle schon vielfach diskutiert worden [z.B. in eve93, fra98a, fra98b, fra87, jes97]. In **Tabelle 1.2-1** sind noch einmal die wesentlichen Punkte zusammengetragen.

	Technologische Entwicklung	- Schnellere Produktzyklen (Taktische Zyklen) - Neue Technologien (Strategische Zyklen) - Weltweite Informationsmöglichkeiten der Kunden
Externe	Gesellschaftlicher und politischer Wandel	- Zunehmende Individualisierung - Pluralisierung der Werte und Normen - Änderung demografischer Strukturen - Verschiebung Kaufkraftaufkommen - Weltweite politische Veränderungen
Markt		- Erhöhter Wettbewerb durch Globalisierung - Sättigung traditioneller Märkte - Diversifikation bekannter und neuartiger Bedarfe - Neue wachsende Märkte ausnutzen - Risikostreuung, Ausgleich von Marktschwankungen - „Abschöpfende" Marketingstrategien - „Produktrelaunch"
Interne	Kostensituation	- Übermächtiger Marktführer - Kostendruck zwingt in Nischen - Auslastungsprobleme
	Methodische Defizite	- Variantenvielfalt wird vernachlässigt und ist nicht transparent - Kostenverrechnung nicht verursachungsgerecht - Zeitliche Differenz zwischen Kostenverursachung und Kostenentstehung - Werkzeuge für ein markt- und kostengerechtes Programmkonzept fehlen
	Organisatorische Defizite	- Koordinierung unterschiedlicher Bereichssichten findet nicht statt - Zu viele Stellen in der Wertschöpfungskette - Ungeeignete Entscheidungsstrukturen zur Variantenproblematik

Tabelle 1.2-1: Ursachen für Variantenentstehung

1.3   Auswirkungen der Variantenvielfalt auf die technische Auftragsabwicklung

Die Variantenvielfalt in einem Unternehmen hat vielfältige direkte und indirekte Auswirkungen auf die Auftragsabwicklung.

Mit steigender Variantenanzahl ergeben sich Mehraufwände für die Konstruktion der neuen oder geänderten Bauteile bzw. Baugruppen. Für jede neue Variante sind Konstruktionszeichnungen, Stücklisten etc. zu erstellen und zu verwalten. Über die Lebensdauer des Produkts hinweg muß die technische Dokumentation gepflegt werden. Änderungen, die beispielsweise aus einer technischen Weiterentwicklung resultieren, müssen in alle betroffenen Varianten eingearbeitet werden. Diese Mehraufwände für die Konstruktion der Varianten sowie zusätzliche Verwaltung und Pflege der technischen Daten bzw. Dokumentation führen zu einer Verlängerung der Durchlaufzeiten durch den Konstruktionsbereich.

Auch in der Arbeitsplanung führen variantenreiche Produktspektren zu gesteigertem Aufwand für die Arbeitsplanerstellung und NC-Programmierung. Mit der Anzahl der Varianten nimmt in der Regel auch die Anzahl der Spezialwerkzeuge und Vorrichtungen zu, die zu planen, ggf. zu konstruieren sowie zu beschaffen sind. Mit zunehmender Variantenvielfalt steigt somit auch die Durchlaufzeit durch die Arbeitsplanung.

In Fertigungssteuerung und Materialwirtschaft verursacht die Variantenvielfalt eine stark steigende Komplexität der Disposition von Kaufteilen sowie der Planung und Steuerung von Teilefertigung und Montage. Bedingt durch die Teilevielfalt sind zahlreiche verschiedene Beschaffungs- und Fertigungsaufträge gleichzeitig zu koordinieren, um termingerecht für jeden Auftrag die richtigen Teile bereitzustellen. Mit der Zielsetzung kurzer Lieferzeiten ergibt sich das Problem der Bedarfsprognose einzelner Variantenteile ohne den konkreten Kundenauftrag zu kennen, was sich vor allem bei Teilen mit langer Beschaffungszeit als kompliziert erweist. Gleichzeitig erhöhen sich im allgemeinen die Mindest- und Sicherheitsbestände, um die Lieferbereitschaft zu gewährleisten. Darüber hinaus sinken die Bestellstückzahlen und mindern mögliche Mengenrabatte.

Mit der Zunahme von Varianten und dem damit steigenden Kundeneinfluß auf die Auftragsabwicklung ergeben sich zahlreiche Änderungen und Störungen, die auf Fertigungssteuerung und Materialwirtschaft einwirken. Je komplexer der Fertigungs- und Montageablauf, desto schwieriger wird die Steuerung bei unvorhergesehenen Abweichungen. Oftmals können bei derartigen Störungen die erforderlichen Teile nicht mehr rechtzeitig beschafft bzw. gefertigt werden, was sich dann in Form von Fehlteilen in der Montage auswirkt und eine kostspielige Sondersteuerung des betreffenden Produkts auslöst.

Variantenreiche Produktspektren wirken sich in Fertigung und Montage negativ aus. Sinkende Losgrößen führen zu häufigeren Rüstvorgängen. Gleichzeitig sinken die Lerneffekte, da bei gleichbleibender Gesamtstückzahl die Stückzahl pro Variante mit Zunahme der Variantenvielfalt abnimmt und damit auch die hieraus resultierende Kostendegression.

Unterschiede in den Arbeitsfolgen und -dauern zwischen den Varianten führen zu wechselnden Engpässen im Produktionsbereich. Als Folge können Leerkosten für die Nichtnutzung von Kapazitäten auftreten, oder die Auslastungsschwankungen werden durch hohe Bestände verdeckt. Teilweise werden für einzelne Varianten spezifische Spezialwerkzeuge oder -vorrichtungen benötigt, und die Fertigungseinrichtungen müssen in der Regel flexibler und für ein größeres Teilespektrum nutzbar sein, was einen erhöhten Kapitaleinsatz erforderlich macht.

In **Tabelle 1.3-1** sind wesentliche Effekte auf die technische Auftragsabwicklung zusammenfassend dargestellt.

Konstruktion/ Entwicklung	Einkauf/ Logistik	Fertigung/ Montage	Rechnungs- wesen	Vertrieb/ Marketing	Kundendienst/ Service
Aufwand für Konstruktion der neuen Teile	Erschwerte Materialbedarfsermittlung	Höhere Rüstkosten und Anlaufverluste aufgrund kleinerer Losgrößen	Anspruchsvollere Kalkulation	Mehraufwand für Vertriebsschulung	Anspruchsvollere Ausbildung des Kundendienstes
Erstellen und Verwalten zusätzlicher technischer Unterlagen	Höhere Einstandspreise durch kleinere Stückzahlen	Aufwändigere Fertigungssteuerung, kompliziertere Austaktung des Montagebandes	Erhöhter Aufwand für Wertanalysen, Einkaufsrichtwerte und Rechnungsprüfung	Heterogenere Kundensegmente	Zusätzliche Kundendienstunterlagen
Erhöhter Änderungsaufwand durch Varianten	Erhöhte Anzahl an Bestellvorgängen		...	Größere Fehlerhäufigkeit bei Auftragsabwicklung	Vergrößerung des Reklamationsrisikos
Pflege zusätzlicher Teile/ Stammdaten ...	Höhere Lagerbestände zur Aufrechterhaltung der Lieferbereitschaft	Auslastungsschwankungen		Vergrößerte Anzahl von Verkaufsdokumenten	Erhöhte Ersatzteilbevorratung ...
	Zusätzliche Lieferantensuche und –auswahl ...	Geringere Produktivität		Aufwendigere Preissetzung	
		Zusätzliche Pläne, Werkzeuge und Vorrichtungen ...		...	

Tabelle 1.3-1: Kosten-, Zeit- und Qualitätsauswirkungen der Vielfalt [kai95, rat93, fra98a].

1.4   Theoretischer Hintergrund

1.4.1   Komplexität betrieblicher Strukturen und Abläufe

Variantenreiche Produkte führen notwendigerweise zu einem Anwachsen der Komplexität aller betrieblichen Strukturen und Abläufe, da eine Vielzahl von Produktalternativen, Baugruppen, Bauteilen und Dokumenten für verschiedene Kunden in unterschiedlichen Zusammensetzungen durch den Betrieb gesteuert werden muß. Eine einfache kostengünstig plan- und abwickelbare Zuordnung von Kunden zu Produkten und Produkten zu Fertigungsstätten ist damit kaum noch möglich.

Konstruktion und Entwicklung benötigen kunden- und produktübergreifendes Know-how über Funktion und Fertigung sowie über Werkzeuge (z.B. CAD, FEM).

Fertigung und Montage verwenden Maschinen und Einrichtungen und brauchen diesbezügliches Know-how, das ebenfalls i.a. weder produkt- noch kundenspezifisch sein kann [fra98a].

Diese übergreifenden Informationen sind geeignet mit jeweils produkt- und/oder kunden- bzw. auftragsspezifischen Informationen zu organisieren.

Das resultierende komplexe Zusammenspiel von handelnden Personen, Produktvarianten, Dokumenten und DV-Systemen und natürlich den hier nicht dargestellten klassischen Produktionsmitteln für die auftragsbezogene Einzelfertigung stellt **Bild 1.4-1** dar. Es zeigt trotz seiner starken Schematisierung deutlich, daß die „Wertschöpfungskette" von den Auftragsdokumenten zum materiellen Produkt in Wirklichkeit ein mehrfach rückgekoppeltes Netz ist. Handelnde Personen, Werkzeuge und Werkzeugsysteme, Teile, Baugruppen und Produkte sowie Dokumente und Modelle sind über Folgen von Bearbeitungsschritten komplex verknüpft.

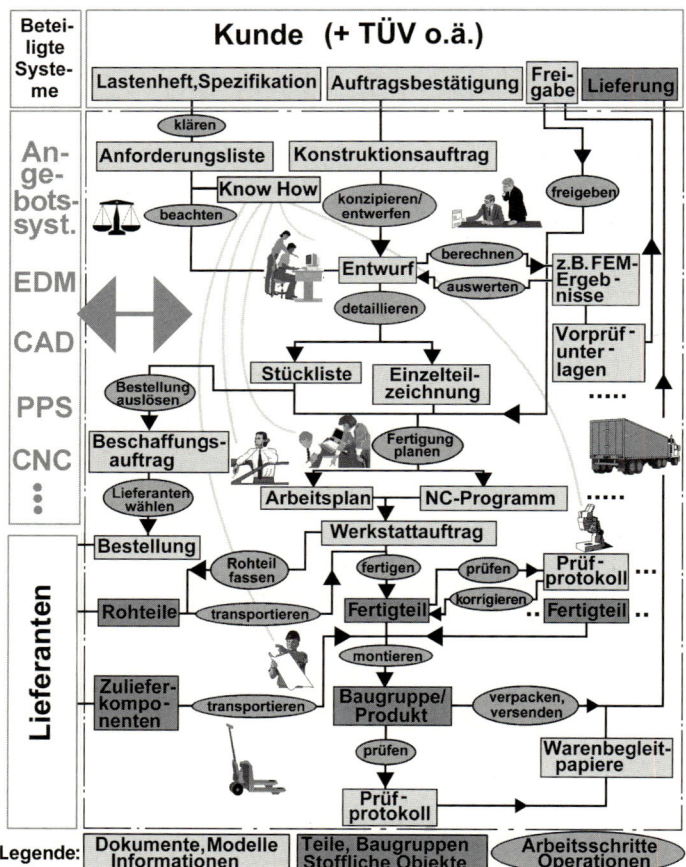

Bild 1.4-1: Vereinfachtes Netzwerk einer auftragsbezogenen Einzelfertigung [fra98a]

1.4.2   Dimensionen der Komplexität

Vor dem beschriebenen Hintergrund der Vielfalt an betrieblichen Elementen und Beziehungen läßt sich Komplexität abstrakt durch Konnektivität und Varietät beschreiben (**Bild 1.4-2**) [pat82]:

Komplexität
Konnektivität (Beziehungsvielfalt)
Varietät (Elementevielfalt)
Arten von Beziehungen (Beziehungsinhalt)
Anzahl von Beziehungen (Verknüpfungsdichte)
Arten von Elementen (Unterschiedlichkeit)
Anzahl von Elementen (Elementemenge)

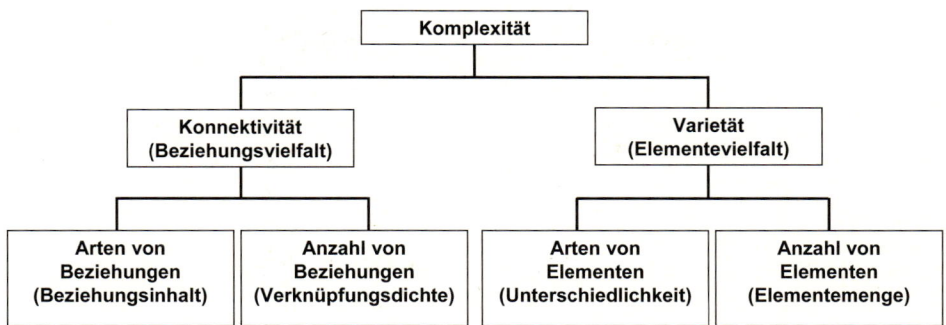

Bild 1.4-2: Komplexität (Merkmale der Systemstruktur) [pat82]

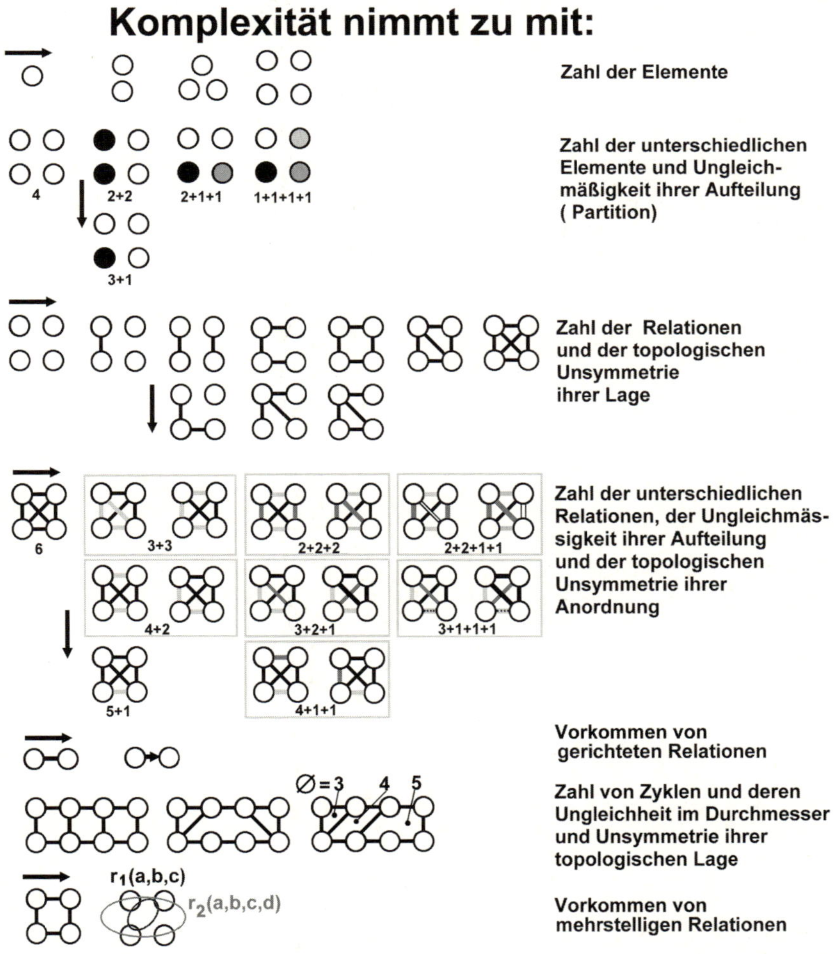

Komplexität nimmt zu mit:
Zahl der Elemente
4
2+2
2+1+1
1+1+1+1
3+1
Zahl der unterschiedlichen Elemente und Ungleichmäßigkeit ihrer Aufteilung (Partition)
Zahl der Relationen und der topologischen Unsymmetrie ihrer Lage
6
3+3
2+2+2
2+2+1+1
4+2
3+2+1
3+1+1+1
5+1
4+1+1
Zahl der unterschiedlichen Relationen, der Ungleichmässigkeit ihrer Aufteilung und der topologischen Unsymmetrie ihrer Anordnung
Vorkommen von gerichteten Relationen
∅=3
4
5
Zahl von Zyklen und deren Ungleichheit im Durchmesser und Unsymmetrie ihrer topologischen Lage
r1(a,b,c)
r2(a,b,c,d)
Vorkommen von mehrstelligen Relationen

Bild 1.4-3: Verschiedene Dimensionen von Komplexität, erläutert am Modell von knoten- und kantengefärbten gerichteten Graphen [fra98a]

Komplexe Systeme lassen sich gut durch Graphen mit „gefärbten Knoten" und „gefärbten Kanten" darstellen [fra98a]. Betrachtet man das Inventar derartiger Darstellungen, kann man leicht zu anschaulichen Einzelvorstellungen gelangen, die derartige Systeme in einer Reihung zunehmender Komplexität sortieren. **Bild 1.4-3** zeigt Beispiele für Folgen von Graphen zunehmender Komplexität.

Man erkennt, daß es verschiedene Dimensionen der Komplexität gibt, die jedoch nicht vollständig unabhängig voneinander definiert werden können. Zum Beispiel sind unterschiedliche Symmetriearten abhängig vom Elemente- und Relationeninventar.

Bild 1.4-4 veranschaulicht die theoretischen Begriffe der Graphen und Relationen durch praktische Beispiele.

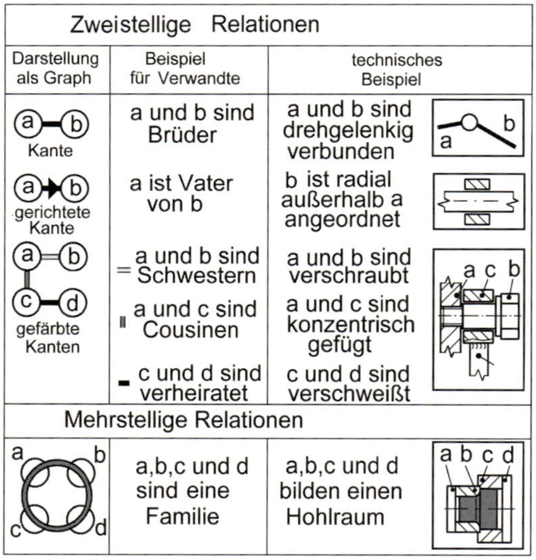

Zweistellige Relationen		
Darstellung als Graph	Beispiel für Verwandte	technisches Beispiel
(a)—(b) Kante	a und b sind Brüder	a und b sind drehgelenkig verbunden
(a)▸(b) gerichtete Kante	a ist Vater von b	b ist radial außerhalb a angeordnet
(a)=(b) (c)=(d) gefärbte Kanten	= a und b sind Schwestern; ‖ a und c sind Cousinen; – c und d sind verheiratet	a und b sind verschraubt; a und c sind konzentrisch gefügt; c und d sind verschweißt
Mehrstellige Relationen		
a b c d (Ringgraph)	a,b,c und d sind eine Familie	a,b,c und d bilden einen Hohlraum

Bild 1.4-4: Beispiele für Graphen und Relationen [fra98a]

Graphentheoretische Darstellungen sind hervorragend geeignet, abstrakte Ähnlichkeiten, z.B. in funktionalem Verhalten, in der Baustruktur oder der Grundanordnung eines Produktes aber auch in Prozeßabläufen, zu erkennen und daraus Wiederverwendung abzuleiten.

1.4.3   Komplexität durch Kombinatorik

Komplexität entsteht allein schon durch die Kombination verschiedener Objekte miteinander, seien es verschiedene Vorgänge, Merkmale, Personen oder anderes.

Unnötige interne Komplexität wird oft erzeugt, weil Sachverhalte nicht scharf oder in verschiedenem Kontext immer wieder different abgegrenzt werden, z.B. wenn Einkauf, Konstruktion und Verkauf für gleiche Objekte bzw. Sachverhalte unterschiedliche Bezeichnungen und Klassifikationen verwenden [fra98a].

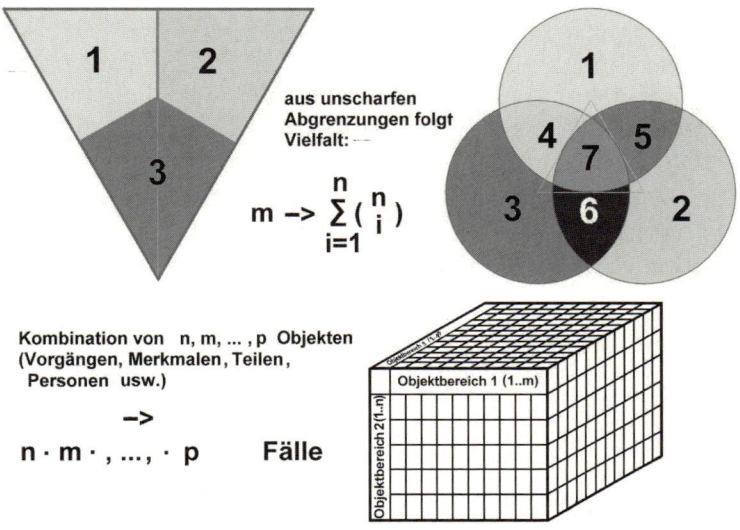

Bild 1.4-5: Unnötige Komplexität durch unscharfe Abgrenzungen / Kombination [fra98a]

Ableitbar aus diesen einfachen kombinationstheoretischen Überlegungen zur Komplexitätsentstehung lassen sich sofort einige **generell gültige Methoden** benennen, die geeignet sind, Komplexität zu begrenzen (**Tabelle 1.4-1**):

generell gültige Methoden	Beispiele
1. Anzahl kombinierbarer Objekte, Vorgänge, Merkmale reduzieren	• nur „marktgängige" Alternativen bereitstellen statt Einzelteile nur Baugruppen kombinieren
2. Stufen der Kombination reduzieren	• in „Paketangeboten" bestimmte Merkmalkombinationen fest koppeln
3. Objekte, Merkmale, Vorgänge klassifizieren, klassenweise Kombination ermöglichen	• Teilegruppen zusammenfassen und in der gleichen Fertigungsinsel produzieren • parametrische Features nutzen
4. Sachverhalte scharf abgrenzen und stets gleich definieren	• Auftragsdokumentation in Verkauf, Einkauf, Konstruktion und Fertigung gleich strukturieren und gemeinsam pflegen • Varianten immer von gleichen Stammdaten ableiten

Tabelle 1.4-1: Methoden zur Begrenzung der Komplexität

1.4.4 Variante und Variantenvielfalt

Der Begriff „Variante" umfaßt nach DIN 199 „Gegenstände ähnlicher Form und/oder Funktion mit in der Regel hohem Anteil identischer Gruppen oder Teile" [din199]. Um den Variantenbegriff auch auf Prozesse beziehen zu können, wird die folgende Definition herangezogen:

> Eine Variante eines Technischen Systems ist ein anderes Technisches System gleichen Zwecks, das sich in mindestens einer Beziehung oder einem Element unterscheidet. Ein Element unterscheidet sich von einem anderen Element in mindestens einer Eigenschaft [fra98c].

Somit können Varianten in Produkt- und Prozeßvarianten unterschieden werden. Produktvarianten können durch Unterschiede in funktionellen oder strukturellen Merkmalen des Produkts voneinander getrennt werden.

Varianten können sich auch durch andere Konditionen, z.B. in Gewährleistung oder Finanzierung, oder durch verschiedenartige zugeordnete Dienstleistungen ergeben.

Prozeßvarianten ergeben sich durch die unterschiedliche Beanspruchung der Unternehmensressourcen.

Dienstleistungsvarianten sind Varianten, bei denen dasselbe Produkt dem Kunden mit unterschiedlichen zusätzlichen Dienstleistungen angeboten wird [fra98c, men01].

Prozeßvarianten werden danach unterschieden, ob sie produktvarianten-induziert oder produktvarianten-neutral sind. Bei produktvarianten-induzierten Prozeßvarianten werden die Unterschiede in den Abläufen durch die Verschiedenartigkeit der Produktvarianten ausgelöst. Zusätzliche Bearbeitungsprozesse (z.B. Härten), die aus technischen Produktvarianten resultieren, oder differierende Dispositionsverfahren, die durch stark unterschiedliche Stückzahlen verschiedener Produktvarianten bedingt sind, sind Beispiele für produktvarianten-induzierte Prozeßvarianten. Bei produktvarianten-neutralen Prozeßvarianten lassen sich demgegenüber die Unterschiede im Ablauf nicht auf Produktvarianten zurückführen [men01]. Ein Beispiel dafür sind z.B. auslastungsbedingte geänderte Fertigungsabläufe, etwa der Wechsel auf eine andere Werkzeugmaschine.

Unter „Variantenvielfalt" wird die Anzahl und die Verschiedenheit der Varianten eines Bauteils, einer Baugruppe oder eines Produkts verstanden.

„Management" beinhaltet „alle Steuerungsvorgänge, die notwendig sind, um die verschiedenen Einzelaktivitäten in einer Unternehmung auf ein übergeordnetes Ziel zu koordinieren" [cor92]. Übertragen auf das „Variantenmanagement" bedeutet dieses:

> Variantenmanagement umfaßt alle Steuerungsvorgänge zur Optimierung der Variantenvielfalt und zur Beherrschung der Auswirkungen variantenreicher Produktspektren. [men01]

Der Begriff „Komplexitätsmanagement" wird häufig in engem Zusammenhang bzw. sogar fälschlich synonym zum Variantenmanagement benutzt. Die Variantenvielfalt ist jedoch nur einer von zahlreichen Komplexitätstreibern in einem Unternehmen.

1.5   Ansätze des Variantenmanagements

Die vorangehenden Ausführungen haben die vielfältigen Ursachen und Auswirkungen der Variantenvielfalt auf die gesamte Auftragsabwicklung dargestellt. Daraus leitet sich die Forderung nach einem durchgängigen, alle Phasen der Auftragsabwicklung umfassenden Variantenmanagement ab. Im Folgenden werden Ansätze des Variantenmanagements dargestellt.

1.5.1   Interne und externe Vielfalt

Generelles Ziel des Variantenmanagements ist die Minimierung der internen Vielfalt bei gleichzeitiger Bereitstellung der vom Markt bzw. vom Kunden geforderten externen Vielfalt.

Dabei bedeutet eine Unterscheidung nach interner und externer Vielfalt folgendes [bar95]:

Externe Vielfalt ist die für den Kunden nutzbare Vielfalt von Produktvarianten. Sie muß für ihn auch erkennbar sein, damit sie umsatzwirksam wird. Sie trägt zur Erfüllung von Kundenwünschen und zur Erhöhung des Produktnutzens bei. Tendenziell ist externe Vielfalt nützlich für ein Unternehmen, solange sie die vom Markt geforderte Vielfalt nicht übersteigt.

Die interne Vielfalt beschreibt die im Rahmen der Auftragsabwicklung auftretende Vielfalt an Bauteilen und -gruppen, Produkten und Prozessen. Sie verursacht hohe Komplexität und mangelnde Transparenz in den Abläufen der indirekten Bereiche und wirkt demzufolge als Gemeinkostentreiber. Insgesamt erhöht sich der Herstellungsaufwand, und die interne Vielfalt wirkt sich somit schädlich für das Unternehmen aus (**Bild 1.5-1**). Sofern sie nicht aus Kundenforderungen sondern „internen Erfindungstrieb" resultiert, muß sie unbedingt vermieden werden. Aus externer Varianz resultierende innere Vielfalt ist wirtschaftlich zu bewerten. Außer unmittelbaren Kosten-Nutzen-Überlegungen sind dabei auch markttaktische und marktstrategische Überlegungen zu berücksichtigen.

1.5.2   Variantenkategorien

Eine wichtige Aufgabe des Variantenmanagements ist die frühzeitige Förderung eines Bewußtseins über vorherrschende Variantenvielfalt. Die Gliederung verschiedener Varianten in Kategorien hilft dabei, systematisch einen Überblick über die spezifische Variantensituation zu erlangen. **Tabelle 1.5-1** zeigt in Form einer Checkliste, mit welchen Merkmalen welche Variantenkategorien unterschieden werden können.

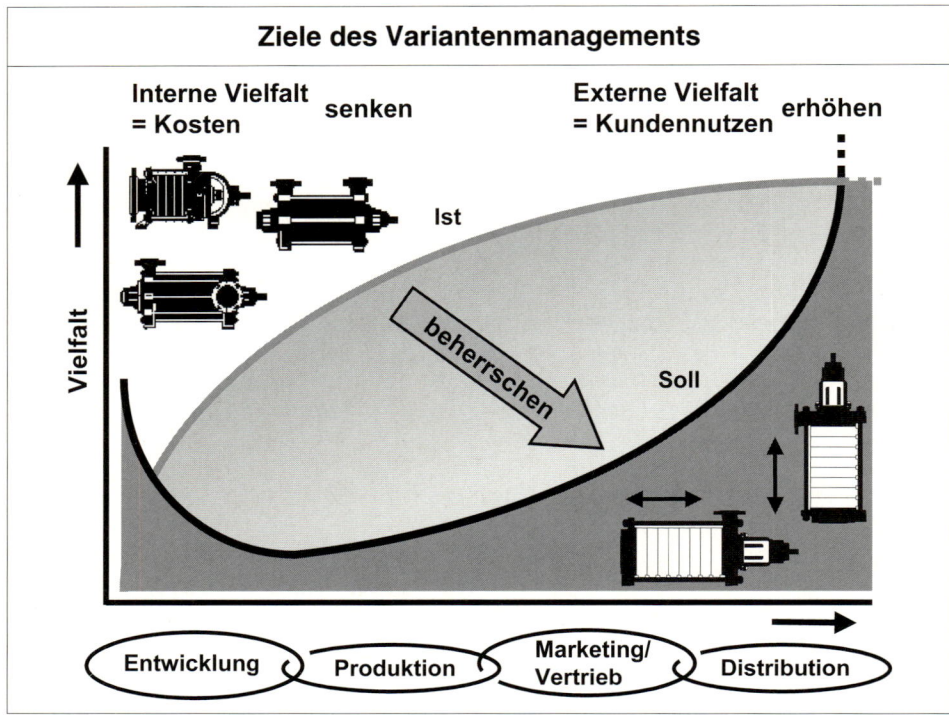

Bild 1.5-1: Ziele des Variantenmanagements [fra01]

Merkmal	Variantenkategorien			
Produktebene	Produktvariante		Baugruppenvariante	Teilevariante
Auftrittshäufigkeit	Standardvariante	Vorzugsvariante	Sonderausführung (hypothetisch / theoretisch möglich)	Kundenauftrags- spezifische Variante
Technische Kriterien	Geometrievariante (Form- / Maßvariante)	Materialvariante	Technologievariante	Produktions- oder Prozeßvariante
Varianten- festlegung	Herstellerspezifische Variante		Kundenspezifische Variante	
Variantenstruktur	Einfache Variante	Gemischt komplexe Variante		Komplexe Variante
Strukturelle Kriterien	Alternativ: Kann-Variante		Additiv: Muß-Variante bzw. Kann-Muß-Variante	
Subjektive Wahrnehmung	Periphere Variante		Fundamentale Variante	

Tabelle 1.5-1: Variantenkategorien [hei99]

1.5.3   Berücksichtigung der Wertschöpfungskette

Ein entscheidender Umstand für die kostentreibende Wirkung von Produktvarianten im Produktentstehungsprozeß ist die Notwendigkeit, in den jeweiligen Wertschöpfungsstufen Ressourcen bereithalten und die einzelnen Varianten entsprechend ihrer jeweiligen Individualität durch den Prozeß steuern zu müssen.

Beispiele für den Ressourcenmehrbedarf wären z.B. das Lagern aber auch das Beschaffen verschiedener Rohteile, die Notwendigkeit, unterschiedliche Werkzeuge vorzuhalten, oder spezifische Werkzeugmaschinen. Bei komplexen Produkten können sogar variantendifferente Personalqualifikationen benötigt werden, z.B. für Varianten mit höherem Steuerungs- oder Regelaufwand.

Der Steuerungsmehraufwand entsteht durch die variantenspezifische Disposition dieser Ressourcen sowie der zugehörigen Dokumente, Bauteile und Baugruppen.

Dieser Aufwand steigt naturgemäß, je früher in der Wertschöpfungskette die Aufspaltung in Varianten erfolgt.

Je größere Anteile des Produktentstehungsprozesses ohne diese geschilderten Mehraufwände auskommen, um so weniger Kostenerhöhung wird durch eine gegebene Anzahl von Varianten verursacht. **Bild 1.5-2** zeigt schematisch die Kostenwirksamkeit von Varianten in aufeinanderfolgenden Wertschöpfungsstufen.

Variantenentstehung:

Ressourcen und Steuerungsaufwand für Varianten

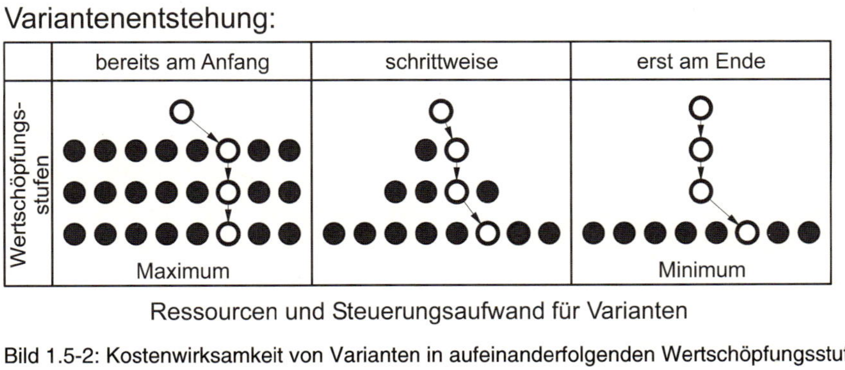

Bild 1.5-2: Kostenwirksamkeit von Varianten in aufeinanderfolgenden Wertschöpfungsstufen [fra98a]

Je nach Entstehungszeitpunkt der Varianten im Wertschöpfungsprozeß müssen unterschiedlich lange bzw. oft Ressourcen bereitgehalten werden, und es resultiert ein unterschiedlicher Aufwand für die Durchsteuerung der Varianten.

Daraus resultiert die gut bekannte generelle strategische Regel:

Varianten möglichst erst am Ende der Wertschöpfungskette entstehen lassen !

Hieraus lassen sich viele konkrete Einzelregeln ableiten, z.B.:

- Wenn möglich, für verschiedene Varianten gleiche Rohteile verwenden.
- Weitgehend nichtindividuelle Vormaterialien verwenden, z.B. Standardhalbzeuge.
- Gleiche Werkzeuge für verschiedene Varianten.
- Durch „Überdimensionierung" oder „Multifunktionalität" weniger verschiedene Teile.
- Varianten erst durch Anbauteile in der Endmontage erzeugen.
- Varianz durch nur zu montierende Zulieferkomponenten erreichen.

Die letzten Beispiele lassen sich zu einer allgemeineren Regel zusammenfassen:

> Funktionale Varianz durch Konfiguration statt durch Konstruktion erreichen !

Vom Standpunkt des Prozeßdurchlaufs und damit der Wertschöpfungskette kann man strategisch zwei Hauptrichtungen von Maßnahmen erkennen (**Tabelle 1.5-2**):

Maßnahmen-„Richtung"	Erläuterung
Quer (in Richtung der Varianz) ►◄	**Klassenbildung, Parametrierung:** Verschiedene Varianten laufen in gleichen Prozessen und mit gleichen Methoden durch.
Längs (in Richtung des Ablaufs) ▼ ▼	**Varianten zum Schluß erzeugen, Integration, Automatisierung:** Steuerungsaufwand sinkt, da Schnittstellen eliminiert werden oder keinen nennenswerten Mehraufwand mehr erfordern.

Tabelle 1.5-2: Längs- und Quermaßnahmen

In beiden Richtungen wirksam sind z.B. personelle Maßnahmen wie Qualifizierung, „Job Enrichement" oder auch ein Bereitstellen flexiblerer Methoden und Werkzeuge.

1.5.4 Durch Standardisierung Variantenzahl vermindern oder besser Varianten optimal durchschleusen?

Vermindern oder optimal durchschleusen – diese beiden Handlungsalternativen scheinen weitgehend entgegengesetzt zu wirken. Welche ist die richtige?

> Ein Patentrezept gibt es nicht! Lösungen sind situationsbedingt zu finden.

Eine richtige problemspezifische Antwort hängt von verschiedenen Einflußgrößen ab. Die wichtigsten sind dabei:

- Marktanteil des Herstellers,
- Stückzahlen des Bedarfs,
- Typ des bedienten Marktes (z.B. technisch orientiert/verbrauchsorientiert, Einzelkunden / statistisches Marktgefüge),
- Marktverhalten der Wettbewerber,
- Technologische Änderungsgeschwindigkeit,
- Grad der Differenzierung der Kundenwünsche (z.B. nach Marktsegmenten oder bis hin zu wichtigen Einzelkunden),
- Art der Kundenwünsche (z.B. vorzugsweise funktionsbezogen oder aber Vorschriften bis in baustrukturelle Einzelheiten des Kernproduktes),
- Flexibilität in Vertrieb, Konstruktion und Produktion.

Mit ausschließlicher Produkt-Standardisierung – insbesondere der Festschreibung einiger weniger Varianten – wird man nur dann Erfolg haben können, wenn man klarer Marktführer ist und damit i.a. auch deutliche Kostenvorteile besitzt. In diesem Fall wird man über den Hebel günstiger Preise die Einschränkungen in der Flexibilität den Kunden gegenüber, die jede Standardisierungsstrategie mit sich bringt, durchsetzen können.

Die umgekehrte Strategie, ausschließlich auf wirtschaftliches flexibles Durchschleusen zu setzen, ist nur dann sinnvoll, wenn man aufgrund der internen Kostenstruktur ausschließlich in Nischen erfolgreich sein kann.

Meist wird man Mischstrategien benötigen, die je nach Positionierung im Rahmen der geschilderten Markteinflußgrößen stärker eine der polaren Strategiekomponenten betont.

Bild 1.5-3 stellt diese Positionierung vereinfacht als Portfolio dar.

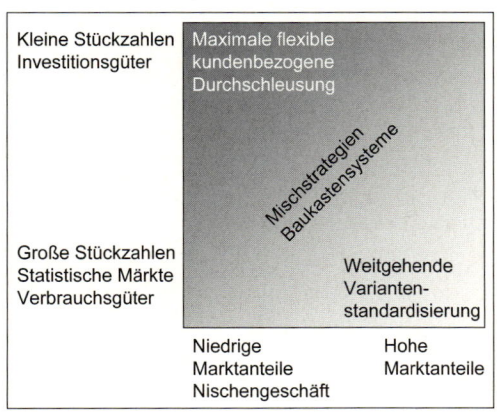

Bild 1.5-3: Polare Strategiemerkmale (abhängig von Marktmerkmalen) [fra98a]

Immer richtig ist dagegen die Überlegung, Standardisierungsbemühungen auf den Produktkern, z.B. auf die Know-how-wesentlichen Komponenten zu konzentrieren, während man zur Produktperipherie hin, d.h. zu den Schnittstellen mit dem Nutzer und/oder seiner Umgebung, vorzugsweise flexibel kundenwunschbezogen anpassen und abwickeln können sollte.

Generell gilt weiter, daß die eingeschlagenen Strategien rollierend zu überprüfen sind, da das Marktgeschehen sehr schnell auch ertragreiche Nischen verändern kann oder technologische Innovationen zu einer wirtschaftlicheren kundenspezifischen Anpassung führen können (z.B. Trends zur kundenindividuellen Massenproduktion).

Diese produktstrukturbezogene Strategiedifferenzierung stellt schematisch **Bild 1.5-4** dar.

Bild 1.5-4: Strategien bezogen auf die Produktstruktur: Zum Kunden hin eher anpassen als standardisieren! [fr98a]

Am Beispiel einer Hochdruckpumpe soll dies verdeutlicht werden:

Wenn die gewünschten funktionellen Daten, z.B. Förderdaten, Wirkungsgrad und Saugeigenschaften gewährleistet sind, wird der Kunde i.a. selten zur Auslegung der Beschaufelung oder zu Details der Druckhülle (abgesehen von Druckprüfung, Teilungstyp und Material) spezifische Forderungen anmelden. Dagegen wird er hinsichtlich der Instrumentierung und für sämtliche Schnittstellen genaue Vorschriften machen, da sie wiederum in die Standards seiner eigenen Anlage eingehen [fra98a].

Dabei ist noch generell anzumerken, daß alle unmittelbaren Produkt-Maßnahmen, insbesondere aus Mustern oder Zeichnungen erkennbare Merkmale, sehr viel leichter von Konkurrenten nachgeahmt werden können, als Systemvorteile, die sich aus integrierten Abwicklungsmethoden oder auch aus der engen Verknüpfung spezifischer Produkt- und Produktionseigenschaften ergeben. Hohe Produktionsinvestitionen, die mit spezifischer Produktgestaltung verknüpft sind, stellen für Konkurrenten eine hohe Einstiegshürde dar:

> Integration von flexiblen Abwicklungsmethoden, Produktionsmitteln und Produktvarianten erschwert das Nachahmen und Einholen durch Konkurrenten.

Nahezu alle wesentlichen Maßnahmen lassen sich übersichtlich durch einige wenige verallgemeinerte Maßnahmengruppen zusammenfassen, die als eine Art Checkliste für eine problemangepaßte Analyse und für die Ideenfindung verwendet werden können (**Tabelle 1.5-3**).

Maßnahmengruppe		Ausprägung	Zweck	Beispiel
Mehrfach- bzw. Wiederverwendung	Produkte	gleiche / ähnliche / halb-ähnliche		Konfigurieren statt konstruieren ! Plattformkonzept, Produktfamilie
	Baugruppen	gleiche / ähnliche	- Lerneffekte ermöglichen	Baukastensystem
	Teile	gleiche / ähnliche	- Fehler vermeiden	Standardisierung, Normung
	Formkomplexe	gleiche / ähnliche	- Stückzahldegression nutzen	Feature-Bibliothek, Parametrik, NC-Makros
	Rechnerinterne Modelle	gleiche / ähnliche / teil- und/oder struktur-ähnlich		3D-Gesamtmodell, FEM-Modell
	Features	gleiche / ähnliche	- Einsatz angepaßter optimierter Werkzeuge ermöglichen	Konstruktions- / Formfeature
	Dokumentation	gleiche / ähnliche / teil- und/oder struktur-ähnlich		Workflowsystem
	Einzeldokumente	gleiche / ähnliche	- Erzeugen von Planungsunterlagen einsparen oder verkürzen	EDM / PDM
	Dokumentabschnitte	gleiche / ähnliche		Textbausteine
	Prozesse	gleiche / ähnliche / teil- und/oder struktur-ähnlich		Fertigungszentrum für ähnliche Teile
	Arbeitsabschnitte	gleiche / ähnliche		Fertigungsfeature
	Arbeitsgänge	gleiche / ähnliche	...	short-cuts, links
Komplexe (in Produkten und Prozessen) strukturieren und organisieren	Komplexteile statt Montagegruppen		- Arbeitsgänge und Schnittstellen einsparen	Funktionsintegration, Modularisierung
	Komplexe Teilleistungen fremdbeziehen		- einfachere Abläufe	Systemlieferant
	Prozeßcluster organisieren		...	Spartenorganisation, Auftragsteams, Fertigungsinseln
Variantenentstehung erst möglichst spät in der Prozeßkette zulassen	frühzeitig planen		- Differenzierung der Arbeitsprozesse begrenzen	Erzeugnisstruktur, Conjoint-Analyse
	schrittweise erzeugen			Montagereihenfolge
	erst am Ende ergänzen		...	Flexible Endmontage
Kundenbezogen notwendige Produkt- und Merkmalsvarianz beherrschen	automatisieren		- Sonderwünsche wirtschaftlich ermöglichen	Zeichnungen / CNC-Daten generieren
	integrieren			Änderungsmanagement
	beschleunigen		...	Rapid Prototyping für Modelle/Werkzeuge

Tabelle 1.5-3: Maßnahmengruppen für die Beherrschung variantenreicher Produkte [in Anlehnung an fra98a]

1.5.5   Marktgerechte Produktstrukturierung und -gestaltung

Mit Hilfe einer variantenoptimierenden Produktgestaltung gibt es Möglichkeiten, variantenreiche Produkte zu erzeugen, ohne die Komplexität der Teilefertigung nennenswert zu erhöhen. Als Beispiele seien hier systematische Baukasten-/Baureihenstrukturen und verschiedene allgemein bekannte Bauweisen, wie z.B. die Modulbauweise, genannt (**Bild 1.5-5**).

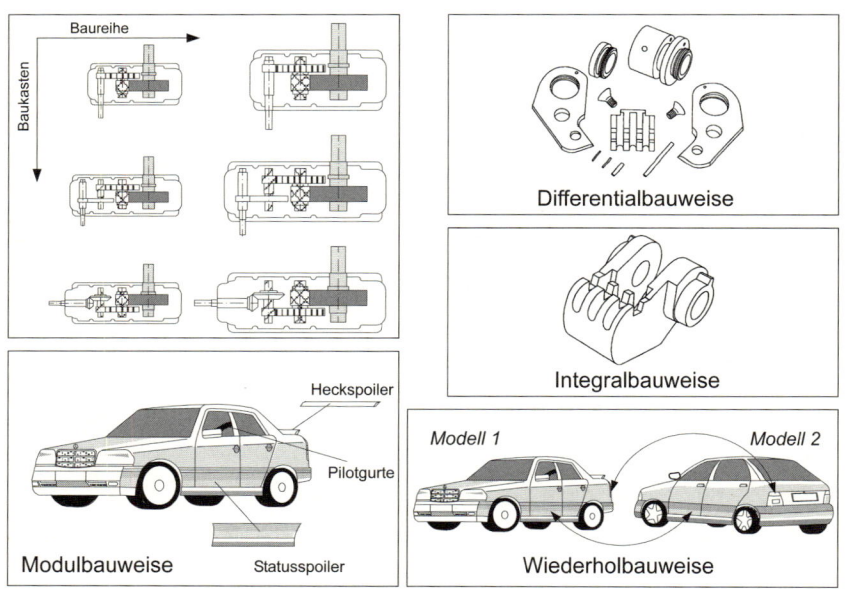

Bild 1.5-5: Übersicht über Bauweisen [jes97]

Hilfreich sind des weiteren Instrumente, die eine Komponentenwiederverwendung unterstützen. Für historisch gewachsene Produktspektren sind Maßnahmen zur Analyse ihrer Marktrelevanz von Interesse. Ergebnisse dieser Analysen erlauben es, eine gezielte Bereinigung durchzuführen.

Eine umfassende Übersicht weiterer Maßnahmen zur Variantenoptimierung in der Produktentwicklung befindet sich in Kapitel 3.

1.5.6   Flexible Produktions- und Abwicklungsprozesse

In **Bild 1.5-6** ist ein Methodenbaukasten dargestellt, der die wichtigsten Ansätze zur Verbesserung der Variantenbeherrschung in der Produktion enthält. Einzelheiten werden in Kapitel 4 erläutert und sind darüberhinaus der Dissertation Menge [men01] zu entnehmen.

Bild 1.5-6: Methodenbaukasten zur Variantenbeherrschung in der Produktion [men01]

1.5.7 Geeignete Kalkulations- und Kostenschätzverfahren

Die wesentlichen Aufgaben einer Variantenkostenrechnung zeigt **Tabelle 1.5-4**. Ausführliche Beschreibungen dieser Verfahren befinden sich in Kapitel 2 und sind darüber hinaus z.B. bei Lösch zu finden [lös01].

Aufgaben:	Erläuterungen:
Analyse der Kostenstruktur	• Berücksichtigung der Kostenflexibilität, • Unterscheidung von variablen und abbaufähigen/ nicht abbaufähigen Kosten, • fixkostenorientierte Plankostenrechnung
Kennzahlen zur Steuerung der Variantenvielfalt	• Selbstkosten, • Kostenreduzierungspotential, • Umsatz, Deckungsbeitrag, Gewinnbeitrag, • relative Kosten/Nutzen von Merkmalsausprägungen, • Variantenausprägungskennzahl
frühzeitige Kostenschätzung	• Ähnlichkeitskalkulationen, • pauschale Verfahren, • analytische Verfahren
Variantenkalkulation	• merkmalsbezogene Plankalkulation, • Unterscheidung einmaliger und laufender Kosten, • Grenzplankostenrechnung in direkten Bereichen, • Prozeßkostenrechnung in indirekten Bereichen

Tabelle 1.5-4: Aufgaben der Variantenkostenrechnung [lös01]

1.5.8 Hilfsmittel für das Variantenmanagement

Als Hilfsmittel stehen für das Variantenmanagement eine Reihe von Instrumenten zur Verfügung, die der Datenverarbeitung und der Organisation zugeordnet werden können (**Tabelle 1.5-5**). Maßnahmen, die einer Optimierung der Organisation dienen, sind aus der Erfahrung heraus oft einfacher, schneller und effektiver in Unternehmen zu etablieren, als die Einführung neuer DV-Systeme.

DV-Werkzeuge:	Organisatorische Maßnahmen:

• Konfiguratoren, Angebotssysteme [lux01]
• EDM, PDM [vdi2219]
• Workflowplanung
• Flexibles variantentransparentes PPS
• parametrisches CAD
• Feature-Bibliotheken [vdi2218]
• Abgestimmte Konstruktions- und
  Fertigungsfeatures [vdi2218]
• ERP, SCM
• Sachmerkmalleisten, Suchsysteme
• Normteilkataloge, Normfeatures
• Kalkulationssystem für Variantenkosten
• ...
	• Geordnete Programm- und Produktplanung
	  mit Referenzkunden
	• Querschnittsbesprechungen
	  (Produktion, Konstruktion, Vertrieb)
	• Schulung von Konstruktion und Verkauf in
	  Variantenproblematik
	  (Bewußtseinsänderung!)
	• Anreizsysteme für Variantenmeidung
	• Optimiertes Änderungsmanagement [lin98]
	• Regelungen zur Variantenfreigabe
	• ...

Tabelle 1.5-5: Hilfsmittel für das Variantenmanagement

1.6   Variantenmanagement als unternehmensweite Gesamtstrategie

Beim Variantenmanagement kann zwischen einer strategischen und einer operativen Komponente unterschieden werden (**Bild 1.6-1**). Das strategische Variantenmanagement hat die variantengerechte Optimierung der Produkt- und Produktionsstrukturen zum Ziel und besteht aus den beiden Bausteinen Produktdefinition und -standardisierung sowie variantengerechte Gestaltung der Produktion. Dagegen wird im operativen Variantenmanagement versucht, die vorgegebene Vielfalt möglichst effizient und reibungslos über die gesamte Prozeßkette abzuwickeln [men01].

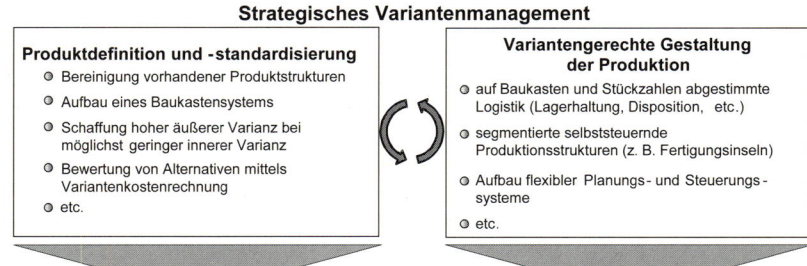

Bild 1.6-1: Strategisches und operatives Variantenmanagement [men01]

1.6.1 Strategisches Variantenmanagement

Auf dem Gebiet der konstruktiven Produktgestaltung muß versucht werden, das vom Markt geforderte Maß an externer Vielfalt bei gleichzeitig möglichst geringer interner Vielfalt zu schaffen. Abgestimmt auf die standardisierte Produktstruktur erfolgt die variantengerechte Gestaltung der Produktion. Je nach erwarteten Stückzahlen und der Wiederbeschaffungszeit der verschiedenen Rohmaterialien, Einzelteilen und Baugruppen werden spezifische Lagerhaltungs- und Dispositionsstrategien festgelegt.

Die Lösungsansätze sind hier vorzugsweise Baukasten- und Baureihenstrategien bzw. Plattform- und/oder Modulstrategien und automatisierter Variantendurchlauf.

1.6.2 Operatives Variantenmanagement

In der Einzel- und Kleinserienfertigung bildet der Vertrieb die Schnittstelle zum Kunden. Die präzise Klärung des Auftrags ist von großer Bedeutung, um die vom Kunden gewünschte Variante eindeutig zu bestimmen und zu definieren. Um die Entstehung zusätzlicher Varianten zu vermeiden, soll der Vertrieb möglichst bereits vorhandene Varianten aus einem Baukasten anbieten. Der Einsatz eines Produktkonfigurators [büt97, gra00] oder spezifischer Angebotssysteme [fra00, lux01] kann bei der Auswahl der auf die Kundenwünsche zugeschnittenen Variante unterstützen. Weiterhin können beispielsweise vom Unternehmen gewollte bzw. bevorzugte Varianten, auch durch Paketstrategien, preislich attraktiv gemacht werden, um den Kunden entsprechend zu lenken.

Insbesondere in der Einzel- und Kleinserienfertigung lassen sich kundenspezifische Varianten trotz vorhandener Baukästen nicht vollständig vermeiden. Für diese Anpaß-/Variantenkonstruktionen sind möglichst viele Gleichteile zu verwenden und die Anzahl an neuen Varianten gering zu halten. Die rechtzeitige Erzeugung und Bereitstellung von Zeichnungen und Stücklisten durch die Konstruktion und die frühzeitige Information über technische Änderungen sind für die nachfolgenden Bereiche Arbeitsvorbereitung/Materialwirtschaft und Produktion von hoher Bedeutung, um das Produkt auch gemäß den Kundenwünschen zu produzieren.

Die rechtzeitige und mengengerechte Bereitstellung des für die Produktion benötigten Materials, sowohl für Standard- als auch für Exoten-Varianten, ist seitens der AV/Materialwirtschaft sicherzustellen. Dabei ist es wichtig, insbesondere Teile und Materialien mit einer langen Wiederbeschaffungszeit frühzeitig zu disponieren. Voraussetzung dafür ist, daß diese Komponenten vom Vertrieb genau mit dem Kunden abgestimmt und von der Konstruktion frühzeitig definiert werden, um die zugesicherten Lieferzeiten einhalten zu können.

In Fertigung und Montage sind die anstehenden Fertigungs- bzw. Montageaufträge variantengerecht zu planen und steuern. Das bedeutet zum einen, daß Aufträge zusammengefaßt werden müssen, um Rüstvorgänge zu minimieren, zum anderen aber, daß auch die Exoten-Teile mit Stückzahl 1 termingerecht gefertigt werden müssen, um Fehlteile in der Montage zu vermeiden. Auf auftretende Störungen, die häufig aus der vorherrschenden Variantenvielfalt resultieren, muß hier flexibel reagiert werden, z.B. durch kurzfristiges Umplanen und Verschieben von Aufträgen [men01].

1.7   Erfahrungen mit dem Variantenmanagement im Rahmen des Projekts EVAPRO

Zur Ermittlung einer sinnvollen Vorgehensweise bei der Beherrschung der Vielfalt innerhalb der gesamten Wertschöpfungskette und zur Entwicklung und Erprobung prototypischer Lösungen haben sich vier Unternehmen und drei Hochschulinstitute

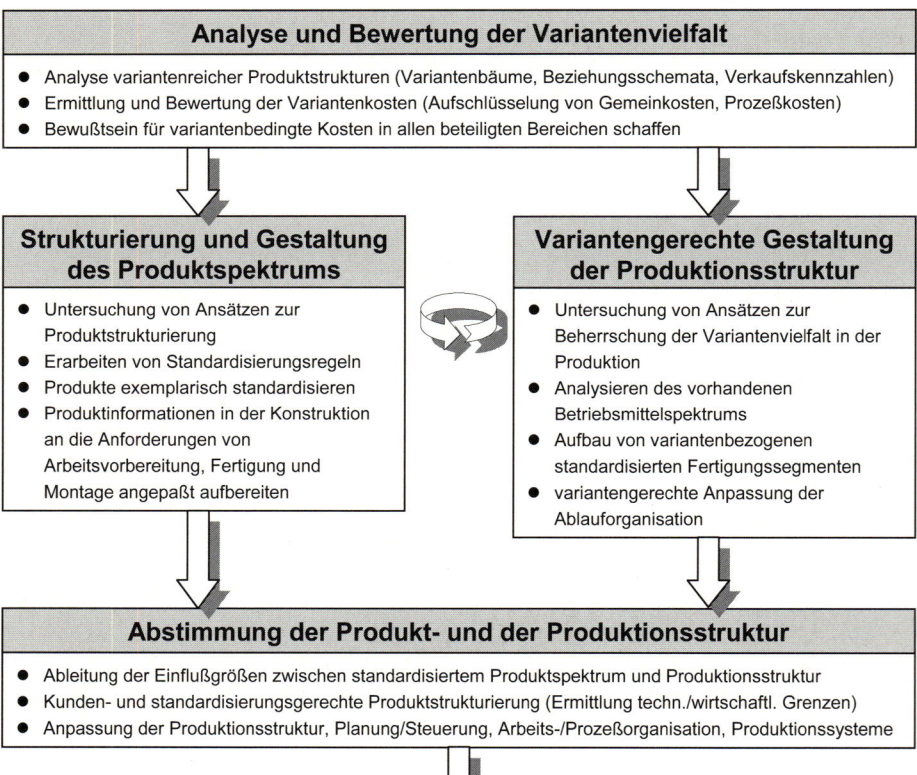

Bild 1.7-1: Innerhalb des Verbundprojekts EVAPRO praktizierter Ablauf des Variantenmanagements

zum Verbundprojekt „Methoden und Werkzeuge zur Kostenreduktion variantenreicher Produktspektren in der Einzel- und Kleinserienfertigung (EVAPRO)" zusammengefunden (siehe Vorwort der Herausgeber). Das Verbundprojekt wurde innerhalb des Rahmenkonzeptes „Produktion 2000" vom Bundesministerium für Bildung
und Forschung (BMBF) gefördert und vom Forschungszentrum Karlsruhe, Projektträger Produktion und Fertigungstechnologien des BMBF, betreut.

In gemeinsamer Forschung und Entwicklung wurden praxiserprobte Lösungen für
eine Vielzahl von Branchen und für die verschiedenen Wertschöpfungsstufen erarbeitet. Als Lösungsbausteine und Integrationshilfen liegen Erfahrungsberichte,
Handlungsanleitungen und Softwareprototypen vor. **Bild 1.7-1** zeigt den Ablauf eines Variantenmanagements, wie es erfolgreich mit den industriellen EVAPRO-
Projektpartnern praktiziert wurde.

Beispielsweise werden bei dem EVAPRO-Projektpartner Sterling SIHI GmbH,
Werk Ludwigshafen, viele verschiedene Baureihen von Kreiselpumpen für den industriellen Einsatz hergestellt. Ursachen für hohe Variantenvielfalt liegen hier in
den branchentypischen Gegebenheiten, wie z.B. kundenspezifisch geforderte Funktionalitäten, weltweiten Märkten und ihren unterschiedlichen Anforderungen, wie
etwa nationale Vorschriften und Normen oder unterschiedlichen Netzfrequenzen.

Um die Vielzahl der im Unternehmen zu verarbeitenden Produkt- und sich daraus
zwangsläufig ergebenden Prozeßvarianten auf ein Minimum zu reduzieren, wurde eine neue standardisierte Baureihenstruktur für mehrstufige Gliederpumpen entwickelt.

Damit wurden nachweisbar die Komplexitätskosten maßgeblich gesenkt und
gleichzeitig branchentypische Forderungen nach einer hohen vom Markt, also den
Kunden geforderten Varianz erfüllt (**Tabelle 1.7-1**).

Ausgewählte Maßnahmen zur Analyse, Bewertung und Optimierung der varianten-reichen Produktstrukturen und Abwicklungsprozesse	Ausgewählte Ergebnisse für die Sterling SIHI GmbH, Werk Ludwigshafen
• Entwicklung eines Kennzahlensystems für interne Varianz • Straffung der Baureihen- und Variantenvielzahl • Neugestaltetes Baukastensystem • Konzeption einer konstruktionsbegleitenden Kostenschätzung • Neuordnung interner Abläufe • Etablierung einer Verkaufsprogramm-Klassifikation • Gestaltung einer variantengerechten Produktionsstruktur • Einführung eines Angebotsprogramms und eines Aggregatekonfigurators	• Reduktion der Produktfamilien um 2/3 • Reduzierte Lagerbestände und Durchlaufzeiten • Gesteigerte Liefertreue • Kompaktere Fertigung • Signifikant gesenkte Fixkosten • Erhöhte Wettbewerbsfähigkeit hinsichtlich Technik und Kosten • Effizientere Geschäftsabläufe von Offerte bis Lieferung • Erfolgreiche Platzierung der Baureihen am Markt • Vorbereitungen für E-Commerce

Tabelle 1.7-1: Beispielhafte Maßnahmen für/Erfolge durch ein Variantenmanagement

2 Methoden der Variantenkostenrechnung

Burkhard Huch, Jan Lösch

2.1 Rahmenbedingungen bei hoher Vielfalt

Neben den festzustellenden kostenerhöhenden Wirkungen der Variantenvielfalt in allen Bereichen der Wertschöpfungskette eines Unternehmens lassen sich verschiedene Kalkulations- und Kosteneffekte identifizieren. So beschreiben

- der Allokationseffekt,
- der Degressionseffekt,
- der Komplexitätseffekt sowie
- der Hysterese-Effekt

verschiedene Probleme der Kostenverrechnung und des Kostenverhaltens, die im Zuge einer Variantenkostenrechnung beachtet werden müssen, um eine möglichst verursachungsgerechte Zuordnung der Kosten auf verschiedene Produktvarianten zu ermöglichen und um entscheidungsunterstützende Informationen an ein Variantenmanagement liefern zu können.

Darüber hinaus stellt die hohe Zahl der zu berücksichtigenden Kostenträger bei einer enderzeugnisorientierten Kalkulation ein besonderes Problem für Unternehmen mit einer großen Anzahl von Produktvarianten dar, für das im Zuge einer Variantenkostenrechnung eine Lösung gefunden werden muß.

2.1.1 Allokationseffekt

Werden die Gemeinkosten verschiedenen Produktvarianten über wertorientierte Zuschlagsbasen wie beispielsweise den Material- oder Lohneinzelkosten zugeordnet, so führen niedrige bzw. hohe Werte der Zuschlagsbasen zu ebenfalls niedrigen bzw. hohen Gemeinkostenzuschlägen. Diese proportionale Verrechnung der Gemeinkosten berücksichtigt jedoch nicht die tatsächliche Inanspruchnahme der indirekten

Produkt	Materialeinzelkosten	Materialgemeinkosten		Allokationseffekt
		Zuschlagssatz 25%	Tatsächlich	
A	40,–	10,–	12,–	+2,–
B	60,–	15,–	12,–	–3,–
C	110,–	27,50	12,–	–15,50

Tabelle 2.1-1: Allokationseffekt

Leistungsbereiche durch unterschiedliche Produktvarianten. So würden Varianten, die aus unterschiedlich wertvollem Material gefertigt werden, unterschiedlich hohe Kosten für die Beschaffung des Fertigungsmaterials zugerechnet werden, obwohl diese durch die einzelnen Bestell- und Liefervorgänge determiniert werden, die in der Regel nicht von der Art des Materials abhängen [fis93].

2.1.2 Degressionseffekt

Die Kosten pro Stück in bestimmten indirekten Gemeinkostenbereichen (z.B. die Vertriebskosten bei Abwicklung von Kundenaufträgen oder Bestellvorgängen) verringern sich mit steigenden Stückzahlen eines Auftrags (**Bild 2.1-1**), wenn diese Gemeinkosten nicht von der Stückzahl sondern von der Anzahl der Aufträge abhängig sind und damit die anteiligen Stückkosten mit steigenden Stückzahlen eines Auftrags degressiv fallen. Es ergeben sich für kleinere Auftragsmengen höhere Stückkosten als für größere, so daß das Erreichen einer „kritischen Masse" in Form von z.B. Mindestauftragsmengen als Ziel für Aufträge gesetzt werden sollte [fis93]. Bei der Kalkulation mit wertorientierten Zuschlagsbasen wird jedoch unabhängig von den Stückzahlen ein konstanter Gemeinkostensatz pro Stück verrechnet, so daß Standardaufträge mit größeren Stückzahlen höhere Gemeinkosten zugeschlagen bekommen als kleinere Auftragsgrößen für Spezialvarianten.

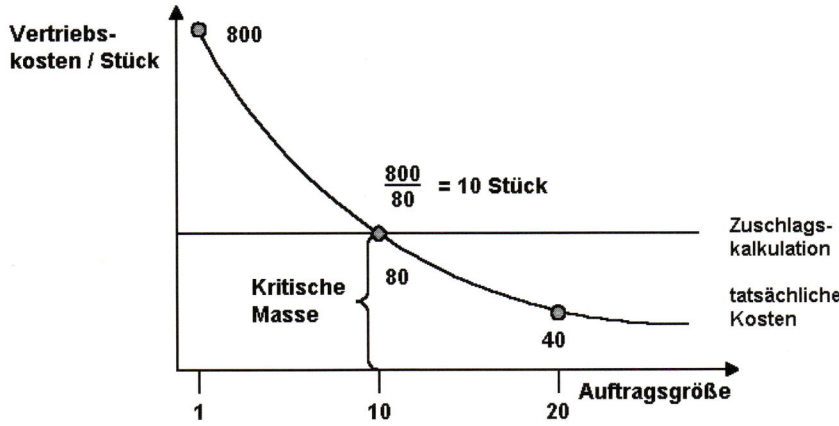

Bild 2.1-1: Degressionseffekt

2.1.3 Komplexitätseffekt

Die traditionelle Zuschlagskalkulation ist nicht in der Lage, die mit der Variantenfertigung steigenden Komplexitätskosten verursachungsgerecht auf die Produktvarianten zu verrechnen (**Bild 2.1-2**). Bei ihrem Einsatz werden für komplexere Varianten, für deren Fertigung ein deutlich höherer Bedarf an gemeinkostenverursachenden Aktivitäten notwendig ist, ein zu niedriger, für das einfachere Standard-

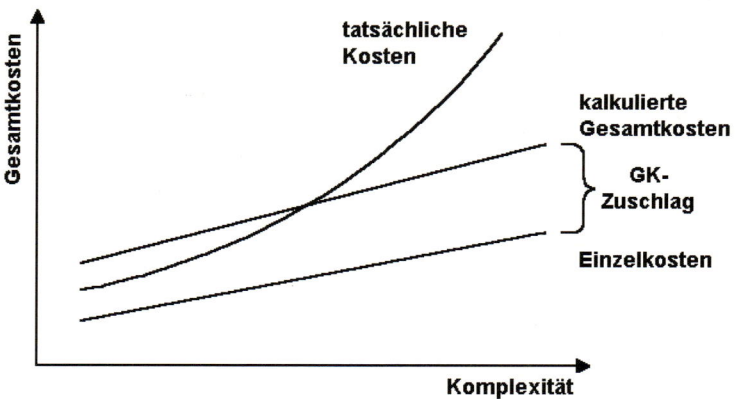

Bild 2.1-2: Komplexitätseffekt

produkt ein zu hoher Absatzpreis festgesetzt. Das kann dazu führen, daß Standard-produkte mit niedriger Komplexität aufgrund ihres hohen Absatzpreises kaum ab-gesetzt werden, während die komplexeren Spezialvarianten mit einem zu niedrigen Absatzpreis einen dann zu hohen Absatz finden [fis93]. Dieses hat eine schwerwie-gende Fehlsteuerung des Produktmixes und der Ertragslage des Unternehmens zur Folge, da der tatsächliche Stückdeckungsbeitrag der Spezialvarianten aufgrund der tatsächlichen Kostenstruktur niedriger oder gar als negativ ausgewiesen werden und zu einer anderen Steuerung im Produktmix führen müßte.

2.1.4   Hysterese-Effekt

Ein weiteres Problem hoher Variantenvielfalt besteht darin, daß die mit ihr verbun-denen Kostenwirkungen meist durch ein asymmetrisch dynamisches Verhalten ge-

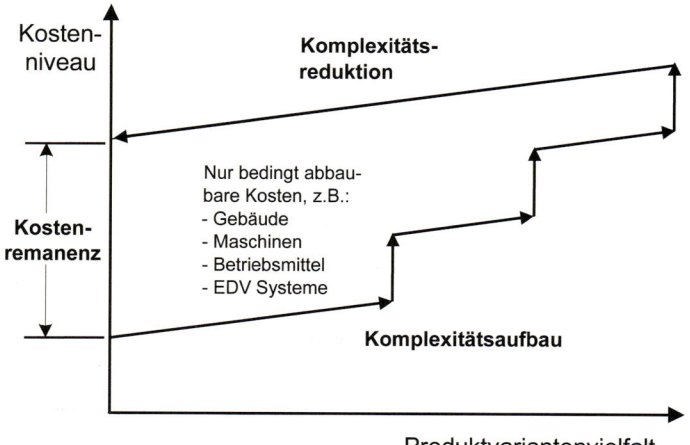

Bild 2.1-3: Hysterese-Effekt [hic86b, rat93]

kennzeichnet sind [rat93]. So erfordert die Handhabung zunehmender Produktvariantenvielfalt in der Regel die Schaffung zusätzlicher Strukturen wie beispielsweise flexible Fertigungseinrichtungen oder aufwendigere EDV-Systeme. Das durch den damit verbundenen Kostenanfall gestiegene Kostenniveau kann jedoch im Falle einer anschließenden Reduzierung der vorgehaltenen Produktvariantenzahl nicht oder nur langfristig in gleichem Maße abgebaut werden, da Kostenwirkungen infolge von Koordinationsdefiziten und der Änderung des Produktions-, Informations-, Steuerungs- und Organisationssystems meist irreversibel sind. Die zu verzeichnende Kostenremanenz führt dann zu einer zeitweiligen Ertragslücke. Diesen auch als Hysterese-Effekt bezeichnete Sachverhalt verdeutlicht **Bild 2.1-3**.

2.1.5 Anzahl der Kalkulationsobjekte

Ein weiteres Problem bei hoher Variantenvielfalt stellt die hohe Anzahl an möglichen Kalkulationsobjekten im Zuge einer Variantenkalkulation dar. So ist die Durchführung einer Plankalkulation für jedes Enderzeugnis als eigenständigen Kostenträger nur in Unternehmen mit sehr geringer Variantenvielfalt sinnvoll und realisierbar. Denn bei einer hohen Produktdifferenzierung scheitert dieses Vorhaben an der Vielzahl der kombinatorisch möglichen Produktvarianten, welche sich nach der folgenden Formel berechnen läßt [ros97]:

$$PV = \prod_{m=1}^{M} x_m \prod_{k=1}^{K} (y_k + 1)$$

mit:

PV	Anzahl der kombinatorisch möglichen Produktvarianten,
x_m	Zahl der Ausprägungen des obligatorischen Merkmals m,
y_k	Zahl der Ausprägungen des optionalen Merkmals k,
M	Zahl der obligatorischen Merkmale,
K	Zahl der optionalen Merkmale.

Die Anzahl der kombinatorisch möglichen Produktvarianten ergibt sich demnach aus dem Produkt der Kombination der Ausprägungen sämtlicher Merkmale, die in den Produktvarianten vorhanden sein müssen, mit den möglichen Kombinationen derjenigen Eigenschaften, die eine Produktvariante wahlweise besitzen kann oder nicht, wobei hierbei zu beachten ist, daß alle optionalen Merkmale mindestens ein Ausprägungstupel besitzen (Merkmal vorhanden oder nicht). Beispielsweise wurden bei Volkswagen im Modelljahr 1996 mehr als 70 Milliarden mögliche Varianten des VW Golf angeboten, von denen jedoch tatsächlich nur etwa 150.000 Varianten nachgefragt wurden; ähnliche Beispiele kleineren Ausmaßes lassen sich auch in der Einzel- und Kleinserienfertigung finden. Dieses verdeutlicht sehr einprägsam, daß es für Unternehmen mit einer hohen Anzahl von Produktvarianten nicht zweckmäßig sein kann, jede Produktvariante als eigenständige Kalkulationseinheit zu betrachten.

2.2   Aufgaben der Variantenkostenrechnung

Unter Berücksichtigung der beschriebenen, bei hoher Variantenvielfalt in Unternehmen zum Tragen kommenden Effekte lassen sich vier wesentliche Aufgaben der Variantenkostenrechnung unterschieden (**Bild 2.2-1**), die im folgenden genauer beschrieben werden:

- Variantenkalkulation,
- Analyse der Kostenstruktur,
- Bereitstellung von Kennzahlen zur Steuerung der Variantenvielfalt sowie
- Frühzeitige Kostenschätzung.

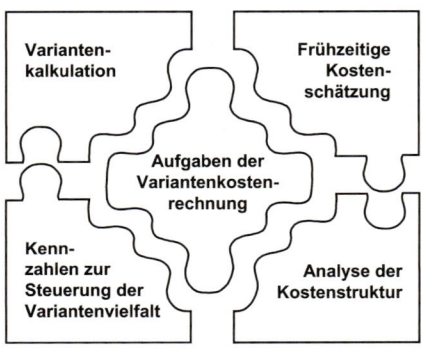

Bild 2.2-1: Aufgaben der Variantenkostenrechnung

2.2.1   Variantenkalkulation

Ein spezielles Problem der Variantenkalkulation im Rahmen einer Variantenkostenrechnung stellt häufig das Fehlen eines natürlichen Standardprodukts für die Kalkulation dar, so daß für einen bestimmten Planungszeitraum entsprechende Kostenträger definiert werden müssen.

Für die Definition von Leistungseinheiten bzw. Kostenträgern zur Durchführung einer Variantenkalkulation sind prinzipiell neben der enderzeugnisorientierten Kalkulation, bei der jede Variante einen eigenständigen Kostenträger darstellt, die folgenden drei Lösungsalternativen denkbar [lac95]:

- Auftragsvorkalkulation für jede Kundenvariante bei Verzicht auf eine Plankalkulation,
- ein definiertes Durchschnittserzeugnis als Kostenträger oder
- merkmalsbezogene Plankalkulation für jede absatzspezifische Variantenausprägung.

Allerdings ist die erste Lösungsalternative für die Produktkalkulation eines Variantenfertigers ungeeignet, da sie ohne Plankalkulation keine für die Listenpreis- und Aufpreisbildung relevanten Vorinformationen bereitstellt.

Aufgrund der Unzulänglichkeiten dieses Ansatzes und der enderzeugnisorientierten Kalkulation für die Kalkulation von Varianten wurde angeregt, Plan-Grundvarianten und einen durchschnittlichen Mehrausstattungsstandard pro Erzeugniseinheit in der Variantenkalkulation zu verwenden [kil86]. Dabei werden die verschiedenen Produktvarianten durch eine oder mehrere Durchschnittsvarianten repräsentiert, die als Kostenträger für die Plankalkulation dienen. Für Produktmerkmale und Ausstattungsvarianten, die nicht in die Standardausstattung einbezogen sind, werden Planherstellkosten pro Ausstattungseinheit geplant. Problematisch an diesem Ansatz ist jedoch, daß das fiktive Durchschnittserzeugnis nur in sehr wenigen Fällen mit dem tatsächlich verkauften Endprodukt übereinstimmt. Aus diesem Grund eignet sich diese Kostenträgerdefinition zwar für eine Grobplanung und für die Bestandsbewertung von Produktvarianten, jedoch nicht für eine detaillierte Planung, Steuerung und Wirtschaftlichkeitskontrolle anhand von differenzierten Kennzahlen zu einzelnen Produktvarianten und Ausstattungsalternativen.

Im Vergleich dazu geht die merkmalsbezogene Kalkulation für absatzspezifische Produktvarianten über die reine Definition eines Kostenträgers für die Variantenkalkulation hinaus, da sie eine eigene Kostenträgerrechnung (Kalkulation) erfordert. Dabei orientiert sich diese Vorgehensweise an dem Entscheidungsprozeß beim Kauf von Produktvarianten, in dem nicht nur die binäre Entscheidung über Kauf oder Nichtkauf des Produkts getroffen wird, sondern neben der primären Grundsatzentscheidung zum Kauf noch sekundäre Entscheidungen über mögliche Produktmerkmale und Zusatzausstattungen zu treffen sind. Basierend auf der Nachbildung dieses Entscheidungsprozesses werden in der merkmalsbezogenen Plankalkulation alle vom Kunden in einer Kaufentscheidung festzulegenden Ausstattungsmerkmale als sekundäre Kostenträger behandelt, für die eigene Absatzpreise gebildet werden müssen. Dazu wird in der merkmalsbezogenen Kalkulation eine bestimmte Produktvariante des Produkts X durch bestimmte Ausprägungen der einzelnen Merkmale des Merkmalstupel $(M_1, M_2, ..., M_{\overline{Z}(X)})$, das alle Varianten des Produkts abbilden kann, typisiert. Die Ausprägungen der einzelnen Produktmerkmale M_z mit $(z = 1, ..., \overline{Z}(X))$ können in diesem Zusammenhang nur Werte aus der für das Produkt relevanten Domänenmenge $D_X(M_z) = \{A_{z1}, A_{z2}, ..., A_{zN_z}\}$ (mit $N_z \geq 2$) annehmen. Bei Zusatzausstattungsmerkmalen kann der Kunde das Produktmerkmal nur auswählen oder nicht. Solche Produktmerkmale erhalten als zweite Ausprägung den Dummy-Wert „ohne", so daß der Fall der Zusatzausstattung dem Fall der Ausstattungsalternative gleichzusetzen ist. Nach dieser Erweiterung ist eine spezielle Produktvariante des Produkts X dann durch die Kombination der Ausprägungen aller nicht einwertigen Produktmerkmale $(A_1, A_2, ..., A_{\overline{Z}(X)})$ mit $A_z \in D_X(M_Z)$ und $z = 1, ..., \overline{Z}(X)$ eindeutig darstellbar.

Besondere Beachtung im System der merkmalsbezogenen Kalkulation muß dabei den fertigungsspezifischen Variantenmerkmalen geschenkt werden. Sie müssen sich von den absatzspezifischen Merkmalen, die vom Kunden im Kaufentscheidungsprozeß festgelegt werden, ableiten lassen. Falls ihre Ausprägungen jedoch nicht jeweils nur von den Ausprägungen genau eines absatzspezifischen Merkmals abhängen, entsteht ein Zuordnungsproblem, da sich Kostenänderungen nicht mehr eindeutig zu einer Produktmerkmalsentscheidung zuordnen lassen. Wird davon ausgegangen, daß die Abhängigkeitsbeziehungen zwischen absatz- und fertigungsspezifischen Produktmerkmalen eindeutig sind, so repräsentieren die ersten $Z(X)$ Merkmale des Merkmalstupels eines Produkts $(M_1, M_2, ..., M_{\bar{Z}(X)})$ die absatzspezifischen, die restlichen $Z(X) + 1$ bis $\bar{Z}(X)$ Merkmale die fertigungsspezifischen Produktmerkmale.

Die Variantenkalkulation erfolgt nun auf Basis einer Grundversion jedes Produkttyps, die durch bestimmte Merkmalsausprägungen eines Merkmalstupels $G_X = (G_1, ..., G_{\bar{Z}(X)})$ definiert wird und den primären Kostenträger darstellt. Bei der Festlegung der Grundversion bietet es sich an, die von den Kunden am häufigsten gewünschten Ausstattungsalternativen zu wählen, da für die Grundversion eine „normale" Plankalkulation durchgeführt wird, während alle Kosten- und Erfolgskennzahlen der nicht in der Grundversion enthaltenen Merkmalsausprägungen nur in einem relativen Bezug zu der Grundversion zu interpretieren sind. Für die nicht in der Grundversion enthaltenen Merkmalsausprägungen erfolgt die Kalkulation als sekundärer Kostenträger $A_{zn} \neq G_z$ mit $z = 1, ..., Z(X)$ und $n = 1, ..., N_z$ durch die Berechnung der geplanten relativen Selbstkosten auf Bezugsbasis der geplanten Selbstkosten des Grundmodells G_X. Die relativen Selbstkosten einer Ausstattungsvariante ergeben sich hierbei aus den eigenen direkten Selbstkosten abzüglich der Herstellkosten des eventuell in der Grundversion verdrängten Teils, den Herstellkosten der von dieser Ausstattungsalternative determinierten fertigungsspezifischen Variantenmerkmalen sowie den mittelbaren Zusatzkosten im Fertigungsbereich [lac95].

$$k_{zn} = k_H(A_{zn}) + k_{vv}(A_{zn}) - k_H(G_z) + \sum_{\substack{w=Z(X)+1 \\ A_{zn} \Rightarrow A_{wm}}}^{\bar{Z}(X)} k_H(A_{wm}) - \sum_{\substack{w=Z(X)+1 \\ G_z \Rightarrow A_{wm}}}^{\bar{Z}(X)} k_H(A_{wm})$$

$$+ \sum_{r=1}^{R} \sum_{\beta=1}^{s_r} \left[\Delta b_{r\beta(zn)} \cdot d_{r\beta} + \sum_{\substack{w=Z(X)+1 \\ A_{zn} \Rightarrow A_{wm}}}^{\bar{Z}(X)} \Delta b_{r\beta(wm)} \cdot d_{r\beta} \right]$$

mit:

$k_H(A_{zn})$ Herstellkosten der Ausstattung A_{zn},

$k_{vv}(A_{zn})$ Verwaltungs- und Vertriebskosten, einschließlich Sondereinzelkosten des Vertriebs der Ausstattung A_{zn},

$k_H(G_z)$ Herstellkosten der Standardausstattung G_z, die durch die Ausstattung A_{zn} ersetzt wird,

$k_H(A_{wm})$ Herstellkosten der Fertigungsvariante A_{wm},

r Index der Kostenstellen,

β Index der Bezugsgrößen,

R Anzahl der primären Kostenstellen,

s_r Anzahl der Bezugsgrößen in Kostenstelle r,

$\Delta b_{r\beta(zn)}$ Veränderung der Bezugsgrößeninanspruchnahme der Bezugsgröße β in Kostenstelle r durch die Ausstattung A_{zn},

$\Delta b_{r\beta(wm)}$ Veränderung der Bezugsgrößeninanspruchnahme der Bezugsgröße β in Kostenstelle r durch die Fertigungsvariante A_{wm},

$d_{r\beta}$ Kostensatz der Kostenstelle r bei Bezugsgröße β.

Da die Verwaltungs- und Vertriebskosten des Grundmodells nicht auf dessen einzelnen Komponenten verteilt werden ($k_{vv}(G_z) = 0$), müssen keine Verwaltungs- und Vertriebskosten der Standardausstattung G_z von der Differenz aus Selbstkosten der Ausstattung A_{zn} und den Herstellkosten der Standardausstattung G_z subtrahiert werden. Allerdings müssen die Herstellkosten der von A_{zn} abhängigen fertigungsspezifischen Variantenmerkmale ($A_{zn} \Rightarrow A_{wm}$) hinzugezählt sowie die Herstellkosten der von der ersetzten Standardausstattung implizierten Fertigungsvarianten ($G_z \Rightarrow A_{wm}$) abgezogen werden.

Zwar sind in den Selbstkosten der Ausstattung A_{zn} schon die durch den sekundären Kostenträger unmittelbar verursachten Kostenstellenkosten enthalten, jedoch muß die durch die modifizierte Variantenausstattung veränderte Bezugsgrößeninanspruchnahme in den Kostenstellen zusätzlich bei der Ermittlung der relativen Selbstkosten der sekundären Kostenträger berücksichtigt werden. Dabei sind neben der Veränderung der Bezugsgrößeninanspruchnahme durch die Ausstattung A_{zn} auch die Veränderungen, die sich durch die implizierten Fertigungsvarianten in den Kostenstellen ergeben, einzubeziehen. Die relativen Selbstkosten k_{zn} können negativ sein, falls die Ausstattung A_{zn} insgesamt weniger Kosten verursacht als die durch sie ersetzte Standardausstattung in der Grundversion. Ein negativer relativer Preisansatz (Preisabschlag) p_{zn} für eine Ausstattung A_{zn} ist ebenfalls denkbar, wenn kostengünstigere als die in der Grundversion enthaltenen Ausstattungsvarianten angeboten werden.

Die Kalkulation der relativen Selbstkosten kann auf Voll- und Teilkostenbasis durchgeführt werden, je nachdem ob die variablen oder vollen Selbstkosten zu Grunde gelegt werden sollen. Werden die variablen relativen Kosten kalkuliert, so stellen diese die kurzfristige Preisuntergrenze für die jeweils betrachtete Ausstattung dar.

Ein wesentlicher Vorteil der an Variantenmerkmalen orientierten Kalkulation gegenüber der enderzeugnisorientierten Kalkulation ist die bedeutend geringere Anzahl der Kalkulationseinheiten, da die verschiedenen Variantenmerkmale nur additiv und nicht multiplikativ kombiniert werden [lac95]:

$$KE = 1 + \sum_{z=1}^{Z(X)} \sum_{n=1}^{N_z} (A_{zn} - 1)$$

mit:

KE Anzahl der Kalkulationseinheiten,

z Index der Produktmerkmale,

n Index der Varianten eines Produktmerkmals,

$Z(X)$ absatzspezifische Produktmerkmale,

N_z Anzahl der Ausstattungsvarianten eines Produktmerkmals (Mächtigkeit von A_z),

A_{zn} Ausstattungsvariante.

2.2.2   Analyse der Kostenstruktur

Eine grundsätzliche Aufgabe von entscheidungsorientierten Kostenrechnungssystemen besteht in der Bereitstellung von entscheidungsrelevanten Kosteninformationen. Für die Steuerung eines variantenreichen Produktprogramms sind auch Kosten nach ihrer zeitlichen Abbaufähigkeit darzustellen, um beispielsweise in die Entscheidungen über die Eliminierung einzelner Produktvarianten oder alle Varianten eines Produkttyps die Auswirkungen von Kostenremanenzen einbeziehen zu können.

Für eine differenzierte Betrachtung und Analyse der Flexibilität der Kostenstruktur bzw. Abbaufähigkeit von Kosten innerhalb einer Variantenkostenrechnung eignet sich die mehrstufige Fixkostendeckungsrechnung, bei der den Mengeneinheiten der Produkte in einem ersten Schritt nur die variablen, mit der Höhe der Mengeneinheiten unmittelbar variierenden Erlöse und Kosten zugeordnet werden, während die Fixkosten verschiedenen, sich durch ihre Produktnähe unterscheidenden Fixkostenstufen zugerechnet werden und anhand ihrer Abbaufähigkeit weiter differenziert werden [kil93].

Mögliche Fixkostenstufen können dabei neben Produktarten und Produktgruppen auch Kundengruppen, Kostenstellen, Betriebsbereiche, Standorte, Absatzgebiete, Unternehmen und Konzerne darstellen. Die Zurechnung auf diese Fixkostenstufen erfolgt gemäß dem Einwirkungsprinzip, wonach ein bestimmter Güterverzehr derart auf die Entstehung eines bestimmten Zurechnungsobjekts einwirkt, daß ohne diese Einwirkung das Zurechnungsobjekt nicht hätte entstehen können [klo97].

Zur zeitlichen Differenzierung der Kostenstrukturflexibilität, d.h. der Bindungsdauer der verschiedenen Fixkostenarten, werden beispielsweise die Fixkosten unterschieden, ob sie innerhalb von sechs Monaten, in weniger als einem Jahr, in mehr als einem Jahr oder überhaupt nicht abbaufähig sind. Der Grad der Detaillierung der Abbaufähigkeit hängt dabei im Wesentlichen von dem Dokumentations- und EDV-Aufwand ab [rei93].

Den Aufbau einer derartigen mehrstufigen Fixkostendeckungsrechnung mit Differenzierung der Kostenabbaufähigkeit und den Fixkostenstufen Produktart, Produktgruppe und Unternehmen stellt die **Tabelle 2.2-1** dar.

Bei Differenzierung der Kosten nach ihrer zeitlichen Abbaufähigkeit läßt sich in der mehrstufigen Fixkostendeckungsrechnung aufzeigen, wie hoch die Kostenremanenz auf einer Fixkostenstufe bei Eliminierung einer Produktvariante oder bei Abbau einer ganzen Produktgruppe ist. So wird in der Tabelle beispielsweise deutlich, daß bei Produkt C zwar die erzeugnisfixen Kosten innerhalb eines halben Jahres vollständig abgebaut werden könnten, daß jedoch nach Eliminierung des Produkts B noch für ein Jahr Fixkosten von 170.000 ohne entsprechende Erlöse anfallen.

Erzeugnisse	A [in €]	B [in €]	C [in €]
Absatzpreis	4,50	3,00	2,50
− Variable Einzelkosten pro Stück	1,20	0,90	0,15
− Variable Gemeinkosten pro Stück	0,12	0,09	0,01
= Stückdeckungsbeitrag	3,18	2,01	2,34
Absatzmenge (in Stück)	1.500.000	1.800.000	1.200.000
DB I je Produktart	4.770.000	3.618.000	2.808.000
− Erzeugnisfixe Kosten (≤ 6 Monate) (≤ 1 Jahr)	300.000 50.000 250.000	250.000 60.000 80.000	200.000 100.000 200.000
= **DB II je Produktart** (≤ 6 Monate) (≤ 1 Jahr)	4.470.000 −250.000 −50.000	3.368.000 −190.000 −170.000	2.608.000 −100.000 0
DB II je Produktgruppe (≤ 6 Monate) (≤ 1 Jahr)	7.838.000 −440.000 −220.000		2.608.000 −100.000 0
− Produktgruppenfixe Kosten (≤ 6 Monate) (≤ 1 Jahr)	1.700.000 700.000 1.500.000		0 0 0
= **DB III je Produktgruppe** (≤ 6 Monate) (≤ 1 Jahr)	6.138.000 −1.440.000 −420.000		2.608.000 −100.000 0
DB III des Unternehmens (≤ 6 Monate) (≤ 1 Jahr)	7.538.000 −1.540.000 −420.000		
− Unternehmensfixe Kosten (≤ 6 Monate) (≤ 1 Jahr)	700.000 0 50.000		
= **DB IV des Unternehmens bzw. Periodenerfolg** (≤ 6 Monate) (≤ 1 Jahr)	6.838.000 −2.240.000 −1.070.000		

Tabelle 2.2-1: Mehrstufige Fixkostendeckungsrechnung mit Differenzierung der Kostenabbaufähigkeit

2.2.3 Kennzahlen zur Steuerung der Variantenvielfalt

Zur Bewertung und Steuerung eines variantenreichen Produktprogramms kommen je nach Entscheidungssachverhalt verschiedene Kennzahlen zum Einsatz:

- Umsatz,
- Selbstkosten,
- Gewinn,

- Deckungsbeitrag,
- relative Kosten von Merkmalsausprägungen,
- relativer Nutzen von Merkmalsausprägungen,
- Variantenausprägungskennzahl.

Relative Kosten und relative Nutzen von Merkmalsausprägungen sowie die sich daraus berechnende Variantenausprägungskennzahl sind speziell für die Bewertung und Steuerung verschiedener Produktvarianten relevant, um differenzierte Aussagen über die Vorteilhaftigkeit einzelner Produktvarianten zu ermöglichen [hei99].

Ein weiterer Vorteil dieser drei Größen liegt in der relativen Betrachtung der zu bewertenden Varianten im Vergleich zu einer Standardvariante oder Grundversion. Denn indem sie sich auf eine Kosten- bzw. die Nutzendifferenz zwischen den Merkmalsausprägungen der betrachteten Produktvariante und entsprechenden Standardmerkmalsausprägungen beziehen, wird die Problematik der Vielzahl der kombinatorisch möglichen Produktvarianten entschärft. Zusätzlich können dadurch für sämtliche Ausprägungen jedes Merkmals die relativen Kosten und den relativen Nutzen bestimmt und in eine Rangfolge gebracht werden, so daß sich für das vorhandene Variantenspektrum eine übersichtliche Darstellung aller Kosten- und Nutzenwirkungen ergibt. Auf Grundlage dieser Darstellung lassen sich sodann Aussagen darüber ableiten, bei welchen Merkmalsausprägungen Maßnahmen zur Kostensenkung aufgrund der hohen relativen Kosten einen hohen Wirkungsgrad erreichen können und welche Merkmalsausprägungen aufgrund ihres hohen Nutzenbeitrags vermehrt in Produktvarianten integriert werden sollten.

2.2.3.1 Relativer Nutzen von Merkmalsausprägungen

Der relative Nutzen einer Merkmalsausprägung ergibt sich als Quotient aus dem Nutzenwert der betrachteten Merkmalsausprägung und dem Nutzenwert des Standardwerts [hei99]:

$$Nr_{ij} = \frac{Nv_{ij}}{Ns_i}$$

mit:

Nr_{ij} relativer Nutzen der Ausprägung j des Merkmals i,
Nv_{ij} Nutzen der Ausprägung j des Merkmals i bei einer Produktvariante,
Ns_i Nutzen der Standardausprägung des Merkmals i bei der Standardversion.

Auf Basis der Grundüberlegung, nur solche Varianten anzubieten, welche zu einem höheren Kundennutzen führen, lassen sich alle Ausprägungen eines Merkmals anhand ihres relativen Nutzenwerts in eine fallende/steigende Reihenfolge bringen. Merkmalsausprägungen mit positivem relativen Nutzen sind tendenziell vermehrt in Produktvarianten zu verwenden, während Ausprägungen mit niedrigen relativen Nutzenwerten eher zu beseitigen sind.

Für die Ermittlung der einzelnen Nutzenwerte aller Ausprägungen der verschiedenen Produktmerkmale bietet sich das Präferenzkalkül zur Bestimmung der relativen Vorziehungswürdigkeit einer Alternative im Rahmen einer Conjoint Analyse an [scb91].

2.2.3.2 Relative Kosten von Merkmalsausprägungen

Analog zum relativen Nutzen einer Merkmalsausprägung errechnen sich die relativen Kosten einer Merkmalsausprägung aus dem Verhältnis der Kosten dieser Merkmalsausprägung zu den Kosten der Standardmerkmalsausprägung [hei99].

$$Kr_{ij} = \frac{Kv_{ij}}{Ks_i}$$

mit:

Kr_{ij} relative Kosten der Ausprägung j des Merkmals i,

Kv_{ij} Kosten der Ausprägung j des Merkmals i bei einer Produktvariante,

Ks_i Kosten der Standardausprägung des Merkmals i bei der Standardversion.

Für die Ermittlung der relativen Kosten einer Merkmalsausprägung sind die Kosten den verschiedenen Merkmalsausprägungen möglichst verursachungsgerecht zuzuordnen. Wegen der diesbezüglichen Unzulänglichkeiten traditioneller Kostenrechnungsverfahren bei Vernachlässigung der in Kapitel 2.1 beschriebenen Kalkulations- und Kosteneffekte der Variantenvielfalt sind die Grenzplankostenrechnung für die direkten Unternehmensbereiche sowie die Prozeßkostenrechnung für die Verrechnung der indirekten Leistungsbereiche bei gleichzeitiger Reduzierung der Kalkulationsobjekte mit Hilfe der merkmalsorientierten Grundrechnung von Lackes [lac95] am besten geeignet.

2.2.3.3 Variantenausprägungskennzahl

Die Variantenausprägungskennzahl einer Merkmalsausprägung ergibt sich aus dem Verhältnis des relativen Nutzens zu den relativen Kosten der Merkmalsausprägung [hei99]:

$$VPK_{ij} = \frac{Nr_{ij}}{Kr_{ij}}$$

mit:

VPK_{ij} Variantenausprägungskennzahl der Ausprägung j des Merkmals i,

Nr_{ij} relativer Nutzen der Ausprägung j des Merkmals i,

Kr_{ij} relative Kosten der Ausprägung j des Merkmals i.

Die Variantenausprägungskennzahl, in der der relative Zusatznutzen den relativen Zusatzkosten einer Merkmalsausprägung im Verhältnis zu einer definierten Standardausprägung je Produktmerkmal gegenübergestellt wird, ermöglicht eine integrierte Bewertung der Merkmalsausprägungen. Je höher der Wert der Variantenausprägungskennzahl ist, desto vorziehungswürdiger ist die entsprechende Merkmalsausprägung im Vergleich zur jeweiligen Standardausprägung zu beurteilen.

Mit Hilfe eines Variantenmerkmalsausprägungs-Portfolios, auf dessen Ordinate die relativen Kosten und auf dessen Abszisse der relative Nutzen von Merkmalsausprägungen aufgetragen sind, lassen sich die relativen Kosten- und Nutzenpositionen visualisieren und entsprechende Handlungsempfehlungen ableiten.

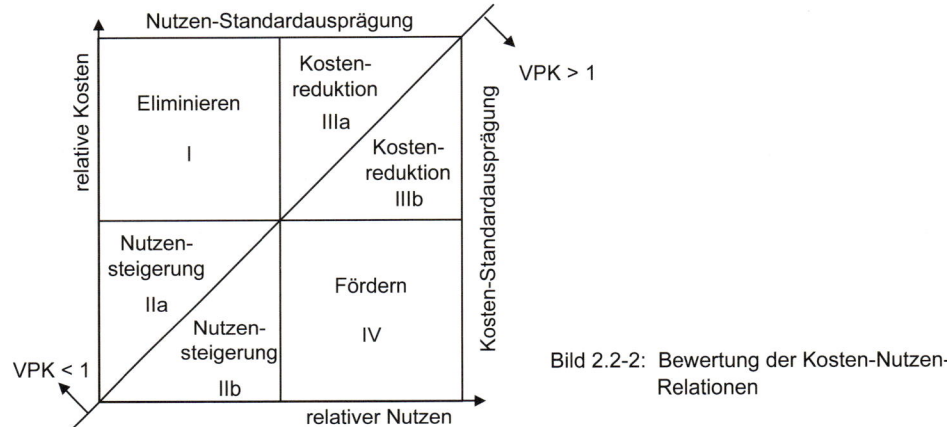

Bild 2.2-2: Bewertung der Kosten-Nutzen-Relationen

Mit **Bild 2.2-2** kann ein Variantenmerkmalsausprägungs-Portfolio in vier Quadranten eingeteilt werden, aus denen sich mit der Iso-Kosten-Nutzen-Linie, die eine Variantenausprägungskennzahl von 1 repräsentiert, sechs Felder ergeben. Da alle Merkmalsausprägungen links oberhalb der Iso-Kosten-Nutzen-Linie ein negatives Verhältnis des relativen Nutzen zu den relativen Kosten aufweisen und alle Merkmalsausprägungen rechts unterhalb dieser Linie ein insgesamt positives relatives Kosten-Nutzen-Verhältnis besitzen, lassen sich folgende Handlungsempfehlungen begründen [hei99]:

Feld I: Diese Merkmalsausprägungen sind in jedem Fall zu vermeiden, da sie bei relativ hohen Kosten nur einen relativ geringen Nutzen für den Kunden besitzen. Entsprechende Produktvarianten sind möglichst aus dem Produktprogramm zu entfernen.

Feld II a: Da diese Merkmalsausprägungen nur einen relativ geringen Nutzen bei gleichzeitig geringen Kosten stiften, ist die Möglichkeit einer Steigerung ihres Nutzens zu prüfen. Ansonsten sollte auf sie verzichtet werden.

Feld II b: Zwar besitzen diese Merkmalsausprägungen ebenfalls nur einen geringen Nutzen bei geringen Kosten, im Gegensatz zu Feld IIa ist ihre Kosten-Nutzen-Relation jedoch positiv. Bei bestehender Merkmalsausprägung sollte ihr Nutzen mittel- bis langfristig erhöht werden, auf eine neue Merkmalsausprägung in diesem Feld sollte verzichtet werden.

Feld III a: Da diese Merkmalsausprägungen einen hohen Kundennutzen besitzen, sollten sie trotz ihrer hohen Kosten und der negativen Kosten-Nutzen-Relation nicht eliminiert werden. Jedoch sollten die Kosten dieser Ausprägungen durch geeignete konstruktive Maßnahmen reduziert werden.

Feld III b: Merkmalsausprägungen besitzen eine positive Kosten-Nutzen-Relation bei allerdings relativ hohen Kosten, daher sind Kostensenkungen anzuraten.

Feld IV: Diese Merkmalsausprägungen stiften einen relativ hohen Nutzen bei relativ geringen Kosten. Daher sind sie verstärkt bei der Konstruktion neuer und der Abänderung vorhandener Produktvarianten zu berücksichtigen. Bestehende Produktvarianten mit diesen Merkmalsausprägungen sollten bei der Programmpolitik besonders gefördert werden.

Variantenausprägungskennzahl und Variantenmerkmalsausprägungs-Portfolio stellen eine Bewertungsmethodik für Produktvarianten dar und liefern operative Handlungsempfehlungen für die Gestaltung eines Variantenspektrums.

2.2.4 Frühzeitige Kostenschätzung

Insbesondere für Unternehmen der auftragsbezogenen Einzel- und Kleinserienfertigung stellt die frühzeitige Bewertung von komplexen, noch nicht konstruktiv umgesetzten Produktvarianten ein großes Problem dar, da auf Basis eines niedrigen Informationsstands möglichst genaue Kalkulationsergebnisse ermittelt werden sollen. Die frühzeitige Kostenschätzung von Produktvarianten stellt eine weitere wesentliche Aufgabe der Variantenkostenrechnung dar.

So muß zur Festlegung ein Angebotspreis für neue Produktvarianten unter Berücksichtigung eines kalkulatorischen Gewinns eine entsprechend geeignete Angebotskalkulation eingesetzt werden, die die Selbstkosten von kundenspezifischen Produktvarianten, für die noch keine konstruktive Lösung besteht, hinreichend genau kalkuliert [hay93]. Für einen effizienten Einsatz einer derartige Angebotskalkulation muß diese

- zuverlässige Ergebnisse bereitstellen,
- sich unproblematisch und schnell durchführen lassen sowie
- eine möglichst geringe Bindung von Unternehmensressourcen aufweisen.

Dabei muß der Genauigkeit der frühzeitigen Kostenermittlung eine besondere Bedeutung zugemessen werden, da die Höhe der ermittelten Kosten einerseits einen wesentlichen Faktor für die Auftragsvergabe darstellt, andererseits die im Zuge einer Auftragserteilung tatsächlich anfallenden Selbstkosten durch diese gedeckt sein müssen. Dabei ist zu beachten, daß oftmals nur ein sehr geringer Anteil der Angebote entsprechende Aufträge zur Folge hat, so daß dem Großteil der für die Kalkulation erbrachten Aufwand kein Ertrag gegenübersteht [eve77]. Hieraus resultiert das Dilemma, daß einerseits eine detaillierte und aufwendige konstruktive Lösung oft eine Voraussetzung für eine möglichst genaue, frühzeitige Kostenermittlung darstellt und andererseits aufgrund der geringen Realisierungsaussichten ein hoher Konstruktionsaufwand zur Abschätzung der anfallenden Kosten nicht gerechtfertigt erscheint. So müssen insbesondere vereinfachende, kostengünstige Methoden zur möglichst genauen Ermittlung der Selbstkosten im Zuge einer effizienten Angebotskalkulation eingesetzt werden.

Die folgende prozeßanaloge Angebotskalkulation, die in Zusammenarbeit der EVAPRO-Projektpartner CU, IWF und Sterling SIHI erarbeitet wurde, eignet sich zur frühzeitigen Ermittlung derjenigen Selbstkosten, die bei der notwendigen Änderungskonstruktion von Sondervarianten entstehen, die aber noch nicht konstruktiv umgesetzt wurden, sich jedoch durch die Kombination der variantenbestimmenden Produktmerkmale eines Produkttyps beziehungsweise einer Baureihe erzeugen lassen und bereits als Strukturstückliste vorliegen. Dazu werden die entstehenden Mehrkosten auf Basis der für die Umsetzung der konstruktiven Lösung notwendigen Tätigkeiten ermittelt, so daß die mangelnde Verursachungsgerechtigkeit der Zuschlagskalkulation auf Basis von Materialkosten in den indirekten Unternehmensbereichen vermieden wird.

2.2.4.1 Ablaufschritte der prozeßanalogen Angebotskalkulation zur Ermittlung des konstruktiven Mehraufwands

Die prozeßanaloge Angebotskalkulation läßt sich mit **Bild 2.2-3** in vier Ablaufschritte einteilen.

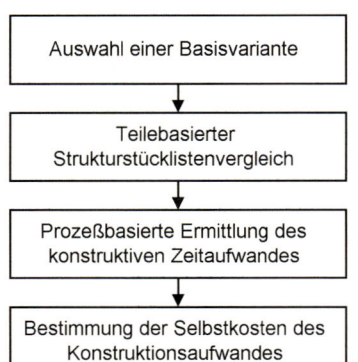

Bild 2.2-3: Ablaufschritte der prozeßanalogen Angebotskalkulation

Nachdem in einem ersten Schritt eine bereits konstruktiv verwirklichte Basisvariante bei möglichst hoher Ähnlichkeit mit der zu bewertenden Produktvariante ausgewählt wird, kann in einem zweiten Schritt deren Strukturstückliste mit derjenigen der Sondervariante auf Basis der Einzelteile verglichen werden. Die Ermittlung des Übereinstimmungsgrads der verschiedenen miteinander verglichenen Einzelteile der beiden Stücklisten ermöglicht die Bestimmung der notwendigen konstruktiven

Tätigkeiten, aus denen sich wiederum der notwendige Zeitaufwand für die konstruktive Umsetzung der Sondervariante auf Grundlage der Basisvariante ableiten läßt. Durch die Bewertung des so ermittelten Zeitaufwands mit beispielsweise durchschnittlichen Kostenstellenkosten lassen sich in einem letzten Schritt die Selbstkosten des konstruktiven Mehraufwands bestimmen.

Auswahl einer Basisvariante

Zur Minimierung des Aufwands in den nachfolgenden Schritten der prozeßanalogen Angebotskalkulation sollte die Basisvariante eine möglichst hohe Ähnlichkeit zu der zu kalkulierenden Produktvariante besitzen, d.h. die beiden Varianten sollten möglichst viele gemeinsame Gleichteile enthalten. Die Auswahl der Basisvariante sollte daher durch einen technisch versierten Stücklistenverantwortlichen in der Konstruktionsabteilung vorgenommen werden.

Teilebasierter Strukturstücklistenvergleich

Der teilebasierte Strukturstücklistenvergleichs dient dazu, alle Einzelteile der Sondervariante bzw. der Basisvariante jeweils in eine der folgenden sechs möglichen Kategorien einzuteilen:

- Gleichteile, die bei Basis- und Sondervariante identisch sind,
- Teile, die bei der Basisvariante vorhanden sind, aber für die Sondervariante abgeändert werden müssen,
- Teile der Basisvariante, die bei der Sondervariante entfallen,
- neue Teile, deren Einzelteildokumentation bereits im Unternehmen vorhanden ist,
- neue Teile, deren Einzelteildokumentation bereits im Unternehmen vorhanden ist, die für die Sondervariante jedoch geändert werden müssen,
- neue Teile, die neu entworfen werden müssen.

Neben der Zuordnung aller Einzelteile der Basisvariante zu einer der ersten drei Kategorien werden somit im zweiten Ablaufschritt der prozeßanalogen Angebotskalkulation alle bei der Sondervariante neu hinzukommenden Einzelteile differenziert aufgelistet. In den **Tabellen 2.2-2** und **2.2-3** ist das Ergebnis eines Strukturstücklistenvergleichs zweier Pumpen für die Einzelteile der Basis- bzw. der Sondervariante beispielhaft dargestellt.

Prozeßbasierte Ermittlung des konstruktiven Zeitaufwands

Die sich aus dem Strukturstücklistenvergleich ergebenden Einzelteilunterschiede erfordern für die konstruktive Umsetzung der Sondervariante im Vergleich zur Basisvariante unterschiedliche konstruktive Tätigkeiten, die wiederum einen unterschiedlich hohen Zeitaufwand benötigen. Anhand der notwendigen konstruktiven Tätigkeiten können die Einzelteile der Sondervariante im Bezug zur Basisvariante in Gleichteile, entfallende Teile, abzuändernde Teile und Neuteile unterschieden werden. Dabei gelten alle Einzelteile, die geändert werden müssen als „abzuändernde Teile", während nur neue Teile, die nicht geändert werden, als „Neuteile" gelten.

Vergleich	Basisvariante Sondervariante	*Wälzlager fettgeschmiert* *Wälzlager ölgeschmiert*				Beizu-behalten	Abzuändern	zu entfallen
Sachnr.	1. Stufe	Pos.-Nr.	2. Stufe	Pos.-Nr.				
090771	Stutzenstellung					x		
...								
012308	Lagergehäuse	35.0						x
067574			Lagergehäuse					x
027770			Sechskant-schraube	90.11				x
...								
012312	Lagerdeckel	36.0					x	
022754			Lagerdeckel				x	
...								

Tabelle 2.2-2: Beispiel zur Kategorisierung der Einzelteile einer Basisvariante im Zuge eines Strukturstücklistenvergleichs mit einer Sondervariante

Neue Teile	Sondervariante	*Wälzlager ölgeschmiert*				vorhanden	abzuändern	zu entwerfen
Sachnr.	1. Stufe	Pos.-Nr.	2. Stufe	Pos.-Nr.				
501857	Ölabstreifring	42.3				x		
201641			Buche					x
024974	Dichtring	41.18					x	
...								
026412	Ölstandsregler	63.8						x
037540	Entlüftung	97.2						x
...								

Tabelle 2.2-3: Beispiel zur Kategorisierung der Einzelteile einer Sondervariante im Zuge eines Strukturstücklistenvergleichs mit einer Basisvariante

- Gleichteile

Für die Überprüfung von Einzelteilen, die von der Basisvariante identisch in die Sondervariante übernommen werden können, kann ein durchschnittlicher Zeitaufwand von wenigen Minuten zugrunde gelegt werden.

- entfallende Teile

Einzelteile, die bei der Sondervariante im Vergleich zu der Basisvariante entfallen, müssen lediglich aus der Stückliste gelöscht werden. Für diese Tätigkeit kann ein durchschnittlicher Zeitaufwand von wenigen Minuten angenommen werden, so daß der Gesamtaufwand für alle entfallenden Einzelteile im Wesentlichen von deren Anzahl abhängig ist.

- abzuändernde Teile

Bei Teilen, deren Dokumentation im Unternehmen vorhanden ist, die jedoch für die Sondervariante abgeändert werden müssen, kann die vorhandene Dokumentation als Grundlage und Informationsbasis für die notwendigen konstruktiven Tätigkeiten dienen. Allerdings hängt der sich ergebende Konstruktionsaufwand erheblich davon ab, ob eine Formänderung oder eine Werkstoffänderung für die Sondervariante erforderlich ist.

Im Falle einer Formänderung muß in einem ersten Schritt die Fertigteilzeichnung des abzuändernden Teils entsprechend modifiziert werden. Daraufhin muß bei Vorliegen einer Rohteilzeichnung entschieden werden, ob diese an die neue Fertigteilzeichnung anzupassen ist. Wird eine geänderte Rohteilzeichnung erstellt, so erfordert dieses in der Regel eine erneute Überarbeitung der Fertigteilzeichnung. Sind alle notwendigen Änderungen durchgeführt, so muß dem geänderten Teil eine Zeichnungs- und Sachnummer zugewiesen werden und die Stückliste der Sondervariante ergänzt werden.

Die Ermittlung des Zeitaufwands einer Formänderung auf Basis des konstruktiven Prozeßablaufs verdeutlicht **Bild 2.2-4** unter Angabe der für die Schätzung des Zeitaufwands der verschiedenen Tätigkeiten heranzuziehenden Bezugsgrößen in einer ersten Detailstufe.

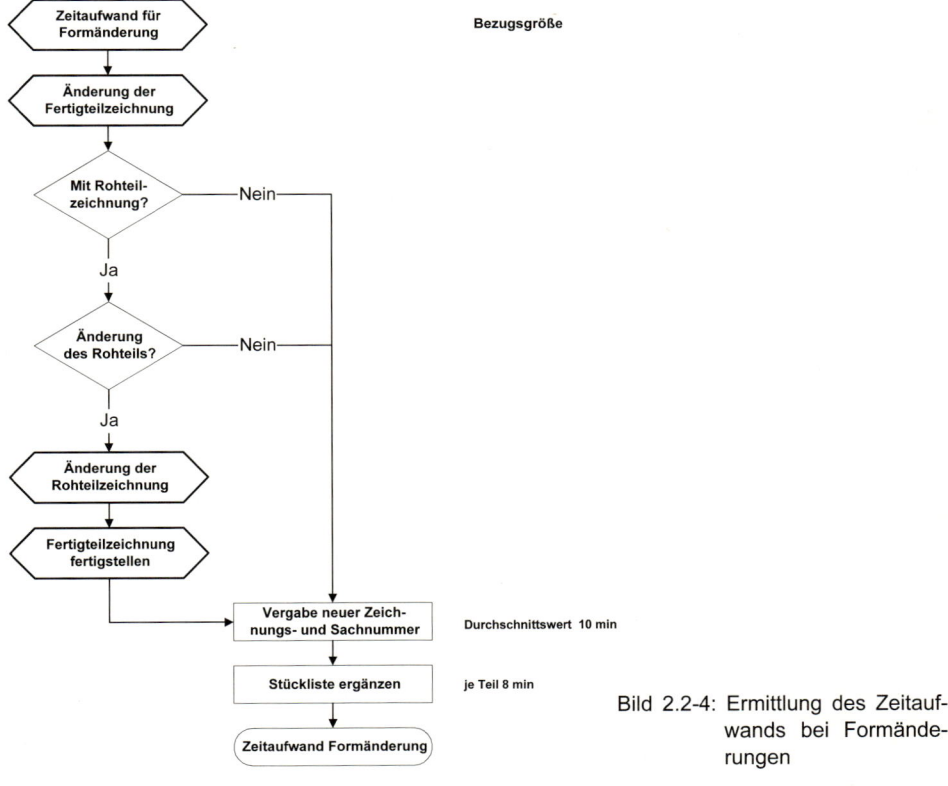

Bild 2.2-4: Ermittlung des Zeitaufwands bei Formänderungen

Da die Änderungen der Fertig- und der Rohteilzeichnung sowie die Anpassung der Fertigteilzeichnung konstruktive Vorgänge sind, deren Zeitaufwand erheblich von dem zu ändernden Teil abhängig ist, müssen sie jeweils in einer weiteren, detaillierteren Tätigkeitsabfolge betrachtet werden, um den jeweiligen Zeitaufwand abschätzen zu können.

So müssen bei Änderung der Fertigteilzeichnung anfangs unnötige Bemaßungen entfernt werden, wofür ein durchschnittlicher Zeitaufwand von wenigen Minuten angenommen werden kann (**Bild 2.2-5**). Dagegen ist die Komplexität des zugrunde liegenden Teils wesentlich für den Zeitaufwand verantwortlich, der für die Erarbeitung der Problemlösung sowie die anschließende Prüfung der neuen Fertigteilzeichnung erforderlich ist. Um trotzdem eine hinreichende Praktikabilität des Verfahrens zu erreichen, wird vorgeschlagen, die Komplexität der möglichen Teile grob in drei Niveaustufen einzuteilen. Diesen Niveaustufen sind entsprechende Zeitwerte zugeordnet, die erfahrungsgemäß für die Bearbeitung eines Teils des jeweiligen Komplexitätsgrads notwendig sind. Dadurch ist es möglich, auf Basis der Teilekomplexität den für die Formänderung notwendigen Zeitaufwand relativ einfach abzuschätzen.

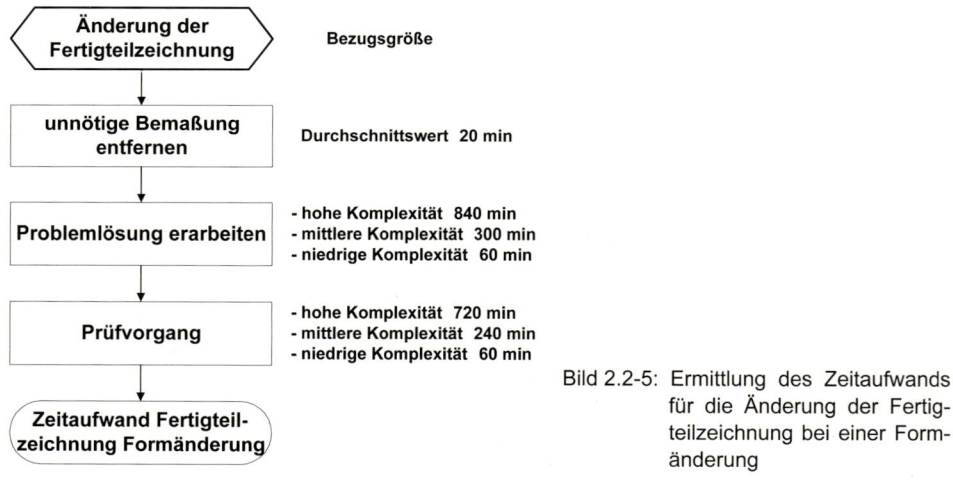

Bild 2.2-5: Ermittlung des Zeitaufwands für die Änderung der Fertigteilzeichnung bei einer Formänderung

Bei der Ermittlung des für die Änderung der Rohteilzeichnung erforderlichen Zeitaufwands ist zu unterscheiden, ob notwendige Änderungen durch eine Anpassung der alten Rohteilzeichnung an die neue Fertigteilzeichnung vorgenommen werden können oder eine komplett neue Rohteilzeichnung erstellt werden muß (**Bild 2.2-6**). Neben einigen vorbereitenden und verfeinernden Tätigkeiten, deren Zeitaufwand von der Anzahl der Schnittzeichnungen abhängt, ist für die Haupttätigkeiten, also der Erstellung beziehungsweise Anpassung der Rohteilzeichnung, der Komplexitätsgrad des zu bearbeitenden Teils maßgebend.

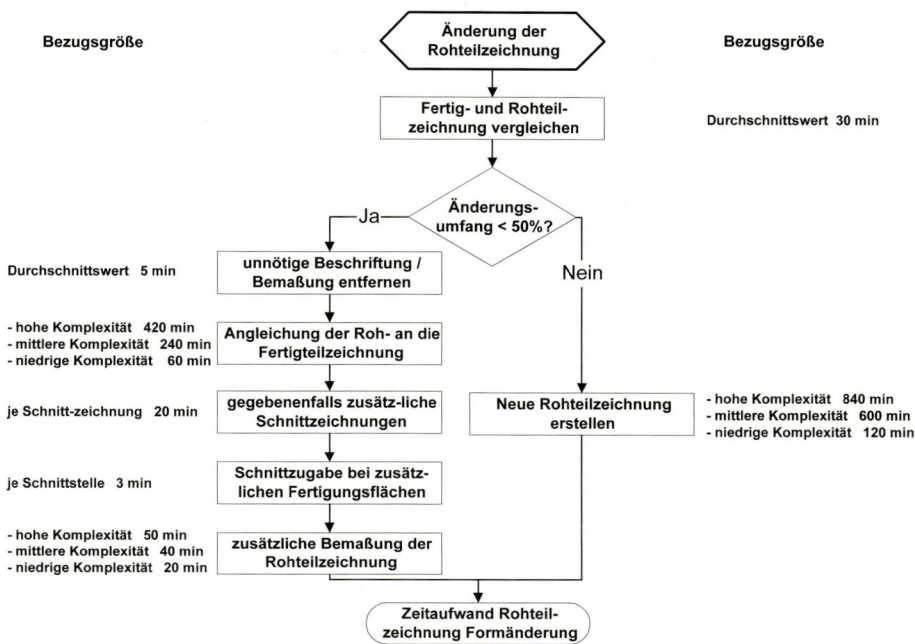

Bild 2.2-6: Ermittlung des Zeitaufwands für die Änderung der Rohteilzeichnung bei einer Formänderung

Nach erfolgter Anpassung der Rohteilzeichnung muß meistens die Fertigteilzeichnung an die neue Rohteilzeichnung angepaßt werden. Ähnlich wie bei der Änderung der Rohteilzeichnung können anhand des notwendigen Änderungsumfangs
zwei mögliche Vorgehensweisen unterschieden werden (**Bild 2.2-7**). Bei nur geringen Änderungen im Vergleich zur Rohteilzeichnung kann die vorhandene Fertigteilzeichnung durch Konturänderung und Bemaßung entsprechend angepaßt werden. Ansonsten empfiehlt sich die Erstellung einer neuen Fertigteilzeichnung auf
Basis der neuen Rohteilzeichnung. Wiederum hängen beide Änderungsmöglichkeiten im wesentlichen von dem Komplexitätsgrad des zugrunde liegenden Teils ab.

Muß bei dem zu ändernden Teil statt einer Formänderung eine Werkstoffänderung
vorgenommen werden, so muß, wenn keine Rohteilzeichnung notwendig ist, nur eine neue Sachnummer vergeben werden und die Stückliste der Sondervariante entsprechend ergänzt werden, wobei für die Vergabe einer neuen Sachnummer ein
durchschnittlicher Zeitwert angesetzt werden kann und sich der Zeitaufwand für die
Ergänzung der Stückliste nach der Anzahl dieses geänderten Teils richtet
(**Bild 2.2-8**). Ist jedoch eine Änderung der Rohteilzeichnung notwendig, zieht diese
eine Anpassung der Fertigteilzeichnung und die Vergabe neuer Zeichnungsnummern nach sich. Während die Dauer der Vergabe neuer Zeichnungsnummern mit
einem zeitlichen Durchschnittswert bewertet werden kann, müssen die Änderungen
an der Rohteil- und der Fertigteilzeichnung genauer untersucht und der dafür notwendige Aufwand differenzierter bestimmt werden.

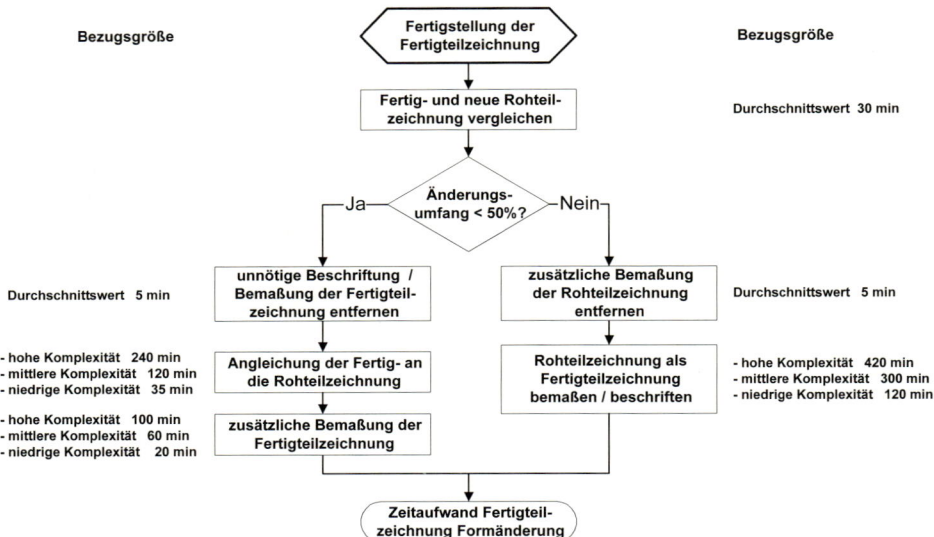

Bild 2.2-7: Ermittlung des Zeitaufwands für die Fertigstellung der Fertigteilzeichnung bei einer Formänderung

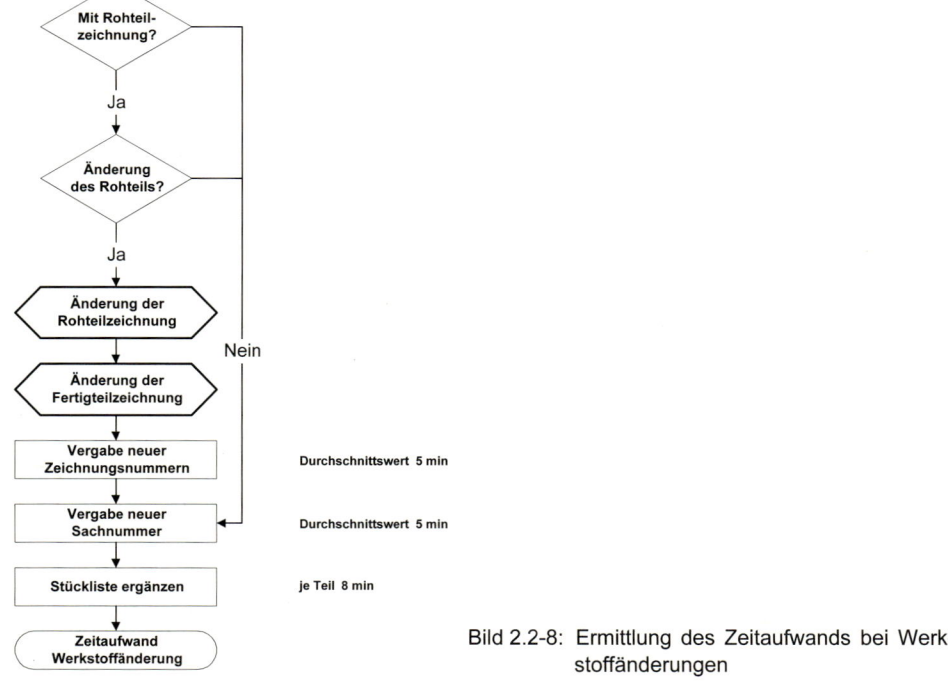

Bild 2.2-8: Ermittlung des Zeitaufwands bei Werkstoffänderungen

Wie aus **Bild 2.2-9** ersichtlich, fallen im Zuge der Änderung einer Rohteilzeichnung Tätigkeiten zur Änderung der Kontur der Rohteilzeichnung sowie gegebenenfalls die Modifizierung der Schnittzugabe und die Angleichung der Bemaßung an die vorgenommenen Änderungen an. Der für eine Konturänderung einer Rohteilzeichnung anfallende Zeitaufwand läßt sich grob anhand des Komplexitätsgrads des zugrundeliegenden Teils in drei Kategorien einteilen, während der Zeitaufwand für die Angleichung der Bemaßung davon abhängt, ob die Bemaßung automatisch bei der Konturänderung angepaßt wird. Dagegen hängt der Gesamtaufwand für die Veränderung der Schnittzugaben von der Anzahl der Schnittflächen ab, da angenommen wird, daß der bei einzelnen Modifizierungen einer Schnittzugabe entstehende zeitliche Aufwand in etwa gleich groß ist und für diese daher ein einheitlicher zeitlicher Erfahrungswert hinterlegt werden kann.

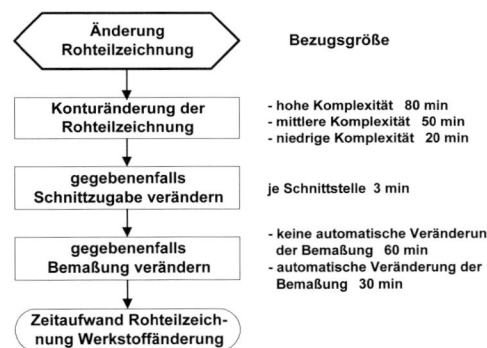

Bild 2.2-9: Ermittlung des Zeitaufwands für die Änderung der Rohteilzeichnung bei einer Werkstoffänderung

Die aufgrund der Modifizierung der Rohteilzeichnung notwendigen Änderungen der Fertigteilzeichnung erfordern je nach Umfang der Änderungen unterschiedliche Tätigkeiten, aus denen ein entsprechend unterschiedlich hoher zeitlicher Aufwand resultiert (**Bild 2.2-10**). Während bei relativ niedrigem Änderungsumfang die vorhandene Fertigteilzeichnung an die Rohteilzeichnung angepaßt werden kann, bietet es sich bei hohem Änderungsumfang an, auf Basis der Rohteilzeichnung eine neue Fertigteilzeichnung zu erstellen. Dabei hängt der Zeitaufwand beider Änderungsmöglichkeiten hauptsächlich von der Komplexität des zu bearbeitenden Teils ab.

- Neuteile
Ob für Einzelteile, die neu in die Sondervariante eingefügt werden müssen, konstruktive Tätigkeiten notwendig sind, hängt davon ab, ob es sich bei dem betrachteten Einzelteil um ein Norm- oder Handelsteil handelt. Handelt es sich um ein Norm- oder Handelsteil und der Kunde liefert die notwendigen Teilinformationen, so muß nur noch eine Artikelnummer in der Normabteilung beantragt und das Teil in der Stückliste ergänzt werden. Kann der Kunde die gewünschten Informationen über das Neuteil nicht liefern, so muß zusätzlich ein Lieferant des Teils kontaktiert werden, um die notwendigen Teilinformationen zu erhalten.

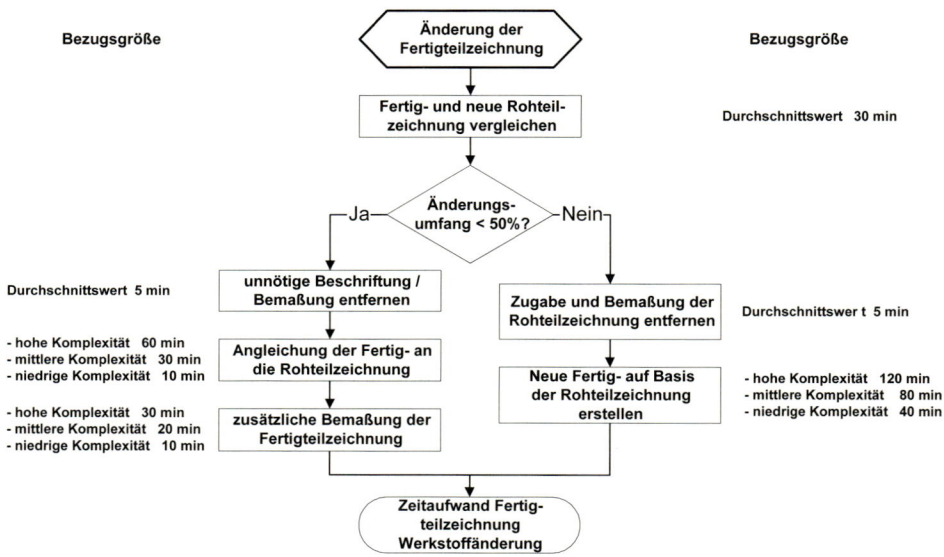

Bild 2.2-10: Ermittlung des Zeitaufwands für die Änderung der Fertigteilzeichnung bei einer Werkstoffänderung

Handelt es sich jedoch bei dem Neuteil nicht um ein Norm- oder Handelsteil, so muß dieses Teil vom Konstrukteur entworfen, eine Fertigteilzeichnung und eventuell eine Rohteilzeichnung erstellt sowie Zeichnungs- und Sachnummern vergeben werden, bevor die Stückliste ergänzt werden kann. In einem solchen Fall ist der anfallende Zeitaufwand ungleich höher als bei einem Norm- oder Handelsteil.

Bild 2.2-11 veranschaulicht den beschriebenen Prozeß zur Ermittlung des Zeitaufwands bei Neuteilen einer Sondervariante, wobei der Entwurf des Neuteils sowie die Erstellung der Zeichnungen für die Bestimmung des Zeitaufwands detaillierter betrachtet werden müssen.

Für den Entwurf eines Neuteils müssen neben der Erarbeitung der Problemlösung und der Erstellung der Entwurfszeichnung die erstellte Zeichnung überprüft werden und eventuell der Modellbauer kontaktiert werden. Der Zeitaufwand für diese Tätigkeiten hängt mit Ausnahme der Kontaktaufnahme mit dem Modellbauer, für die eine durchschnittliche Zeitdauer angenommen werden kann, von der Komplexität des zu entwerfenden Neuteils ab (**Bild 2.2-12**).

Wird gegebenenfalls eine Rohteilzeichnung des neuen Teils erstellt (**Bild 2.2-13**), so kann für das Entfernen der nicht benötigten Bemaßung des duplizierten Entwurfs ein zeitlicher Durchschnittswert zugrunde gelegt werden, während sich der zeitliche Aufwand für das Hinzufügen von Schnittzugaben nach der Zahl der Bearbeitungsflächen und die Bemaßung der Rohteilzeichnung nach der Komplexität des Neuteils richtet.

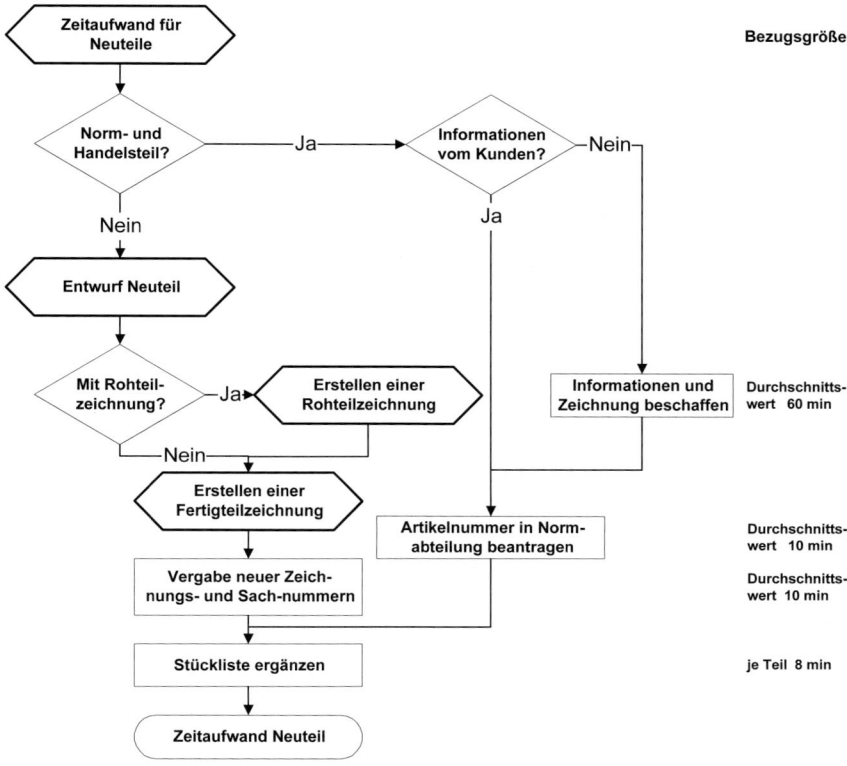

Bild 2.2-11: Ermittlung des Zeitaufwands bei Neuteilen

Bild 2.2-12: Ermittlung des Zeitaufwands für den Entwurf eines Neuteils

Zur Erstellung der Fertigteilzeichnung des Neuteils (**Bild 2.2-14**) müssen mit einem durchschnittlichen zeitlichen Aufwand die Schnittzugaben und Bemaßungen der duplizierten Rohteilzeichnung gelöscht werden, bevor durch eine neue Bemaßung und Beschriftung die Fertigteilzeichnung fertiggestellt werden kann. Der hierfür erforderliche Zeitaufwand läßt sich für die Angebotskalkulation anhand der Komplexität des neu entworfenen Teils abschätzen.

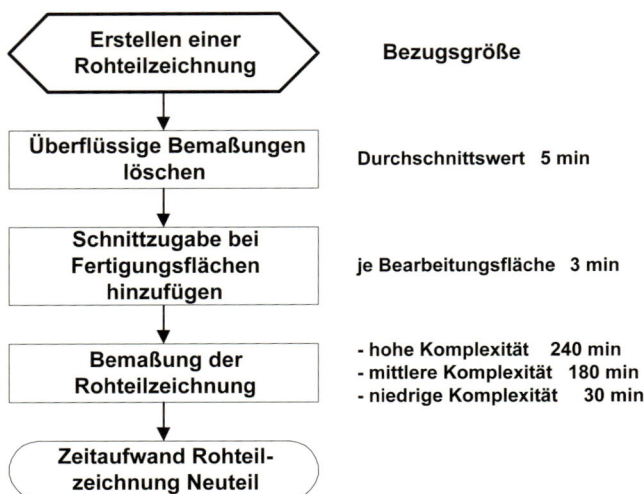

Bild 2.2-13: Ermittlung des Zeitaufwands für die Erstellung der Rohteilzeichnung eines Neuteils

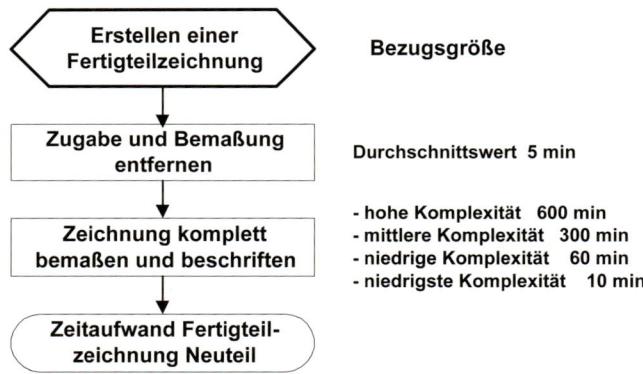

Bild 2.2-14: Ermittlung des Zeitaufwands für die Erstellung der Fertigteilzeichnung eines Neuteils

Bestimmung der Selbstkosten des Konstruktionsaufwands

Zur Kalkulation der Selbstkosten der Änderungskonstruktion der Sondervariante muß für alle Einzelteile der Sondervariante entsprechend ihrer Klassifikation auf Basis der notwendigen konstruktiven Tätigkeiten der anfallende Zeitaufwand in Minuten ermittelt werden. Durch Bewertung des Zeitaufwands mit einem durchschnittlichen, minutenbezogenen Kostenstellensatz der Konstruktionsabteilung ist es daraufhin möglich, die Selbstkosten der Änderungskonstruktion abzuschätzen.

Auf Basis der in den vorhergehenden Tabellen aufgeführten Teile einer Sondervariante ergibt sich die Ermittlung der Selbstkosten wie folgt (**Tabelle 2.2-4**).

Sachnr.	Klassifikation	Zeitaufwand in min	Selbstkosten in € [Kostenstellensatz von 1,60 €/min]
090771	Beizubehalten	5	8,00
012308	Entfällt	5	8,00
067574	Entfällt	5	8,00
027770	Entfällt	5	8,00
012312	Zu ändern/Formänderung	158	252,80
022754	Zu ändern/Formänderung	158	252,80
501857	Neu/Vorhanden	28	44,80
201641	Neu	243	388,80
024974	Zu ändern/Formänderung	158	252,80
026412	Neu	1068	1.708,80
037540	Neu	1068	1.708,80
Summe		**2901**	**4.641,60**

Tabelle 2.2-4: Kalkulation des konstruktiven Mehraufwands einer Sondervariante

2.3 Fazit

Der Zwang für Unternehmen, durch eine große Variantenvielfalt differenzierte Kundenwünsche zu befriedigen sowie aufgrund von unterschiedlichen nationalen Normungen und Gesetzesvorgaben länderspezifische Produktvarianten zu fertigen, wird bei zunehmend internationaler Ausrichtung der Wirtschaft und der Globalisierung der Märkte weiter zunehmen. Somit wird sich die Bedeutung der zielgerichteten Planung und Steuerung von Produktvarianten und der durch sie induzierten Kosten als ein wichtiger Faktor für die Bestandskraft eines Unternehmens weiter erhöhen.

Dann müssen konstruktionsbegleitende Kosteninformationen umfassender und zu einem früheren Zeitpunkt im Produktentwicklungsprozeß zur Verfügung gestellt werden, damit über die Einführung neuer Produktvarianten ex ante entschieden werden kann. Es gilt, eine spezielle Variantenkostenrechnung einzuführen, die die Probleme der Variantenkalkulation differenzierter behandelt als herkömmliche Kostenrechnungssysteme.

So ist eine Kombination eines prozeßorientierten Kostenrechnungsansatzes mit der merkmalsorientierten Plankalkulation denkbar, in der die Kosten der absatz- und fertigungsspezifischen Produktmerkmale prozeßorientiert erfaßt werden, um verursachungsgerecht ermittelte Relativkostenaussagen zu verschiedenen Ausstattungsalternativen durch diese Kosteninformationen eine verbesserte Steuerung von Produktvarianten durch Kennzahlen wie die der Variantenausprägungskennzahl zu ermöglichen.

Abschließend kann somit festgestellt werden, daß kostenrechnerisch adäquate Lösungsansätze und Hilfestellungen erarbeitet und eingesetzt werden müssen, um einerseits die Bearbeitung der vielfältigen Problemstellungen, die sich unter anderem in der Konstruktion, im Produktionsprozeß und im Vertriebsbereich ergeben, zu unterstützen und um andererseits die Auswirkungen von Methoden des Variantenmanagements in diesen Bereichen zu beurteilen.

3 Methoden zur Variantenbeherrschung in der Produktentwicklung

Norman L. Firchau, Hans-Joachim Franke

3.1 Einführung

Bereits in Kapitel 1 wurde auf die unterschiedlichsten unternehmensinternen, unternehmensexternen und marktbedingten Ursachen hoher Variantenvielfalt eingegangen. Ebenso wurde erläutert, daß die Variantenvielfalt kostentreibend in nahezu allen Elementen der Wertschöpfungskette wirkt.

Die Produktentwicklung besitzt als Urheber der Produktdefinition naturgemäß eine besonders hohe Verantwortung hinsichtlich der Variantenoptimierung im gesamten Unternehmen. Die hohe geforderte kundendienliche externe Varianz muß in der Produktentwicklung in Produktstrukturen mit möglichst geringer interner Varianz, d.h. mit möglichst wenigen verschiedenen Bauteilen und Baugruppen und möglichst wenigen zugehörigen Dokumenten überführt werden. Erst am Ende der Wertschöpfungskette mit bis dahin möglichst glatten einfachen Prozeßabläufen sollen durch Kombination, z.B. in der Endmontage, Produktvarianten entstehen, die eine reichhaltige Angebotspalette gewährleisten.

Diese schwierige Aufgabe kann mit Hilfe einer systematischen und methodenunterstützten Vorgehensweise gelöst werden. Dabei ist es nützlich, einen systematischen Überblick über die maßgebenden Einflußgrößen und Parameter zu gewinnen.

3.2 Variantenverursachte Probleme in der Entwicklung

Ein variantenreiches Produktspektrum stellt die Produktentwicklung vor eine große Anzahl von vielfaltabhängigen Aufgaben. Exemplarisch können folgende genannt werden:

- Aufwand für Konstruktion der neuen Teile,
- Erstellen und Verwalten zusätzlicher technischer Unterlagen,
- erhöhter Änderungsaufwand durch Varianten,
- Pflege zusätzlicher Teile/Stammdaten

usw.

Die Zuordnung verschiedener Objekte zueinander (wie z.B. Produkte, Baugruppen, Teile und Dokumente) sowie zu verschiedenen Vorgängen (wie z.B. Angeboten und Aufträgen) durch verschiedene Personen führen bereits innerhalb der Produktentwicklung zu einer hohen Komplexität. Zwischen den erwähnten Objekten und

Vorgängen müssen sehr oft Verträglichkeiten, Zwänge und fallspezifische Beziehungen verschiedenster Art betrachtet und beherrscht werden (z.B. Passungen, Werkstoffpaarungen, Zwänge aus Fertigung und Montage, gesetzliche Forderungen usw.).

Eine der generell gültigen Methoden zur Begrenzung der Komplexität ist die Reduzierung der kombinierbaren Objekte (**Tab. 1.4-1**), d.h. z.B. weniger verschiedene Teile, Baugruppen, Werkzeuge und Vorrichtungen oder Dokumente.

3.3 Produktmerkmale als Träger der Varianz

Jedes einzelne baustrukturell unterschiedliche Merkmal eines Produktes führt bei seiner Veränderung bzw. Variation zu einer Variante. Hierzu sind auch Veränderungen zu zählen, die nicht unmittelbar am körperlichen Produkt erkennbar sind, wie z.B. Qualitätsmerkmale – etwa Materialzeugnisse.

Daher ist es von Nutzen, einen systematischen, d.h. gegliederten und möglichst vollständigen, Überblick über die das Produkt definierenden Merkmale zu haben.

3.3.1 Gestaltungsparameter als variantentragende Merkmale

Bild 3.3-1 zeigt die wichtigsten Gestaltungsparameter bezogen auf verschiedene Komplexitätsebenen in systematischer Zusammenstellung mit erläuternden Beispielen.

Eine solche Zusammenstellung ist variantenvermeidend nutzbar, indem sie als Checkliste verwendet wird, um Gleichheiten bzw. Ähnlichkeiten in diesen Parametern zu erzwingen.

Beispielsweise, indem man versucht, alle Anzahlparameter klein zu halten, also gleiche Werkstoffe, gleiche Flächenelemente (fertigungstechnisch gleiche NC-Makros), gleiche Bauteile, wo möglich gleiche Abmessungen (insbesondere an Paßstellen) und am einzelnen Bauteil gleiche Oberflächengüten und Toleranzen wählt.

Variantenhemmend wirkt ebenfalls die Verwendung gleicher Anordnungen, da sie zu Fertigungsfamilien und zu gleichen oder ähnlichen Werkzeugen und Vorrichtungen sowie zu gleichen oder ähnlichen Montageprozessen führen. Von besonderer Bedeutung sind oft symmetrische Anordnungen [bar90].

Wenn schon gleiche Parameter nicht möglich sind, so ist eine komplexitätsbrechende Maßnahme immerhin die Bildung von Vorzugsreihen, z.B. in Einklang mit vielen Naturgesetzlichkeiten in Normreihen gestuft [jes98].

Auf die Parameter aus **Bild 3.3-1** nimmt auch die Definition der wichtigsten Variantenbegriffe Bezug (**Bild 3.3-2**).

GESTALTUNGSPARAMETER				
Komplexi-tätsebene	allgemeine Benennung		Nr.	Beispiel
1 — Konturfläche — Artd.Konturfläche	Form der Fläche		1	Zylinderfläche
	Formfehler		2	Zul. Unrundheit
	Oberflächenbeschaffenheit		3	$R_t = 5$ m m
	Maße der Fläche		4	r = 5mm
	Maßtoleranzen		5	$5 \begin{smallmatrix}+0,05\\-0,05\end{smallmatrix}$
1 — Werkstoff — Artd.Werkstoffes	Werkstoff-halbzeug	Halbzeugart	6	Rundstahl
		Halbzeugtyp	7	Rd 6 DIN 1013
	Werkstoff-material	Materialart	8	Stahl
		Materialsorte	9	Ck 45
2 — Einzelteil — Art des Einzelteiles	Anzahl der Flächen		10	3
	Zusammenstellung d. Flächen nach Zahl u. Art		11	1 Zyl.r=5 $\begin{smallmatrix}+0,05\\-0,05\end{smallmatrix}$,R_t=5 m m
	Anordnung der Kon-turflä-chen	Relativlage qualitativ	12	beide Ebenen schneiden die Zylinderfläche
		Relativlage quantitativ (Maße))	13	R_t=5 m m
		Lagetoleranzen	14	15 +0,1
	Werkstoffe im Einzelteil	Anzahl der Werkstoffe	15	2
		Zusammenstellung der Werkstoffe	16	Stahl, Kunststoff
		R.lage qualitativ	17	Kunststoffummantelt
		Relativlage quantitativ	18	
3 — Teileverband — Art des Teileverbandes	Anzahl der Einzelteile		19	2
	Aufteilung der Einzelteile nach Art und Zahl		20	1 Zeichnung Nr..... 1 Stift 5x15 DIN....
	Anordnung der Einzelteile	Relativlage qualitativ	21	Teil 1 ist mit Teil 2 verbunden
		Relativlage quantitativ	22	
		Lagetoleranzen	23	20 +0,1

Bild 3.3-1: Systematische Zusammenstellung der Gestaltungsparameter

- **Gestaltungsvariante:** Variante eines technischen Gebildes gleichen Zwecks, welche sich in wenigstens einem *qualitativen oder quantitativen* Gestaltparameterwert unterscheidet

- **Typ, Typvariante:** Variante technischer Gebilde gleichen Zwecks (gleicher Zweckfunktion), welche sich wenigstens in einem *qualitativen* Parameterwert unterscheidet; beispielsweise Funktions-, Prinzip-, Werkstoffstruktur-, Energiezustandsparameterwert

- **Abmessungsvariante:** Produktvarianten für gleiche Zwecke, welche sich wenigstens in einem (*quantitativen*) Abmessungs-, Längen- oder Winkelabstandswert unterscheiden

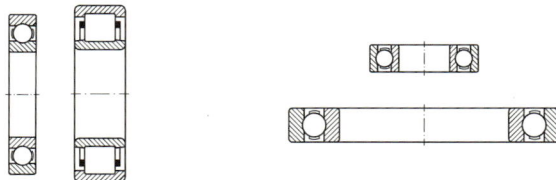

Bild 3.3-2: Gestalt-, Typ- und Abmessungsvarianten

3.3.2   Variantenerzeugende Anforderungen und Ziele

Kunden der auftragsbezogenen Einzel- und Kleinserienfertigung haben in der Regel individuelle Ziele, die mit dem verlangten Produkt erreicht werden sollen, und stellen daher spezifische Anforderungen (siehe Kap. 1.2). Um diese Anforderungen zu erfüllen, sind vom Hersteller kundenspezifische Produktvarianten mit unterschiedlichen Prinzipen, Funktionen, Gestalten etc. zu erzeugen.

Als Beispiele für variantenerzeugende Anforderungen seien hier angepaßte Funktionalitäten des Produkts, unterschiedliche Netzspannungen und Frequenzen, klimatische Bedingungen, differierende Normen, Vorschriften und Richtlinien in verschiedenen Sprachen, anatomische Unterschiede der Bevölkerung des Zielmarktes usw. genannt.

3.4   Wesentliche Handlungsfelder

Ausgelöst durch eine Veränderung variantengenerierender Gestaltparameter, also der Erzeugung von Produktvarianten, ist es wegen der damit einhergehenden varianteninduzierten Kosten (siehe Kap. 2) erforderlich, die Variantenentstehung genauestens zu überwachen. Dem Wildwuchs unnötiger Varianten ist energisch zu begegnen. Dazu bedarf es einer gezielten Vorgehensweise zur Variantenbeherrschung in der Produktentwicklung.

Hierfür gibt es eine Vielzahl bekannter Ansätze. Ein bedeutender Ansatz, welcher der ersten generell gültigen Methode zur Begrenzung der Komplexität (Anzahl kombinierbarer Objekte reduzieren, **Tab. 1.4-1**) folgt, ist der des Standardisierens:

Standardisieren ist das Festlegen und Konstanthalten der Parameterwerte, Anordnungen und Typen von Produkten und Prozessen über eine begrenzte (längere) oder unbegrenzte Zeit [kol86, kol98].

Die hier vorrangig betrachtete Produkt-Standardisierung hat die Reduzierung der Vielfalt auf Baugruppen- und Einzelteilebene bei marktgerechtem Umfang der Produktvielfalt zum Ziel.

Zusätzlich lassen sich weiterhin im Bereich Technologie und Prozeß Standardisierungstypen unterscheiden (**Tab. 3.4-1**):

Bei der Produkt-Standardisierung sind zwei grundsätzliche Strategien zu unterscheiden:

- Vermeidung der Einführung unnötiger, neuer Varianten auf Einzelteil- und Baugruppenebene.
- Reduzierung eines vorhandenen Variantenspektrums im Sinne einer Produktpflege (durch Bildung von Gleich- oder Integralteilen, bzw. durch Streichen unnötiger Varianten).

Standardisierungs-Typ	Maßnahmen, die ...
Produkt-Standardisierung	... in unterschiedlichen Unternehmensbereichen die Vereinheitlichung (Reduzierung der Vielfalt) von Produkten und deren Baugruppen und Einzelteilen bezwecken.
Technologie-Standardisierung	... die Vereinheitlichung der technologischen Einrichtungen sowohl in direkten (z.B. Fertigungstechnologie) als auch in den indirekten Bereichen (z.B. DV-Umgebung wie CAD- und PPS-Systeme) bezwecken.
Prozeß-Standardisierung	... in unterschiedlichen Unternehmensbereichen die Vereinheitlichung der Aufbau- und Ablauforganisation bezwecken.

Tabelle 3.4-1: Typen der Standardisierung [jes97]

Die Reduzierung der Vielfalt an Produkten, Baugruppen und Einzelteilen betrifft dabei nicht nur deren Funktion und Gestalt, sondern auch deren zeitliches und mengenmäßiges Auftreten.

Normung ist ebenso eine Maßnahme zur Standardisierung. Die Tätigkeit des Normens wirkt quantifizierend, d.h. sie legt für bestimmte Merkmale Werte in einem Intervall fest. Neben der Verringerung der Variantenvielfalt ist das primäre Ziel der Normung die Erhöhung der Kompatibilität von Baugruppen und Einzelteilen. Die Ergebnisse der Normung erhalten „Gesetzescharakter" mit firmeninternen bzw. firmenexternen Gültigkeitsbereich [jes97].

Standardisierung, bzw. Normung, sollte über die gesamte Produktentwicklung hinweg akribisch verfolgt und berücksichtigt werden. Um das größtmögliche Potential dabei auszuschöpfen, empfiehlt es sich, frühestmöglich mit einer strategischen Produktprogrammplanung anzusetzen.

3.4.1 Strategische Produktprogrammplanung

In den frühen Phasen der Produktentwicklung sind im Zusammenhang mit der Beurteilung der Variantenvielfalt auf Produktebene zwei marktstrategische Gesichtspunkte von besonderer Bedeutung [hic86b]:

1. Wie attraktiv sind die betrachteten Produkte/Märkte hinsichtlich Wachstum und Profitabilität? Beurteilungsmöglichkeiten können sein:
   • Marktvolumen/Marktwachstum,
   • Profitabilität/Preisniveau,
   • Wettbewerber/Wettbewerbsprodukte,
   • Markttrend (Technologie, Vertriebswege),
   uvm.

Als Hilfsmittel für Betrachtungen dieser Art werden typischerweise Portfolio-Techniken eingesetzt [jes97, kra96].

2. Welche Notwendigkeit zur Variantenbildung ergibt sich aus Sicht des Marktes? Es ist entscheidend zu wissen, welche Bedeutung der Variantenvielfalt aus Kundensicht zukommt. Praktische Analysen, die dazu beitragen können, jene Produktgruppen zu identifizieren, die vorrangig einer Variantenuntersuchung unterworfen werden sollten, sind z.B.:

- Bewertung der Anforderungen: Welchen Stellenwert haben variantenerzeugende Anforderungen, d.h. sind sie zu den Haupterfolgsfaktoren eines Produktes zu zählen?
- Zur Objektivierung der Bedeutung von Produkten und zur Sortimentsabrundung sollten Lieferumfänge zahlenmäßig ausgewertet werden. Oft macht ein großer Anteil der Artikel nur einen kleinen Anteil des Umsatzes aus. Hier stellt sich deutlich die Frage nach ausreichender Wirtschaftlichkeit und Möglichkeit zur Sortimentsstraffung bei nicht gängigen Artikeln.
- In manchen Märkten tendieren Kunden dazu, sich auf wenige Lieferanten zu konzentrieren, die ein besonders breites Sortiment anbieten. Wie ist die Situation in dem belieferten Marktsegment? [hic86b, jes97]

Wichtig dabei ist, daß die Analysen zu objektivieren sind, d.h. zu quantifizierbaren Ergebnissen führen sollten, da „… die praktische Diskussion in den Unternehmen vor allem hier häufig mit persönlichen Meinungen ausgetragen wird" [hic85].

3.4.2   Variantenoptimierende Produktgestaltung

Im Anschluß an die strategische Produktprogrammplanung erfolgt die operative Produktentwicklung. Dabei kommt der variantenoptimierenden Produktgestaltung eine herausragende Rolle bei der Kostenbestimmung zu (**Bild 3.4-1**).

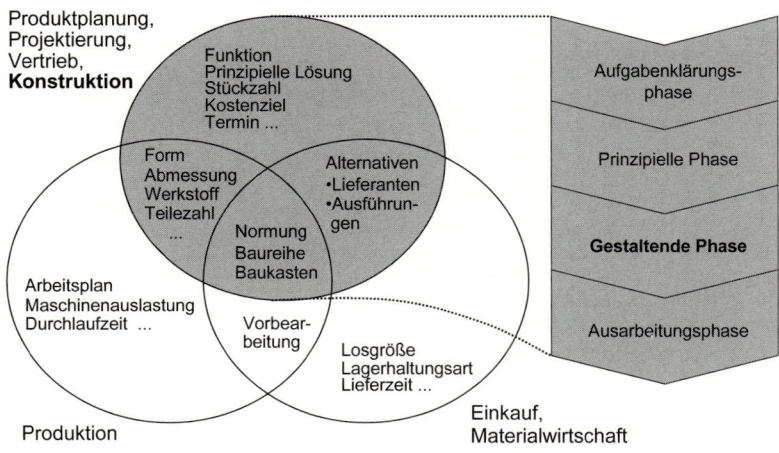

Bild 3.4-1: Kostenorientiertes Konstruieren/Einflußgrößen auf Kosten [vdi2235]

Unter Gestalten soll hier die Tätigkeit verstanden werden, die in praktischen Konstruktionsprozessen die Form und Abmessungen der Bauteile, ihre Anordnung und Verbindung sowie Werkstoffe festlegt. Das zentrale Objekt des Gestaltens sind Bauteile.

Wesentliche Arbeitsschritte sind die folgenden:

1. Gestaltbeeinflussende Anforderungen zusammenstellen (z.B. Bauraumgrenzen, Fertigungsstückzahlen, ...)
2. Gestaltidee generieren (z.B. nach Vorbild, kreativ aus Wirkprinzipien, in Anlehnung an generelle Gestaltprinzipe (siehe **Bild 3.4-2**), mit Hilfe von Auslegungsberechnungen, ...)
3. Gestaltidee darstellen (z.B. Skizze, „Entwurf", CAD-Modell, ...)
4. Gestalt anpassen (mit Variationsoperationen (siehe **Tabelle 3.4-2**) unter Rücksichtnahme auf Anforderungen, „Gerechtheiten" – funktions-, fertigungs-, montage-, recycling-, ... gerecht, ...)
5. Gestalt kontrollieren und verbessern (z.B. nachrechnen, optimieren, Erfüllung der Anforderungen prüfen, Fertigbarkeit, Montierbarkeit usw. prüfen, funktionale und strukturelle Verträglichkeiten analysieren, ...)

Ggf. Schritte 4 und 5 iterativ wiederholen.

Die wichtigsten methodischen Elemente der Gestaltung neben der Systematik der Gestaltparameter (siehe **Bild 3.3-1**) sind Operationen, Regeln und Richtlinien sowie Gestaltprinzipe (**Tab. 3.4-2** und **Bild 3.4-2**).

Regeln/Operationen	Beispiele
Variationsoperationen	Zahlwechsel, Formwechsel, Lagewechsel, usw.
Gestaltungsregeln/ - richtlinien	funktionsgerecht (z.B. geradlinige Kraftleitung), fertigungsgerecht (z.B. gußgerecht), usw.
Gestaltungsprinzipe/ - arten	Integralbauweise, Differentialbauweise, spezielle Gestaltprinzipe (z.B. axiale/radiale Teilung), usw.

Tabelle 3.4-2: Methodische Elemente der Gestaltung

Die Gestaltprinzipe sind typische Formgebungen, Anordnungen oder Bauweisen, die für verschiedene Anwendungen oder aber zumindest Klassen von Anwendungen als gesamthafte Lösungsansätze verwendet werden können.

Im Rahmen einer Variantenoptimierung in der Produktentwicklung wird in der Literatur der Schwerpunkt der Tätigkeiten allgemein in der Planung und Entwicklung variantengerechter Produktstrukturen gesehen [eve83, eve86, ung86, scu88, fra93, koh97b, bre97, wüp98b], die im folgenden Kapitel 3.4.3 behandelt wird.

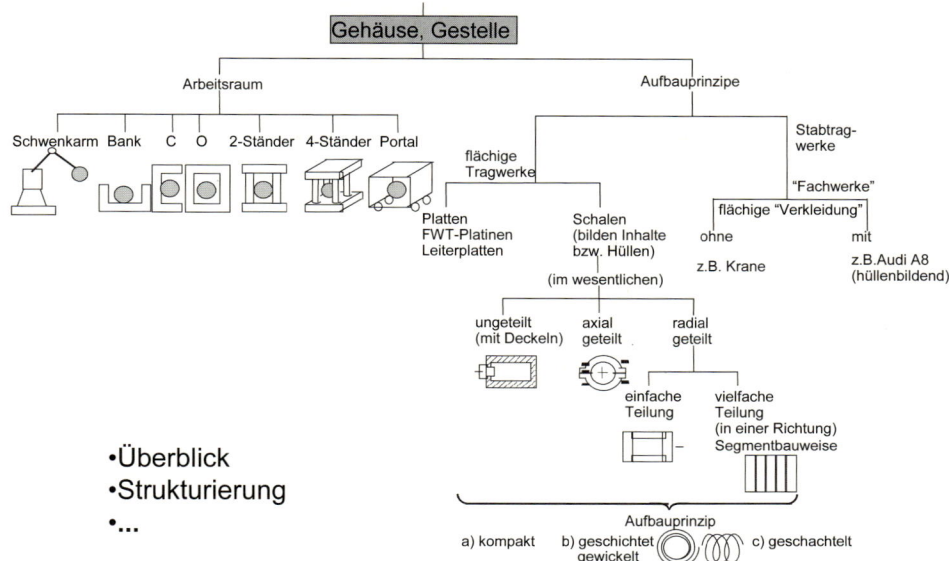

Bild 3.4-2: Beispiele für Gestaltprinzipe von Gehäusen und Gestellen

Das liegt jedoch auch daran, daß das Thema „variantengerechtes Gestalten" bisher selten behandelt wurde. Im praktischen Entwicklungsprozeß lassen sich die beiden Tätigkeitsfelder Gestalten und Produktstrukturierung kaum trennen und sie bedingen sich auch gegenseitig.

Sinnvolle Produktstrukturen setzen voraus, daß die Gestaltung von Flächenkomplexen, Bauteilen und Baugruppen Modularisierung und geeignete Schnittstellen ermöglicht. Umgekehrt erzeugt eine variantengeeignete Produktstruktur Anforderungen, die beim Gestalten berücksichtigt werden müssen.

Variantengerechtes Gestalten besteht im wesentlichen aus der Berücksichtigung der voneinander unabhängigen Kombinierbarkeit von Merkmalen und Funktionen. Das bedeutet jedoch nichts anderes, als nach Baustrukturen zu suchen, die Merkmale und Funktionen möglichst in einzelnen abtrennbaren Baueinheiten (z.B. Baugruppen oder Bauteilen) beinhalten (siehe Kap. 3.5.2).

Zur Erläuterung:

Beispiele von Merkmalen sind etwa: Länge, Durchmesser, Gewicht (von Teilen oder Baugruppen), Korrosionsfestigkeit, maximale Leistung, Antriebslage, Farbe, „gefälliges Aussehen", Vorhandensein von Spannflächen, ...).

Beispiele von Funktionen sind etwa: Temperatur-Meßwert bereitstellen, Drehmoment übersetzen, Schlitten führen, Belastungsstöße ausgleichen, Förderstrom auslassen, mechanisch antreiben, ...)

Das folgende **Bild 3.4-3** zeigt in schematischer Darstellung für voneinander unabhängige Kombinationen geeignete und ungeeignete Zuordnungsstrukturen von Funktionen (oder Merkmalen) und Baugruppen (oder Bauteilen).

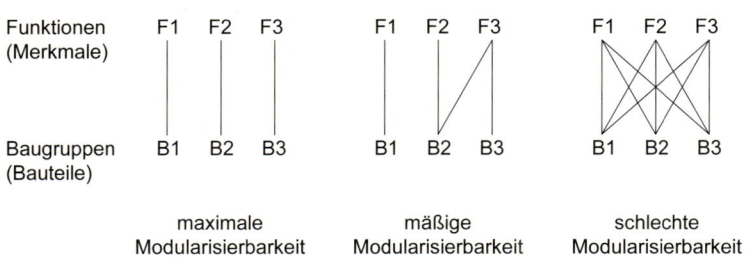

Bild 3.4-3: Modularisierungs- und damit variantengeeignete Zuordnungen von Funktionen und/oder Merkmalen zu Baugruppen und/oder Bauteilen

Diese grundsätzliche Erkenntnis gilt auch für die noch tiefer unterhalb der Teile-ebene liegende Gestaltungsebene der Flächenkomplexe (funktional Wirkflächen-komplex, technologisch z.B. NC-Makro).

Ein einfaches Beispiel soll diese Erkenntnis veranschaulichen (**Bild 3.4-4**):

Unterschiedliche Stutzenanordnungen einer mehrstufigen Hochdruckpumpe lassen sich sehr viel einfacher mit einem modularen Gestaltkonzept a) als einem integralen Gestaltkonzept b) realisieren.

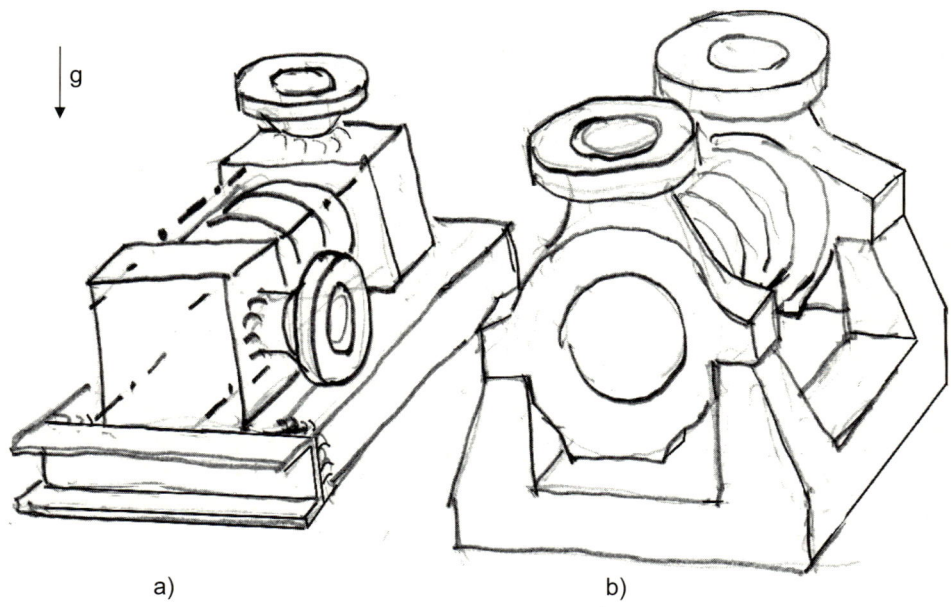

Bild 3.4-4: Unterschiedliche gestaltliche Eignung für Varianten am Beispiel von unterschiedlichen Stutzenstellungen mehrstufiger Hochdruckpumpen

Eine einfache strategische Aussage, die an den unterschiedlichen Gestaltprinzipen nach **Bild 3.4-2** anknüpft, läßt sich an der Symmetrie der Gestaltprinzipe festmachen:

Im allgemeinen sind Gestaltprinzipe mit höherer Symmetrie besser als Variantenträger geeignet.

Dies läßt sich wieder am Beispiel von Stutzenanordnungen veranschaulichen: Für einen kugelförmigen Grundkörper können beliebige Stutzenanordnungen von zwei oder mehr Stutzen mit exakt dem gleichen Stutzenmodul, d.h. auch mit exakt der gleichen Schnittstelle, realisiert werden. Bereits ein zylindrischer Grundkörper benötigt jedoch mindestens zwei verschiedene Stutzenarten (radial, axial), um verschiedene orthogonale Stutzenanordnungen zu realisieren.

Dieses Beispiel läßt sich leicht auf Antriebs- und Abtriebswellenanordnungen von Getrieben oder anderen Maschinen übertragen.

Eine weitere Verallgemeinerung ist die Aussage, daß parallele oder serielle Schaltungen von Funktionselementen zur Erzeugung von Leistungsvarianten (z.B. mehrstufige Strömungsmaschinen oder Getriebe, Verdrängermaschinen mit mehreren Zylindern, Wärmetauscher, ...) i.a. durch symmetrischen Aufbau der Bauteile bzw. Baugruppen erleichtert werden.

Ein weiteres Beispiel für eine sinnvolle Nutzung von Gestaltprinzipen für variantengerechte Gestaltung wäre die Auswahl von Zylinderanordnungen von Motoren: Erwägt man die Nutzung eines Motors für unterschiedliche Varianten (Frontantrieb, Heckantrieb und/oder Einbaulagen längs, quer, Unterflur) sind Reihenmotor, V-Motor oder Boxermotor durchaus unterschiedlich gut geeignet.

Hieraus läßt sich ein allgemeines Vorgehen ableiten, indem im oben beschriebenen Schritt 2 des Gestaltens systematisch bekannte Gestaltprinzipe hinsichtlich ihrer Eignung für die gewünschten bzw. geplanten Varianten untersucht werden. Das bestgeeignete Gestaltprinzip wird Basis der Gestaltung.

Ein weiteres relativ allgemein gültiges Grundprinzip für die variantengeeignete Gestaltung ist das Prinzip der Überdimensionierung. Beispiele hierfür sind etwa die Wahl eines höherwertigen Werkstoffs, um verschiedene Anwendungsvarianten (z.B. für verschieden korrosive Medien) mit ein und der gleichen Baustruktur zu realisieren oder die Wahl einer auf die maximale Motorisierung von PKWs abgestimmten Gelenkwelle, um den Anpassungsaufwand an die verschiedenen Motoren zu beschränken.

Generell zu bedenken ist jedoch immer:

Die Eignung für Modularisierung und einfache Variantengenerierung kann im Zielkonflikt zu wichtigen anderen Zielen stehen, beispielsweise Leichtbau, minimaler Raumbedarf oder minimale Herstellkosten für große Stückzahlen (siehe **Bild 3.5-2**).

3.4.3   Variantengerechte Produktstrukturierung

„Die Produktstruktur ist ein Produktdarstellendes Modell, das die Gesamtheit der nach bestimmten Gesichtspunkten (z.B. Fertigung, Montage, Funktion, Disposition, Kalkulation) festgelegten Beziehungen zwischen Baugruppen und Einzelteilen eines Produktes beschreibt." [din199]

Als wesentliche Anforderungen an Produktstrukturen variantenarmer Produkte sind folgende Punkte zu nennen:

- Produkte sollten aus Baugruppen der nächsten Ebene ohne Hilfe des Konstrukteurs, sondern nur durch den Vertrieb und/oder Kunden konfigurierbar sein [sca80]. D.h. der von der Konstruktion bearbeitete und gepflegte Teil der Produktstruktur sollte auftragsneutral sein.
- Auftragsspezifische Varianten sollen möglichst erst gegen Ende der Wertschöpfungskette entstehen, um eine weitgehend gleichbleibende Vorfertigung und Vormontage auftragsneutraler Baugruppen und damit ein Minimum an Komplexität in Prozessen und Abläufen zu ermöglichen (siehe Kap.1).
- Als wichtige Informationen sollten Kombinationsmöglichkeiten der Einzelteile und Baugruppen bzw. Bausteine in der Beschreibung der Produktstruktur enthalten sein [scu89].
- Neben dem funktionalen Aufbau des Produktes sollte vorzugsweise auch die Montagereihenfolge abgebildet sein (**Bild 3.4-5**) [ung86].
- Es sollte eine hohe Wiederholhäufigkeit von Einzelteilen und Baugruppen realisiert sein [sca80].
- Wenn markt- oder auftragsbedingt neue Varianten gebildet werden müssen, sind diese vorzugsweise von auftragsneutralen Basisvarianten abzuleiten.

Insgesamt läßt sich herausstellen, daß eine möglichst übersichtliche gesamthafte Darstellung der Produktstruktur hilfreich bei der Analyse und Synthese variantenreicher Produkte ist. Dabei können rechnerunterstützte Methoden, die Teile- und Komponentenverwendungsnachweise liefern und kalkulatorische Abschätzungen unterstützen, bei der Bewertung von Varianten helfen.

Strukturierte Stücklisten sind generell geeignet, Produktstrukturen abzubilden, sind jedoch in ihrer üblichen rein textuellen Erscheinungsform wenig geeignet, Ideen für Teile- und Komponentenmehrfachverwendung, für optimale Modularisierung oder für Baukastenüberlegungen zu generieren.

Als einzige Verknüpfung kennt die Stückliste i.a. nur die Zugehörigkeitsrelation:

Produkt → Baugruppen → Bauteile (mit zugehörigen Merkmalen, z.B. Qualitätsprüfungen, zugehöriges Rohteil u.s.w.)

Funktionale Zusammenhänge, räumliche Nachbarschaften und damit Paßbedingungen sowie notwendige Prozeßfolgen in Fertigung und Montage sind damit kaum darstellbar.

Für den Entwicklungsprozeß besser geeignet sind i.a. grafische Darstellungsformen. Die Komponenten werden hierbei in den Raum gestellt und mit Verbindungen, denen eine Bedeutung zugeordnet ist, zu einem Gefüge zusammengestellt
(**Bild 1.4-4**).

Die grafische Darstellung von Produkt- bzw. Erzeugnisstrukturen basiert in der Regel auf einem hierarchischen Begriffsbeziehungssystem. Das bedeutet, daß Begriffe
schrittweise in untergeordnete (engere) Begriffe unterteilt oder umgekehrt zu übergeordneten (weiteren) Begriffen zusammengefaßt werden.

Man unterscheidet dabei die Abstraktions- und die Bestandsbeziehung (Abstrakti-
on: x gehört zur Klasse y, Bestandsbeziehung: x ist aus den Elementen x_1, x_2, ... x_n
zusammengesetzt). Bei üblichen grafischen Darstellungen der Produktstruktur findet oft, genau wie in der Stückliste, nur die Bestandsbeziehung bzw. partitive Beziehung Anwendung. Ein Teil steht dabei immer im Bezug zu einem Ganzen
[din2330].

In parallelen Darstellungen oder auch durch andere Farben und Darstellungsele-
mente sind weitere Zusammenhänge darstellbar. Insbesondere die Abstraktionsbe-
ziehung erlaubt, Ähnlichkeiten oder teilweise Gleichheiten zu erkennen und damit
wiederverwendbare Teile, Komponenten, Dokumente oder Prozeßschritte bzw. Methoden zu erkennen.

In **Tabelle 3.4-3** sind einige Begriffe zur Produktstruktur erläutert.

Begriff	Erläuterung
Einzelteil, Teil	Ein Einzelteil ist ein Teil, das nicht zerstörungsfrei zerlegt werden kann.
Erzeugnis	Ein Erzeugnis ist ein durch Produktion entstandener gebrauchsfähiger bzw. verkaufsfähiger Gegenstand.
Erzeugnisstruktur	Die Erzeugnisstruktur ist die Gesamtheit der nach einem bestimmten Gesichtspunkt festgelegten Beziehungen zwischen den Gruppen und Teilen eines Erzeugnisses. Sie kann z.B. nach Zusammenbau-, Funktions-, Dispositions-Gesichtspunkten aufgestellt werden.
Gegenstand	Gegenstände sind z.B. Erzeugnisse, Gruppen, Einzelteile, Zeichnungen, Anweisungen. Gegenstände können materiell (z.B. Auto) oder immateriell (z.B. Geschwindigkeit) sein.
Gruppe	Eine Gruppe ist ein aus zwei oder mehr Teilen und/oder Gruppen niederer Ordnung bestehender Gegenstand.

Tabelle 3.4-3: Begriffe zur Produktstruktur [din199, din2330]

Das Erzeugnisstruktur-Bild, auch Erzeugnisgliederung genannt, dient der Veranschaulichung der Erzeugnisstruktur in grafischer Form.

Die horizontale Erzeugnisgliederung veranschaulicht meist die Funktions- oder Variantenvielfalt, während die vertikale Erzeugnisgliederung den Fertigungs- bzw. Montageablauf beschreibt (**Bild 3.4-5 links**). Noch konsequenter, als im vielzitierten **Bild 3.4-5** dargestellt, wäre allerdings eine Darstellung der horizontalen Produktgliederung in wirklich funktionaler Form.

Über die Erzeugnisgliederung lassen sich Funktionsgruppen bilden, die in einem Baukastensystem münden können (siehe Kap. 3.5.2). Ein Beispiel zur Darstellung der Erzeugnisgliederung ist der Variantenbaum (**Bild 3.4-5 rechts**).

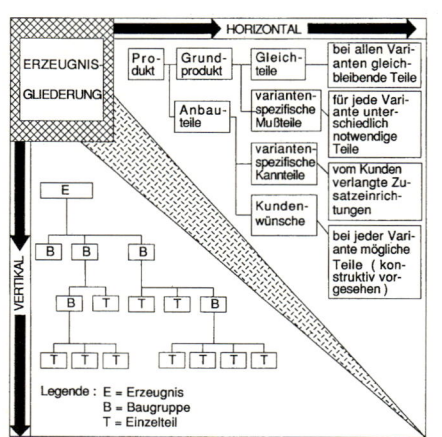
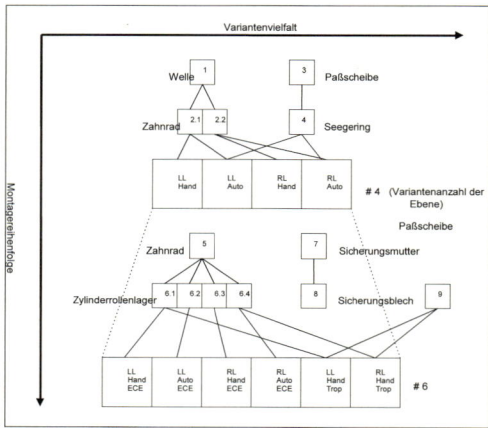

Horizontale und vertikale Produktstruktur   Zweidimensionaler Variantenbaum

Bild 3.4-5: Darstellung der Erzeugnisgliederung [ung86, eve86, scu88]

In **Bild 3.4-6** und **Tabelle 3.4-4** sind weitere bekannte Darstellungsformen abgebildet und kurz erläutert. Ihnen allen gemein ist, daß sie einen Konflikt zu bewältigen haben, den sie mal mehr und mal weniger gut lösen: Schaffung eines gut visualisierten Überblicks vs. schneller Zugriff auf Merkmale für Bewertungen.

Aus diesem Grund haben, je nachdem, was zu betrachten und bewerten ist, alle verschiedenen Darstellungsformen ihre Daseinsberechtigung.

Tabellarisch werden Erzeugnisstrukturen in verschiedenartigen Stücklisten und Verwendungsnachweisen dargestellt.

„Die Stückliste ist ein für jeden Zweck vollständiges, formal aufgebautes Verzeichnis für einen Gegenstand, das alle zugehörigen Gegenstände unter Angabe von Bezeichnungen (Benennungen, Sachnummer), Menge und Einheit enthält. Als Stücklisten werden nur solche Verzeichnisse bezeichnet, die sich auf die Menge 1 eines Gegenstandes beziehen." [din199] Die zentrale Fragestellung ist dabei: Aus welchen Teilen/Gruppen besteht ein Erzeugnis?

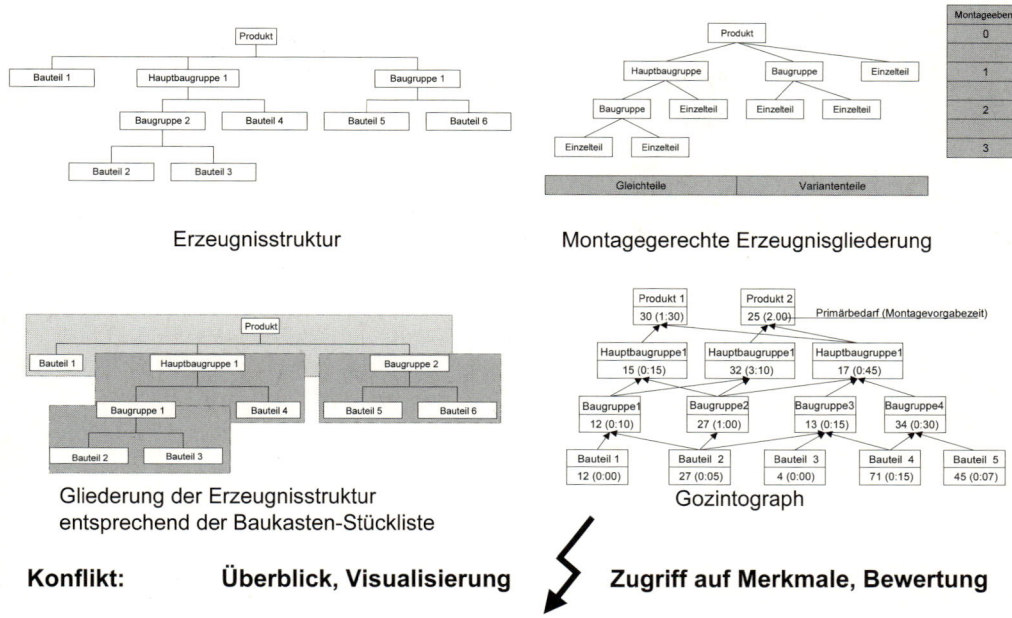

Bild 3.4-6: Darstellungsformen der Erzeugnisgliederung (Beispiele)

Darstellungsform	Besonders geeignet zur:
Erzeugnisstruktur	Darstellung der festen Beziehungen zwischen Gruppen und Teilen
Baukastenstruktur	Abgrenzung der Bausteinarten und Beschreibung der Bausteinzusammensetzung
Fertigungs-Aufbauübersicht	Gliederung der Produktzusammensetzung nach Fertigungsgesichtpunkten, Komponentenhierarchie und Montagereihenfolge
Gozinto-/Vorranggraph	Beschreibung von Bestandsbeziehungen und zusätzlichen Informationen, wie Montagezeit, Verbindungsart
Teilegraph	Veranschaulichung der direkten Schnittstellen der Gruppenkomponenten
Variantenbaum	Festlegung der Montagereihenfolge und Aufzeigen der Variantenvielfalt
Variantenbaum (dreidimensional)	Festlegung der Montagereihenfolge sowie Aufzeigen der Variantenvielfalt und Produktzusammensetzung
Montagegerechte Erzeugnisgliederung	Dokumentation der Produktzusammensetzung und Montagereihenfolge
Erzeugnispyramide	Auflistung der Komponentenstückzahl
Baugruppennetz	Ermittlung der Verwendungshäufigkeit der Komponenten in einer Komponentengruppe
Fertigungsorientierte Erzeugnisgliederung	Dokumentation der Produktzusammensetzung und Komponentenhierarchie sowie Abgrenzung von Standard- und Variantenteilen

Tabelle 3.4-4: Darstellungsformen der Erzeugnisgliederung

Verwendungsnachweise benutzt man z.B. um die Tragweite von Veränderungen zu analysieren. Stücklisten werden dagegen für viele Zwecke (z.B. Bedarfsermittlung, Disposition etc.) benutzt. Die zentrale Fragestellung bei Verwendungsnachweisen ist: Worin ist das Teil bzw. die Baugruppe enthalten?

Teile- und Aufzählungslisten enthalten keine Strukturinformation und sind daher ungeeignet zur Darstellung der Erzeugnisstruktur. Strukturierte Stücklisten dagegen enthalten Strukturinformation und zeigen die Gliederung des Erzeugnisses in Baugruppen.

Tabelle 3.4-5 zeigt verschiedene bekannte Formen der Stückliste. Detaillierte Erläuterungen zu Stücklisten sind an vielen Stellen zu finden [din199, vdi2815, pabe97 uvm.].

Allgemeiner Aufbau		Aufbau von Varianten	Anwendung	Inhalt
Unstrukturiert	**Strukturiert**	**Strukturiert**	**Strukturiert**	**Strukturiert**
• Mengenübersichts-SL. • Aufzählungs-SL. • Teileliste	• Struktur-SL. • Baukasten-SL. • Baukasten-Struktur-SL.	• Grund-Plus-Minus-SL. • Auswahl-SL. • Variantenübersichts-SL. • Gleichteile-SL. • Ergänzungs-SL.	• Konstruktions-SL. • Fertigungs-SL. • Dispositions-SL.	• Normteile-SL. • Kaufteile-SL. • Eigenteile-SL. • Ersatzteile-SL.

Tabelle 3.4-5: Formen von Teile- und Stückliste [din199, vdi2815]

3.4.4   Klassifikation und Kennzeichnung

Eine sinnvoll gewählte und streng eingehaltene Klassifikation ist bei der Variantenbeherrschung von großer Bedeutung. Sie ermöglicht das Ordnen von Objekten nach festgelegten Merkmalen und gibt dabei eine Beschreibung ausgewählter Eigenschaften wieder. Dieselbe Klassifikation stellt also die Gleichheit von Objekten in bezug auf diese Eigenschaften fest, nicht aber eine Identität [pabe97].

Zur Kennzeichnung der Objekte eignen sich Nummernsysteme, wie z.B. Sachnummernsysteme. Sachnummern müssen eine Sache identifizieren, sie können sie darüber hinaus auch klassifizieren. Eine Trennung in eine unabhängige Klassifikationsnummer und identifizierende Sachnummer bietet große Flexibilität und Erweiterungsmöglichkeiten und ist daher in aller Regel anzustreben.

Neben einer Straffung des innerbetrieblichen Informationsumsatzes bei der Auftragsabwicklung ist eine wichtige Aufgabe einer Klassifikation, daß der Anwender sich schnell und umfassend über bereits konstruierte oder vorhandene Gleichteile oder Ähnlichteile informieren kann. Die Verwendung von Wiederholteilen bei Neu-,

Anpassungs- und Variantenkonstruktionen (siehe Kap. 3.4.5) gehört zu den wichtigsten Rationalisierungsforderungen an den Konstrukteur [fra87, pabe97].

Wie erfolgreich eine Wiederholteilsuche ist, hängt stark von der semantischen Qualität des Klassifikationssystems sowie von der Art der Informationsein- und -ausgabe ab [pabe97]. Einen guten Zugriff auf die Informationen bieten Sachmerkmale mit Sachmerkmal-Verzeichnissen. Sie geben aber so gut wie keinen Aufschluß über klassenbildende Ähnlichkeiten.

Sachmerkmale nach DIN 4000 oder in modifizierter Form dienen der Kennzeichnung von Gegenständen unabhängig von Ihrem Umfeld [din4000]. Sie sind damit in Ergänzung von Klassifikationssystemen eine wichtige Hilfe zur Speicherung und zum Wiederauffinden von Objekten, z.B. Normteilen oder firmenspezifischen Konstruktionsteilen, Werkstoffen und Zulieferteilen oder Bausteinen eines Baukastensystems etc. [pabe97].

Die Bereitstellung von Objekten mit Hilfe von Sachmerkmalen bzw. Sachmerkmal-Verzeichnissen erfolgt zunehmend über Datenbanksysteme. Dies kann z.B. in Form eigenständiger Bestandteile von PDM-Systemen oder vermehrt auch über das Internet in diversen global zugänglichen Informationssystemen erfolgen. Die rasche Weiterentwicklung des Internets wird den Zugriff und die Anwendung bereits bestehender Objekt-Informationsysteme weiterhin stark begünstigen.

Aber nicht nur durch die Anwendung solcher Systeme, sondern bereits schon beim Aufstellen einer Klassifikation und Kennzeichnung für die Objekte wird man die nicht notwendigen Abweichungen aussondern, um die auftretende Variantenvielfalt auf ein vertretbares Maß zu reduzieren.

3.4.5 Konfiguration statt Konstruktion

Wiederholteile sind im günstigsten Fall einem Klassifikationssystem zu entnehmen. Das Produkt kann somit aus den Wiederholteilen konfiguriert werden, was einem Spezialfall der Konstruktion entspricht. Allgemein wird zwischen den in **Bild 3.4-7** dargestellten Konstruktionsarten unterschieden:

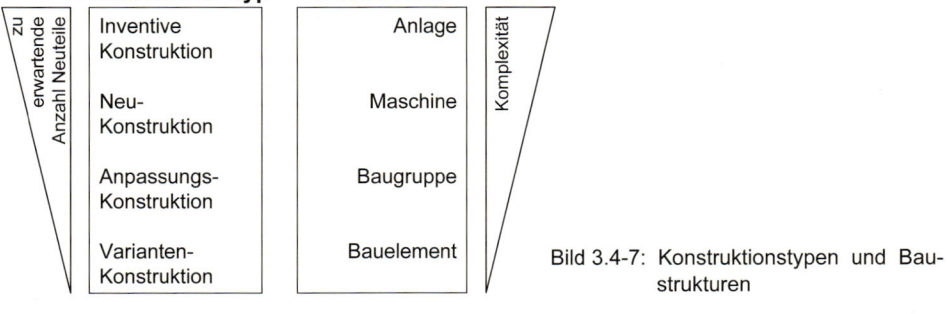

Bild 3.4-7: Konstruktionstypen und Baustrukturen

Inventive Konstruktionen haben per Definition keinen unmittelbaren Vorgänger. Sie weisen daher eine sehr hohe Anzahl zu erwartender Neuteile auf (siehe Beispiel einer Anlage der Getränketechnik in Kap. 7).

Neukonstruktionen werden für neue Aufgabenstellungen unter teilweiser Verwendung neuer Lösungsprinzipien durchgeführt und führen zu neuartigen Maschinen (siehe Beispiel einer Schuhansohlungsmaschine mit neuem Formfüllverfahren in Kap. 6).

Die Anpassungskonstruktion bleibt bei bekannten und bewährten Lösungsprinzipien und paßt die Gestaltung veränderten Randbedingungen an (Beispiel: an Fördermedium angepaßtes Pumpengehäuse, Kap. 8).

In der Variantenkonstruktion werden Größe und/oder Anordnung von Teilen und Baugruppen bei gleichbleibender Funktion und Lösungsprinzip innerhalb von Grenzen vorausgedachter Systeme (z.B. Baureihen und Baukästen) variiert [pabe97] (siehe Kap. 8, Baukasten für mehrstufige Gliederpumpen).

In der Praxis lassen sich die genannten Konstruktionsarten jedoch nicht scharf voneinander abgrenzen. Vielmehr geben sie Hinweise für eine angepaßte Vorgehensweise zur variantenoptimierenden Produktgestaltung. **Bild 3.4-7** ist beispielsweise zu entnehmen, daß bei der Variantenkonstruktion nur eine geringe Anzahl an Neuteilen zu erwarten ist. Die Komplexität der betroffenen Bauelemente ist niedrig, was die Variantenbeherrschung erleichtert.

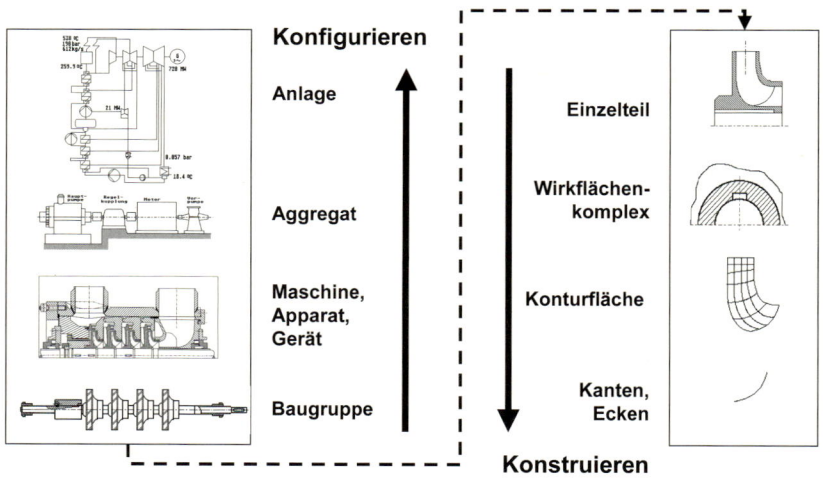

Bild 3.4-8: Konfigurieren / Konstruieren

Angepaßte Funktionalität ohne spezifische Teileentstehung ist durch Konfigurieren von geeignet entworfenen Bausteinen mit vorgedachten Schnittstellen und vorgedachter Kombinationsfähigkeit zu erreichen. Je mehr funktionale Wünsche des Kunden lediglich durch Kombination mehrfach verwendbarer Komponenten erfüllt werden können, mit um so weniger innerer Varianz und Prozeßkomplexität und damit auch Kosten können differenzierte Märkte bedient werden.

Hochkomplexe Anlagen sind ohnehin nur mit im wesentlichen konfigurativen Schritten in den heute üblichen Lieferzeiten bereitzustellen. Lediglich partielle Anpassungen, z.B. an veränderte Leistungen oder Randbedingungen, können im Rahmen üblicher Lieferzeiten noch konstruktiv, d.h. bis ins Bauteil gestaltend, erfolgen (siehe **Bild 3.4-8**) [ehr99, fra00, lux01].

Je komplexer die Produkte sind, um so schwieriger ist es jedoch, ein zukunftssicheres Modulsystem mit kombinatorisch geeigneten stabilen Schnittstellen zu entwerfen. Das gilt verstärkt für Produkte in einem hochgradig dynamischen technologischen Umfeld.

Eine geeignete Lösung für kundenspezifische Wünsche kann im mittleren Komplexitätsbereich auch die Nutzung parametrischer CAD-Entwürfe und zugeordneter automatisierter Fertigungsverfahren sein. Hierbei ist im Grenzfall jedes produzierte Produkt eine Variante, die aber wegen des gleichbleibenden Grundprinzips und hochgradig automatisierter Abläufe vom Vertrieb über die Konstruktion bis in die Produktion trotzdem kostengünstig sein kann. Hierzu zählen viele Produkte der in letzter Zeit zunehmend diskutierten und auch schon realisierten „kundenindividuellen Massenproduktion" [pil98].

3.5 Variantenoptimierender Entwicklungsablauf

Aus der Erfahrung der Herausgeber und Autoren dieses Buches, u.a. durch die gemeinsame Bearbeitung des Forschungsvorhabens „Methoden und Werkzeuge zur Kostenreduktion variantenreicher Produktspektren in der Einzel- und Kleinserienfertigung (EVAPRO)" [fra00b], sind während der variantenoptimierenden Produktentwicklung zur systematischen Vorgehensweise die Phasen Analyse, Synthese und Transfer zu durchlaufen (**Bild 3.5-1**). Innerhalb dieser Phasen findet jeweils die Bewertung der einzelnen Maßnahmen statt.

Die detaillierte Beschreibung des variantenoptimierenden Entwicklungsablaufs erfolgt im Weiteren nach diesen Phasen. Es werden zunächst Methoden und Hilfsmittel zur Analyse existierender und neuer variantenreicher Produktspektren vorgestellt. Die nachfolgenden Abschnitte beschäftigen sich dann ausführlich mit der Synthese variantenoptimierter Produktstrukturen und etwas knapper mit kostenorientierten Bewertungsverfahren in der Konstruktion (siehe auch Kap. 2).

Dem Transfer von Lösungen in die gesamte Wertschöpfungskette, d.h. der Unterstützung weiterer positiver Effekte im Unternehmen, kommt eine besondere Bedeutung zu. In Kapitel 3.6 werden die wesentlichen Wirkungen beschrieben, die durch eine variantenoptimierte Produktentwicklung erreicht werden.

3.5.1 Analyse

Bereits bei der strategischen Produktprogrammplanung (Kap. 3.4.1) wird die Wichtigkeit von praktischen Analysen hervorgehoben, die dazu beitragen, jene Produktgruppen zu identifizieren, die vorrangig einer Variantenoptimierung unterworfen

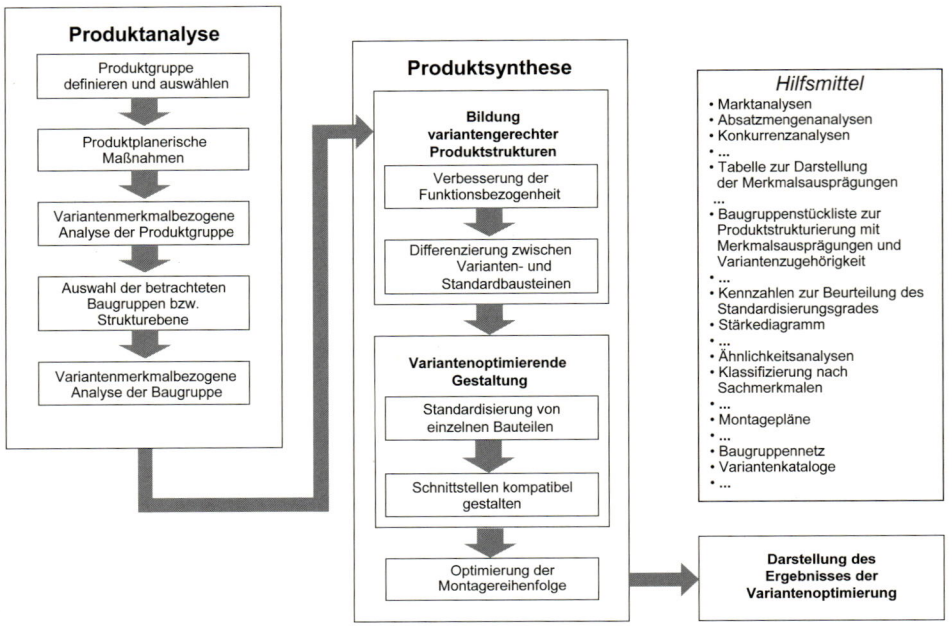

Bild 3.5-1: Überblick über einen variantenoptimierenden Entwicklungsablauf

werden sollten. Erst nach Definition und Auswahl der spezifischen Produktgruppe können produktplanerische Maßnahmen zielgerichtet initialisiert werden.

Zur Ermittlung der dafür erforderlichen objektiven Aussagen eignen sich z.B. die ABC- und die Zeitreihenanalyse. Eine ABC-Analyse nimmt eine Sortierung des zu untersuchenden Produktspektrums nach Kriterien wie Umsatz, Deckungsbeitrag, Verbrauch oder Stückzahl vor. Tragen z.B. 80% der Artikel zu weniger als 20% des Umsatzes bei („80-20-Regel"), muß eine große Anzahl nichtgängiger Artikel als unwirtschaftlich gewertet werden.

Die Zeitreihenanalyse nimmt im Gegensatz zur ABC-Analyse keine Momentaufnahme vor, sondern vergleicht die Entstehung der Vielfalt über der Zeit [hic85]. Es können beispielsweise folgende Schlüsse daraus hervorgehen:

- Wenn sich der Umsatz als stark rückgängig zeigt, hat die stark gestiegene Produktzahl offensichtlich nicht zur Verbesserung der Marktposition geführt.
- Ein sich negativ entwickelndes Verhältnis der Anzahl von Produkten zu Teilen ist ein Indiz für ein Baukasten, in dem die Zahl der auftragsspezifischen Baugruppen und Einzelteile überproportional zunehmen [jes97].

Die auf diesen Analysen aufsetzenden produktplanerischen Maßnahmen sind u.a. das Aufstellen von Strategien zur Variantenoptimierung (siehe Kap. 1) sowie das Finden und Auswählen von variantengerechten Produktideen [pabe97, vdi2220].

Eine variantenmerkmalbezogene Analyse der Produktgruppe (siehe Kap. 3.3) erlaubt die Auswahl der Baugruppen bzw. untergeordneten Strukturebenen für die detailliertere Betrachtung. Eine weitere variantenmerkmalbezogene Analyse ermöglicht dann die Bildung standardisierungsgerechter Baugruppen bzw. Bauteile.

Für alle diese Untersuchungen eignen sich hervorragend die spezifischen Struktur-Darstellungen der technischen Systeme (siehe Kap. 3.4.3). Beispielsweise können mit Hilfe der Stücklisten sog. Stücklistenvergleiche durchgeführt werden, die Aufschluß über Varietät, also Unterschiedlichkeit und Menge der Elemente, geben. Ein anderes Beispiel sind Untersuchungen der Konnektivität, also Art und Anzahl der Beziehungen von Elementen, mit Hilfe grafischer Darstellungen wie dem Baugruppennetz. Praxisbezogene Beispiele sind in den Kapiteln 6 bis 9 zu ersehen.

3.5.2 Synthese

Das Ziel der Synthese-Phase besteht darin, variantengerechte Produktstrukturen zu realisieren. Grundsätzlich zu berücksichtigen sind dabei die mehrfach erwähnten generell gültigen Methoden zur Begrenzung der Komplexität (**Tab. 1.4-1**).

Tabelle 3.5-1 zeigt einige Beispiele variantenoptimierter Strukturen, die hohen Bekanntheitsgrad aufweisen, da sie nach außen auch für den Kunden erkennbar sind.

Variantenoptimierte Strukturen	Abstrakte Darstellung	Beispiel
Plattform		• „Hüte" im Automobilbau • Rundschalttisch (Kap.6) • …
Paket		• Sportpaket • Elektronikpaket • …
Gruppe		• Ähnliche Bauteile • Halbähnliche Bauteile • …

Tabelle 3.5-1: Beispiele für variantenoptimierte Produktstrukturen

- Die Produktplattform bildet die gemeinsame Basis einer Produktfamilie und dient einer Differenzierung der daraus aufgebauten Produkte aus einer Palette von Funktions- und Komponentenvarianten.
- Pakete setzen sich aus Anbauteilen für verschiedene Ausstattungen und Funktionen zusammen, die jeweils nur gemeinsam oder einzeln angeboten werden.
- Eine Produktgruppe ist die Zusammenfassung einer bestimmten Anzahl von Produkten, die sich in ihrer funktionalen Merkmalausprägung ähnlich oder halbähnlich sind. Die Elemente einer Produktgruppe sind die (Produkt-)Varianten.

Erfahrungen aus dem erwähnten Verbundprojekt EVAPRO zeigen jedoch, daß die theoretische Bekanntheit und auch die praktische Notwendigkeit variantenoptimierter Produktstrukturen nicht das wesentliche Problem darstellen [lös00]. Vielmehr ist es die beharrliche Realisierung variantenoptimierter Produktstrukturen, an der es in vielen Unternehmen fehlt.

Der in Kap. 1 erwähnte Ablauf des Variantenmanagements (**Bild 1.7-1**) und spezieller der oben beschriebene variantenoptimierende Entwicklungsablauf (**Bild 3.5-1**) sind dabei schon beachtliche Hilfen. Sie geben Hinweise auf zu treffende Maßnahmen, mit denen variantenoptimierte Produktstrukturen realisierbar sind.

Bild 3.5-1 ist zu entnehmen, daß im Anschluß an die Analyse-Phase der erste Schritt der Produktsynthese die Verbesserung der Funktionsbezogenheit sein sollte.

Hervorzuhebende Eigenschaften von technischen Produkten werden in der Konstruktionspraxis als Bauweisen bezeichnet. Unter Funktionsbauweisen werden solche Bauweisen verstanden, welche durch das Verhältnis zwischen der Zahl an Funktionen und der Zahl der Bauteile bestimmt werden (**Tab. 3.5-2**) [kol86, kol98].

Funktionsbauweisen	
Verhältnis zwischen der Zahl an Funktionen und der Zahl der Bauteile	
Bauelemente	**Baugruppen, Produkte**
• Partial-/Total- Bauweise • Integral-/Differential- Bauweise • Mono-/Multifunktional- Bauweise	• Monobaugruppen-Bauweise • Baukasten-Bauweise • Modul-Bauweise

Tabelle 3.5-2: Übersicht verschiedener relevanter Bauweisen [kol86, kol98]

3.5.2.1 Partial- und Totalbauweise

Ein Bauteil bestimmter Funktion durch mehrere Teile zu ersetzen, ohne die Funktion des Systems zu verändern, wird als Partialbauweise bezeichnet [kol86, kol98]. Dies wird zum Beispiel zur Erfüllung bestimmter Anforderungen benötigt (siehe Kap. 8: Pumpengehäuseteilung aus Gründen der Montierbarkeit).

Die zur Partialbauweise inverse Bauweise wird Totalbauweise genannt [kol86, kol98]. Dabei wird die komplette Funktion durch nur ein Bauteil erfüllt.

Die Partialbauweise ist i.a. besonders gut geeignet, um ein Produkt an funktionelle Varianten anzupassen.

3.5.2.2 Integral- und Differentialbauweise

Unter Differentialbauweise wird die Auflösung eines Einzelteils als Träger einer oder mehrerer Funktionen in mehrere meist fertigungstechnisch günstige Werkstücke verstanden [dub01(F21)].

Die Integralbauweise bezeichnet das Vereinigen mehrerer Einzelteile bzw. Funktionen zu einem Werkstück [dub01(F21)].

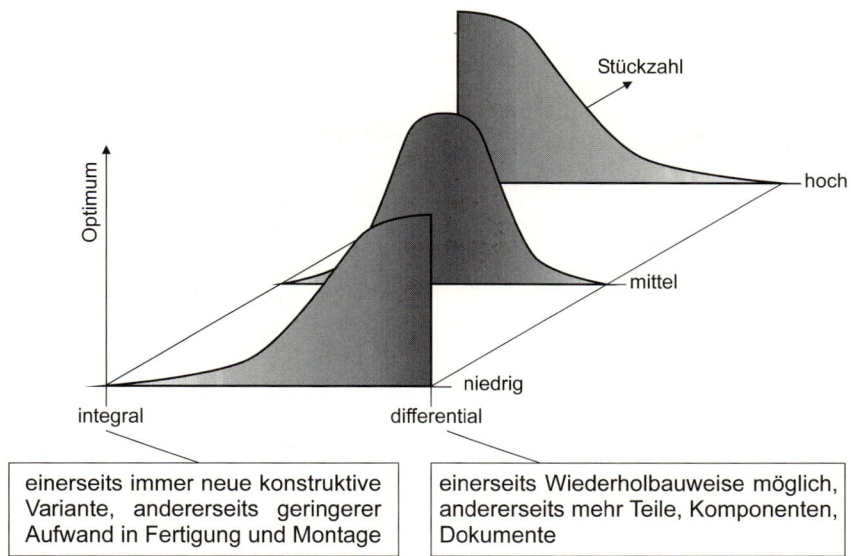

einerseits immer neue konstruktive Variante, andererseits geringerer Aufwand in Fertigung und Montage

einerseits Wiederholbauweise möglich, andererseits mehr Teile, Komponenten, Dokumente

Bild 3.5-2: Integral vs. differential

Zu beachten ist hierbei, daß einerseits ein neues Integralteil immer eine neue konstruktive Variante und damit zusätzliche erforderliche Prozesse in den indirekten Unternehmensbereichen, andererseits aber geringeren Aufwand in Fertigung und Montage bedeutet.

Differentialteile begünstigen einerseits die Verwendungsmöglichkeit von Wiederholteilen, bedeuten andererseits jedoch auch mehr Teile, Komponenten, Dokumente etc., die es dann in ihrer Variantenvielfalt zu beherrschen gilt.

Das Optimum zwischen Integral- und Differentialbauweise ist also immer situationsspezifisch zu ermitteln und z.B. abhängig von der Stückzahl des Produktes (**Bild 3.5-2**). Bei hohen Stückzahlen empfiehlt sich Integralbauweise wegen zu erwartender Skaleneffekte, bei Einzel- und Kleinserienfertigung Differentialbauweise für mehr Flexibilität.

3.5.2.3 Mono- und Multifunktionalbauweise

Bauteile so zu konstruieren, daß diese ohne nennenswerten Aufwand weitere Funktionen erfüllen können, wird als Multifunktionalbauweise bezeichnet. So besitzen Werkstoffe generell eine Vielzahl von Eigenschaften, von denen in der Regel weitere funktional genutzt werden können (z.B. Eisenbahnschiene als Stromleiter) [kol86, kol98].

Diese Bauweise kann ebenfalls nützlich sein, um funktionale Varianten ohne baustrukturellen Mehraufwand zu realisieren.

Monofunktionalbauweise liegt vor, wenn weitere funktionale Nutzung des Bauteils nicht gewollt wird.

3.5.2.4 Monobaugruppenbauweise

Bei der Monobaugruppenbauweise wird die Zahl der Baugruppen im Extremfall auf eine einzige reduziert. Besonderes Kennzeichen sind ein gemeinsames Gehäuse oder Gestell bzw. das Fehlen eigenständiger Baugruppen mit jeweils eigenen Gestellen und entsprechenden Schnittstellen [kol86, kol98].

3.5.2.5 Baukastenbauweise

In Baukastensystemen (**Bild 3.5-3**) werden Produktvarianten unterschiedlicher Gestalt und Funktion durch Kombination aus einer möglichst geringen Anzahl von Bausteinen unterschiedlicher Gestalt und Funktion zusammengesetzt [pabe74a, bor61, koh97b]. Bausteine können Einzelteile, Baugruppen oder selbst Baukastensysteme einer unteren Rangordnung sein.

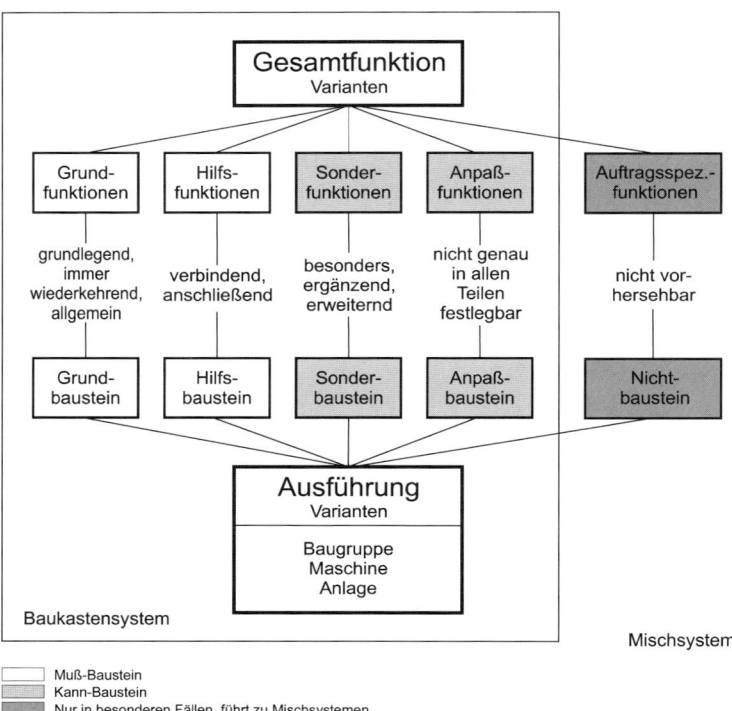

Bild 3.5-3: Funktions- und Bausteinarten bei Baukasten- und Mischsystemen [pabe97]

Die systematische, standardisierende Elementarisierung und Definition von Bausteinen und Schnittstellen für eine sinnvolle Kombination zu Endprodukten sind wesentliche Bestandteile der Baukastenplanung. Bausteine treten bei der Baukastenbauweise häufig in mehreren Größenstufen auf, d.h. Baukästen enthalten oft auch Baureihen (Kap. 3.5.2.7) [jes97].

Bei der Baukastenbauweise sollte eine wesentliche Zielsetzung sein, die Bausteine als Wiederhol-, Norm-, Gleichteile oder Elemente von Teilefamilien zu realisieren. Die Entwicklung eines Baukastensystems erfordert erhebliche Vorleistungen, die sich nur dann rentieren, wenn später eine hinreichende Nutzung der vorgedachten Varianten realisiert wird.

Dazu sind erforderliche Strategien und Maßnahmen zu ergreifen (siehe Kap. 1), wie z.B. die Standardisierung einzelner Bausteine, systematischer Zugriff auf Bausteine mit Hilfe von Konstruktionskatalogen, Beziehen einzelner Bausteine von Zulieferern (optimieren der Fertigungstiefe) etc. So sollten z.B. Muß-Bausteine Kernkompetenzen im Unternehmen darstellen, Kann- und Nicht-Bausteine mit ungünstigem Kosten-Nutzen-Verhältnis eher fremdbezogen werden.

3.5.2.6 Modulbauweise

Im Unterschied zu den Bausteinen eines Baukastensystems können Module nicht beliebig untereinander kombiniert werden. Sie werden als Anbauteile an einen komplexeren Grundkörper (z.B. Plattform) definiert.

Die Module sind wie die Bausteine des Baukastensystems funktional gegliedert und verfügen über standardisierte Schnittstellen, wie z.B. identisch geometrischen Verbindungsschnittstellen. Module können dadurch an verschiedenen Stellen des Systems eingesetzt werden. Die Modulbauweise ist somit als eine spezielle Form der Baukastenbauweise zu verstehen [jes97].

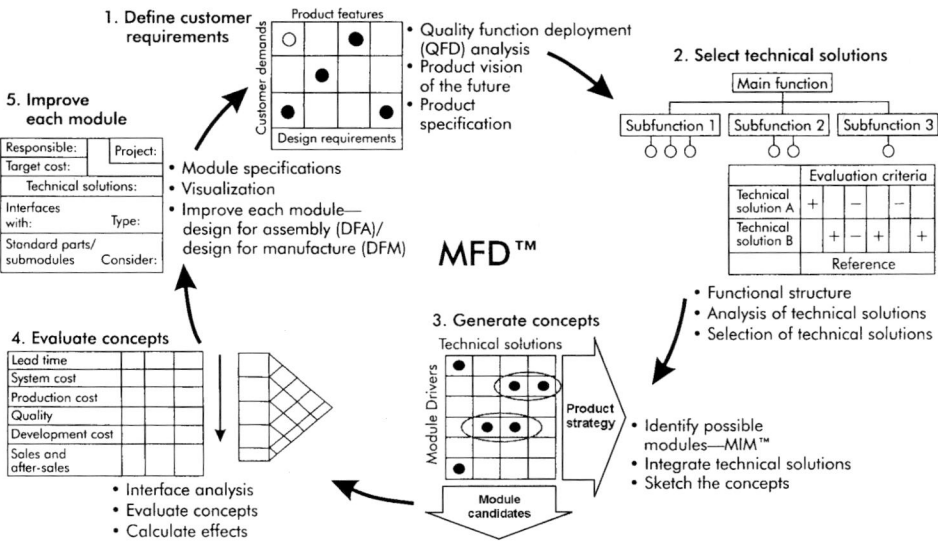

Bild 3.5-4: Ablauf der Methode „Modular Function Deployment (MFD)" [eri98]

"Module Drivers": Kriterien für die Modulbildung		
Das Modul ...		
Product Development & Design	Carryover	wird in mehr als einer Produktgeneration unverändert verwendet (zeitversetzt)
	Technology evolution	erfährt während seiner Lebensdauer geplante Änderungen, die vom Unternehmen nicht selbst gesteuert werden
	Planned product changes	erfährt während seiner Lebensdauer geplante Änderungen, die vom Unternehmen selbst gesteuert werden
Variance	Different specification	wird unterschiedlichen Spezifikationen bzgl. Funktion und Leistung angepaßt
	Styling	wird unterschiedlichen Kundenwünschen bzgl. Form und Farbe angepaßt
Production	Common unit	wird unverändert im gesamten oder Teilen des Produktspektrums verwendet (zeitgleich)
	Process and/or organization	muß spezifische Herstellungsprozesse durchlaufen
Quality	Separate Testing	kann vor seiner Endmontage auf seine volle Funktionsfähigkeit getestet werden
Purchase	Supplier available	wird komplett von einem Lieferanten zugekauft
After sales	Service and maintainance	kann einfach, schnell und kostengünstig inspiziert/ gewartet, in Stand gesetzt, ausgetauscht werden
	Upgrading	ermöglicht Produktaufwertung
	Recycling	Ermöglicht optimale Demontage und Wiederverwertung/Wiederverwendung

Tabelle 3.5-3: „Module Drivers": Kriterien für die Modulbildung [eri98]

In **Tabelle 3.5-3** ist eine Auswahl häufig auftretender Gründe für die Modulbauweise, die sog. „Modul Drivers" dargestellt [eri98]. Sie zeigen treibende Argumente für eine Modularisierung auf, mit denen zunächst genauere Ziele und später sogar einzelne Module leichter identifiziert werden können.

Die Modul Drivers sind ein wichtiger Bestandteil der Methode „Modular Function Deployment (MFD)", einer gezielten Vorgehensweise zur Modularisierung (**Bild 3.5-4**) [eri98]. Wesentliche Schritte der Methode MFD sind:

1. Definition der Kundenanforderungen,
2. Auswahl technischer Lösungen,
3. Entwicklung modularer Konzepte (u.a. mit Modul Drivers),
4. Bewertung der Konzepte sowie
5. Optimierung einzelner Module.

MFD ist damit eine strukturierte Methode mit dem Ziel, optimale modulare Produktstrukturen zu finden. Hervorzuheben ist, daß dabei unternehmensspezifische Bedürfnisse durch Gewichtung der Modul Driver berücksichtigt werden.

Die Methode unterstützt vorrangig die frühen, konzeptionellen Phasen der Produktentwicklung. Die größten Erfolge können, ähnlich wie bei QFD, in einem bereichsübergreifenden Projektteam erreicht werden [fir97].

3.5.2.7 Baureihenbauweise

Die Baureihenbauweise gehört nicht zu den Funktionsbauweisen, berücksichtigt jedoch ebenfalls hervorzuhebende Eigenschaften. Als Baureihe werden Produkte, Baugruppen oder Einzelteile bezeichnet, die

- dieselbe Funktion,
- mit der gleichen konstruktiven Lösung,
- in mehreren Größenstufen
- bei möglichst gleichen Werkstoffen und gleicher Fertigung
in einem weiten Anwendungsbereich erfüllen [pabe74b, ger84].

Dabei sind die Leistungsdaten sowie Abmessungen und davon abhängige Größen, wie z.B. Gewicht, Kosten usw., jeweils unterschiedlich.

Die Besonderheit einer Baureihenentwicklung besteht darin, daß man von einer Baugröße der zu entwickelnden Baureihe ausgeht und von dieser weitere Baugrößen nach bestimmten Gesetzmäßigkeiten ableitet. Dabei werden der Ausgangsentwurf als Grundentwurf und die abgeleiteten Baugrößen als Folgeentwürfe bezeichnet. Die Größenstufung kann auf geometrischen, mechanischen und physikalischen Ähnlichkeiten basieren [pabe74b, ger84, jes97].

Bei umfangreichen Baureihen, die u.U. über mehrere Dimensionen gespannt werden, z.B. Baugrößen, Druckstufen und Materialvarianten, genügt ein einzelner Ausgangsentwurf i.a. nicht.

In diesem Fall muß systematisch überlegt werden, wo auf Grund physikalischer Grenzen, z.B. Leistungs- oder Festigkeitsgrenzen, oder wegen technologischer Gesichtspunkte, z.B. Begrenzung eines Fertigungsverfahrens durch Stückzahl, Werkstoff und/oder Baugröße, geeignete „Eckgrößen" definiert werden, die für einen Bereich des Baureihensystems dann als hinreichend ähnlich zu den anderen Varianten angesehen werden können. Von diesen Eckgrößen werden dann die Folgeentwürfe abgeleitet. Dabei bleibt trotzdem als wichtiges Ziel bestehen, auch für die unterschiedlichen Eckgrößen möglichst viel Gemeinsamkeiten in Wirkprinzip, Werkstoff und Bauteilgestalt zu finden.

Unter Typisierung versteht man im Rahmen der Baureihenbauweise das „Festlegen der optimalen Anzahl von Varianten und Größen der ausgewählten charakteristischen Eigenschaften von Maschinensystemen einer bestimmten Art" [hub97]. In der Regel läuft das auf das Finden geeigneter Kompromisse hinaus zwischen optimaler Funktionserfüllung und einer minimalen Variantenvielfalt.

3.5.2.8 Wiederholteilbauweise

Findet ein bereits früher entwickeltes Bauteil Verwendung in der Konstruktion eines späteren Erzeugnisses spricht man von Wiederholteilbauweise.

Die Wiederholteilbauweise ist nicht nur auf Fertigteile zu beziehen, sondern kann auch auf Rohteilebene angewendet werden. Als Beispiel seien zwei Schmiedeteile genannt, die aus einem Rohling hergestellt werden können und wodurch ein Gesenk eingespart wird [jes97].

Da die Verwendung von Wiederholteilen in den meisten Fällen nicht von vornherein bei der Entwicklung des Bauteils geplant war, kann nicht von einem Baureihen- oder Baukastensystem gesprochen werden. Eine häufige Anwendung der Wiederholteilbauweise sollte allerdings zu Überlegungen in der Entwicklungsabteilung führen, ob ein Produktprogramm nicht nach der Baureihen- oder Baukastenbauweise gestaltet werden könnte [jes97].

Mehr oder weniger systematisch geführte Unterlagen, um einmal erzeugte Unterlagen und Bauteile wiederzufinden und wiederzuverwenden, besitzen in der Regel alle Konstruktionsabteilungen. Dabei reicht allerdings die Spannweite vom Erinnerungsvermögen oder handschriftliche über abteilungsbezogene Unterlagen auf Formblättern bis hin zu systematischen Wiederholteilkatalogen, die günstigstenfalls DV-unterstützt sind.

Übliche Unterlagen werden häufig zu wenig genutzt. Wichtige Gründe für die schlechte Nutzung sind oft folgende:

- Der Zugriff ist schlecht, meist nur eindimensional und über klassifizierende oder identifizierende Nummernsysteme, ggf. mit einem Schlagwortregister verknüpft, möglich.
- Die Kataloge werden wegen des hohen Pflegeaufwandes nur selten revidiert und sind daher sehr schnell veraltet.
- Häufige Meinung: Ehe man da etwas findet, ist das Teil längst neu gezeichnet.
- In der Konstruktionsabteilung ist oft keine realistische Vorstellung von den Komplexitätskosten, die mit der Entstehung eines neuen Teils einhergehen vorhanden. [fra87]

Einen Ausweg aus dem Dilemma bieten DV-unterstützte und dialogorientierte Wiederholteilsuchsysteme – heute möglichst auf der Basis von EDM/PDM-Systemen – an. Wichtige Anforderungen an Wiederholteilsuchsysteme sind z.B.:

- Praktikable Teileklassifikation,
- Ähnlichkeitssuche,
- Alternative Suchwege,

- Schneller Zugriff (wenige Sekunden),
- Zugriff auf Teile aus anderen Quellen (z.B. Internet),
- Verwendung des PPS-Systems,
- Anbindung an das CAD-System,
- Suchen mit Bildmaterial,
- Flexible Erweiterbarkeit. [fra87]

3.5.2.9 Schnittstellenoptimierung

Alle oben beschriebenen Bauweisen haben gemein, daß sie die Variantensituation für einen speziellen Fall optimieren sollen. Angestrebtes Ziel dabei sind variantengerechte Produktstrukturen (siehe Kap. 3.4.3), die eine Differenzierung zwischen Varianten- und Standardbauteilen erlauben.

Die sich daran anschließende variantenoptimierende Gestaltung bedeutet zum einen die vermehrte Verwendung von Standardbauteilen (siehe Kap. 3.4) und weiterhin die kompatible Ausführung der Bauteil-Schnittstellen untereinander.

Explizit ist letzteres nur bei der Modulbauweise der Fall. Alle anderen Bauweisen benötigen eine zusätzliche Schnittstellenoptimierung.

Lösungen dafür sind z.B. spezielle Bauteile für die Schnittstelle, wie standardisierte Verbindungselemente, Adapter, Interfaces, Flansche und Kupplungen.

Aber auch spezielle Ausführungen der Funktionsbausteine mit z.B. angepaßten Lochbildern, Passungen oder standardisierten Verbindungen (stoffschlüssig, berührungsschlüssig oder kraftschlüssig) optimieren die Schnittstellen.

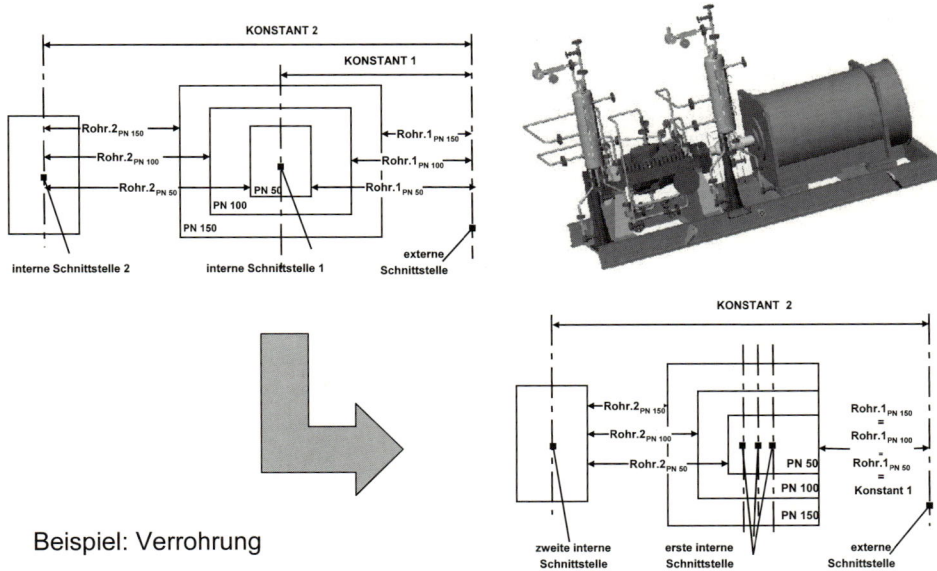

Beispiel: Verrohrung

Bild 3.5-5: Beispiel einer Schnittstellenoptimierung

Bild 3.5-5 zeigt ein Beispiel, bei dem die standardisierte Lage von Verrohrungselementen, wie z.b. Armaturen, aufgegeben wurde zugunsten eines standardisierten Rohrabschnittes und damit insgesamt weniger Elementen. Der Rohrabschnitt könnte in einem weiteren Schritt sogar noch als Integralteil beim benachbarten Bauteil berücksichtigt werden und somit die Produktstruktur noch weiter vereinfachen. Die dargestellte externe Schnittstelle ist in diesem Beispiel ein Versorgungsanschluß für Wasser zur Spülung, die internen Schnittstellen die Flansche eines Ventils und eines T-Stücks in der Pumpenverrohrung.

3.5.3 Bewertung

Parallel zu den zuvor beschriebenen Phasen Analyse und Synthese sowie auch später zur Phase Transfer (Kap. 3.6) sollte eine permanente Bewertung der Maßnahmen erfolgen. Alle ergriffenen Maßnahmen müssen immer im Gesamtzusammenhang des Variantenmanagements stehen (Kap. 1) und auf ihren Beitrag dazu überprüft werden. Variantenmanagement ist für sich kein Selbstzweck. Vielmehr bedeutet es zunächst auch Aufwände und in Anspruch genommene Ressourcen. Diese sind jedoch als Investitionen zu sehen und führen bei zielgerichteter und vorzugsweise methodisch unterstützter Vorgehensweise zur erstrebten Verbesserung, wie z.B. einer maßgeblichen Senkung der Komplexitätskosten.

Methoden zur Variantenkostenrechnung werden ausführlich in Kapitel 2 beschrieben. Die konventionelle Kostenrechung für den technischen Entwicklungsbereich wird z.B. in der VDI-Richtlinie 2234 oder von Ehrlenspiel erläutert [vdi2234, ehr99].

Grundsätzlich können zwei verschiedene Ansätze zur Ermittlung und Berechnung der in einem Unternehmen entstehenden Kosten unterschieden werden. Es existieren Ansätze auf Basis der Plan- oder Vollkostenkalkulation, die eine an die variantenreichen Produkte angepaßte und differenzierte Zuschlagskalkulation der Gemeinkosten ermöglichen. Andere Ansätze bauen auf dem Gedanken der Prozeßkostenrechnung auf. Hier erfolgt die Zuordnung der Gemeinkosten nicht über prozentuale Zuschläge, sondern mit Hilfe von Bezugsgrößen der Prozesse, wie z.B. im Einkauf die Anzahl der Auftragspositionen oder der zu tätigenden Arbeitsgänge.

Die erwähnte Prozeßkostenrechnung ist ein sehr mächtiges, aber auch aufwendiges Werkzeug. Erfahrungen aus dem Projekt EVAPRO zeigen, daß oftmals schon eine angepaßte, vereinfachte Prozeßkostenrechnung völlig ausreichend ist [fra00b]. Eine variantenorientierte Prozeßkostenschätzung für die Anwendung in der Konstruktion ist der Dissertation Jeschke zu entnehmen und besteht aus den wesentlichen Schritten:

1. Priorisierung der variantenabhängigen Gemeinkostenstellen,
2. Identifizierung und Modellierung der leistungsmengeninduzierten und variantenabhängigen Prozesse in den indirekten Bereichen,

3. Identifizierung der konstruktiven Bezugsgrößen,
4. Berücksichtigung der Kostenremanenzen sowie
5. Ermittlung der Prozeßkostensätze und Verbrauchsfunktionen [jes97].

Ein hierzu in Ergänzung passendes Verfahren zur konstruktionsbegleitenden Schätzung variabler Herstellkosten auf Grundlage variantenbestimmender Merkmale wurde innerhalb des Projekts EVAPRO vorgeschlagen. Dieses beim Projektpartner Sterling SIHI GmbH aufgezeigte Verfahren ist in Kapitel 9.2.4 beschrieben.

Weitere für das Variantenmanagement relevante Verfahren der konstruktionsbegleitenden Kalkulation sind z.B.

- Ressourcenorientierte Prozeßkostenrechnungen,
- Materialkostenverfahren,
- Kostenermittlungen mit Ähnlichkeitsbeziehungen,
- Relativkostenbetrachtungen,
- Anwendung von Kostenkatalogen, Suchkalkulation,
- Kurzkalkulation, Kostenfunktionen, Kostenwachstumsgesetze,
- Merkmalsbezogene Plankalkulation.

Die genannten Verfahren werden hier nicht weiter erläutert und sind an anderer Stelle ausführlich beschrieben [scu88, cae91, kai95, lac95, ehr99, lös01 uvm.]. Ihnen allen gemein ist die Möglichkeit, Wirkungswege zur Kostensenkung aufzuzeigen. Die Wirkungen auf wichtige Kalkulationselemente zeigt **Tabelle 3.6-1** am Ende des Kapitels 3.6.

3.5.4 Ablaufpläne, Methodenkataloge, Hilfsmittel

Der in Kap. 1 erwähnte Ablauf des Variantenmanagements (**Bild 1.7-1**) und der oben beschriebene variantenoptimierende Entwicklungsablauf (**Bild 3.5-1**) geben Hinweise auf zu treffende Maßnahmen. Sie sind damit schon eine große Hilfe für ein systematisches Vorgehen.

Weitere Abläufe zur variantenoptimierenden Produktentwicklung sind beispielsweise innerhalb der Methode „Variant Mode and Effects Analysis (VMEA)" zu finden (**Bild 3.5-6**).

Wesentliche Schritte der VMEA sind – passend zu den oben beschriebenen Phasen – die folgenden Phasen:

1. Variantenanalyse,
2. Teile- und Baugruppenpriorisierung,
3. Variantenorientierte Produktgestaltung,
4. Bewertung anhand technisch-wirtschaftlichen Kennzahlen und
5. Auswahl auf Basis detaillierter Kostenbewertung.

Die Methode VMEA hilft Entwicklern und Konstrukteuren bei der gezielten Variation von Teilen und Baugruppen sowie der Auswahl gesamtheitlich kostengünstiger Gestaltungsalternativen. Sie enthält dazu eine durchgängige, die verschiedenen Produktentscheidungen im Produktzyklus berücksichtigende Gestaltungsmethodik [cae91].

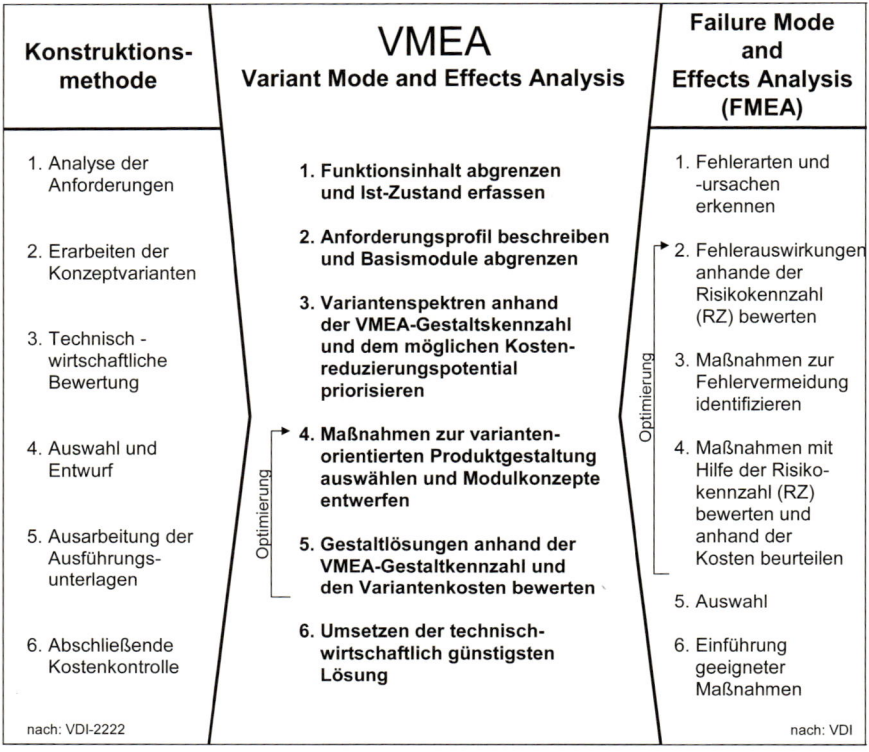

Bild 3.5-6: Variant Mode and Effects Analysis (VMEA) [cae91]

Die Methode VMEA ist jedoch nur eine mögliche Methode zur Unterstützung einer variantenoptimierenden Entwicklung. Es bestehen weiterhin eine Vielzahl von Methoden, Werkzeugen und strategischen Ansätzen für die Beherrschung variantenreicher Produkte und Prozesse, von denen viele auch speziell auf die Optimierung der Produktstrukturen zielen. Einige davon, wie z.B. die Gestaltungsmethoden/Bauweisen, sind bereits oben erläutert.

In der Praxis zeigt sich, daß viele Unternehmen erhebliche Probleme haben, sinnvolle Vorgehensweisen zu ermitteln oder die teilweise unspezifischen Vorschläge umzusetzen. Erfahrungen des Projekts EVAPRO legen dar, daß es an vielen Stellen bei der praxisorientierten oder sogar rechnerunterstützten Bereitstellung angepaßter Werkzeuge fehlt. Einen ersten Schritt zum besseren Zugriff auf die Methoden bieten Methodenkataloge. Eine Übersicht über einen Methodenkatalog stellt die **Tabelle 3.5-4** dar.

Eine noch bessere Hilfe bieten DV-unterstützte Sammlungen detaillierter Beschreibungen von Methoden und Werkzeugen zur Kostenreduktion variantenreicher Produktspektren. Ein Beispiel dafür ist die innerhalb des Projekts EVAPRO prototypisch realisierte Methodenbank für das Variantenmanagement (siehe Kap. 5). Darin

Analyse existierender und neuer variantenreicher Produktspektren: • Variantenabbildung, -darstellung • Ermittlung der geeigneten Komplexität	Synthese variantenoptimierter Produktstrukturen: • Variantenoptimierende Gestaltung der Produktstrukturen	Bewertung existierender und neuer Lösungsvarianten:	Transfer zu Verkauf und Auftragsabwicklung:
- Anforderungsliste	- Baureihen / Baukästen	- Materialkostenverfahren	- Paketangebote ermöglichen
- Funktionsanalyse	- Typengruppen	- Ähnlichkeitsbeziehungen	- Frühe hochwertige Verkaufs-
- Conjoint-Analyse	- Standardisierung / Normung	- Relativkosten	information
- Erzeugnisstruktur	- Bauweisen	- Kostenfunktionen	- Variantenmindernde Preispolitik
- Baugruppennetz	- Plattformen	- Suchkalkulation	- Frühe systemunterstützte
- Kostenstruktur	- Packagebildung	- Merkmalsbezogene Plankalkulation	Konfiguration mit Kunden
- Gozinto- / Vorranggraph	- Parametrisierung	- Variantenkostenrechnung	- Prozeßorientierte Abläufe und
- Variantenbaum	- Modularisierung	- Ressourcenorientierte Prozeß-	Strukturen
- Stücklistenvergleich / -analyse	- Schnittstellenoptimierung	kostenrechnung	- auftragsneutrale Vormontage-
- Montagegerechte Erzeugnis-	- Klassifizierung	- Variantenorientierte Prozeß-	gruppen
gliederung	- Gestaltungsregeln	kostenrechnung	- Optimieren der Fertigungstiefe
- Fertigungsorientierte Erzeugnis-	- Gleich-/Wiederholteilmatrix	- Kostenschätzung	- variantentransparente
gliederung	- ...	- ...	Stücklistensysteme
- Fertigungsaufbauübersicht			- Flexibilität durch späte
- Erzeugnispyramide			Variantenentstehung
- ABC-Analyse			- Reduzierung der Zuliefererzahl
- ...			- ...

Tabelle 3.5-4: Übersicht über Methoden und Vorgehensweisen

enthalten sind Recherchen, Analysen, Optimierungen und Neuentwicklungen von Methoden zur Beherrschung variantenreicher Produkte und Prozesse speziell für Einzel- und Kleinserienfertiger [fra00b].

Teilstrategien zur verbesserten Variantenbeherrschung, Ablaufpläne zur Umsetzung der Strategien, Einflußmatrizen zur Beurteilung der Wechselwirkungen der Maßnahmen und Kennzahlensysteme zur Beurteilung der jeweiligen Variantenproblematik sind in der Methodenbank zusammengestellt. Die Inhalte sind branchenübergreifend gestaltet, um die Beurteilung und Beherrschung der Variantenvielfalt generell übertragbar zu machen. Auch Möglichkeiten der Vernetzung von Methoden können aufgezeigt werden.

Besonders hervorzuheben sind die mit der entsprechenden Methoden-Übersicht verknüpften Dokumente, die systematisch und ausführlich Erläuterungen zu den Methoden enthalten:

• notwendige Eingangsgrößen,
• sinnvolle Vorgehensweise,
• resultierende Ausgangsgrößen und
• Vor- und Nachteile bei der Anwendung.

Eine Suchfunktion ergänzt die praxisorientierte Nutzung und ein spezieller Modus erlaubt die unterstützte Erweiterung der Methodenbank. Insgesamt tragen die Funktionalitäten zu einer gesteigerten Akzeptanz der Methoden und durch die vermehrte Anwendung zu einer erhöhten Methodenkompetenz beim Praktiker bei.

Zukünftige Versionen der Methodenbank werden über das Internet verfügbar sein. In ihrer Funktion als Informationsspeicher bilden sie die Grundlage von Forschungstätigkeiten für ein entstehendes Methodenassistenzsystem mit weiteren Funktionalitäten, wie z.B. der Möglichkeit, fallspezifische Methodensets zusammenzustellen [gin01].

DV-Unterstützung für Variantenbeherrschung in der Produktentwicklung bieten weiterhin Angebots- und Konfigurationssysteme [fra00, lux01]. Diese erlauben ein abgestimmtes Zusammenarbeiten von Vertrieb und Konstruktion und machen die Auftragsabwicklung damit effizienter. Die Angebotserstellung erfolgt schneller, die Konfiguration fehlerfrei, die Preisermittlung sicher, die Projektverfolgung einfacher und Produktinformationen bleiben auf aktuellem Stand. Zu bedenken ist jedoch, daß die Einführung und Pflege dieser Systeme sehr aufwendig ist.

EDM/PDM-Systeme unterstützen ebenfalls die Auftragsabwicklung und können dem Variantenmanagement dienlich werden [vdi2219]. Sie ordnen das Teilespektrum und helfen bei der Vermeidung neuer Teile sowie der Verwendung vorhandener Teile. Mit dem Zugriff auf Informationen über vorhandene Teile lassen sich diese sowie deren Stücklisten, Arbeitspläne und CAD-Modelle, aber auch ganze Angebote, Produktspezifikationen, Prüfzeugnisse, Richtlinien und Checklisten schneller wiederfinden (siehe Kap. 3.5.2.8). Zusammen mit ERP/PPS-Systemen erlauben EDM/PDM-Systeme die Einrichtung von Workflowstrukturen, um Abläufe und Prozesse im Unternehmen abzubilden. Daraus resultieren z.B. einheitliche Abläufe, nachvollziehbare Prozesse, weniger Fehler und Ordnung im Tagesgeschäft. Auch die Einführung und Pflege der EDM/PDM- und Workflow-Systeme ist allerdings sehr aufwendig.

Weitere allgemein bekannte Formen der Unterstützung für Variantenbeherrschung in der Produktentwicklung sind bereits in Kapitel 1.5.8 erwähnt. Dazu gehören neben den DV-Werkzeugen vor allen Dingen auch die organisatorischen Maßnahen. Letztere sind oft einfacher, schneller und effektiver in Unternehmen zu etablieren, als neue DV-Systeme [fra00b].

Für beide Bereiche, also sowohl für die DV-Werkzeuge, als auch für die organisatorischen Maßnahmen, gelten die oft erwähnten generell gültigen Methoden zur Begrenzung der Komplexität (**Tab. 1.4-1**). Technologie- und Prozeß-Standardisierung, z.B. in Form einer Anpassung an vorhandene Systeme, sind für die Variantenbeherrschung in der Entwicklung ebenso zu erzielen, wie die oben ausführlich beschriebene Produktstandardisierung.

3.6   Positive Effekte durch variantenoptimierte Entwicklung (Transfer)

Die positiven Effekte optimierter Variantenspektren, z.B. Kostensenkung, breitere Angebotspalette, Qualitätsverbesserung oder höhere Termintreue und Lieferbereit-

Kalkulations-elemente	Vorteilhafte Wirkungen durch variantenoptimierte Entwicklung (Beispiele)
Kosten in Konstruktion/ Entwicklung	• Weniger produktstrukturelle Varianz • Weniger Sonderausführungen • Mehr Norm-, Gleich- und Wiederholteile • Weniger Teilestämme und Identnummern • Mehr Parametrik: Methodenwiederverwendung und Teilautomatisierung von Variantenentwürfen • Optimaler Kompromiß zwischen funktional optimaler Parameterstufung und kostenoptimaler Variantenzahl • Weniger CAD-Modelle, Zeichnungen und Stücklisten • Weniger/separate Versuche und Prototypen • Mehr Flexibilität durch späte Variantenentstehung • ...
Materialkosten	• Weniger Material-/Halbzeugvielfalt • Größere Einkaufslose • Weniger Einkaufsvorgänge • Reduzierte Zulieferzahl • Mehr Systemlieferanten möglich • Weniger Lagerhaltungskosten • Weniger Umlaufbestände • Weniger Modellkosten • ...
Fertigungskosten	• Größere Fertigungslose • Besser geeignete Maschinen verwendbar • Weniger Spezialwerkzeuge • Weniger Vorrichtungen • Weniger NC-Programme • Weniger Arbeitspläne • Bessere Kapazitätsauslastung • Höherer Automatisierungsgrad • Weniger bzw. vereinfachte Montagevorgänge • Mehr variantenunabhängig vormontierbare Baugruppen • Optimierte Fertigungstiefe • Reduzierte Durchlaufzeiten • ...
Qualitätskosten	• Weniger Meßzeuge • Erfahrungsnutzung bei Mehrfach-/Wiederverwendung • Weniger Ausschuß und Nacharbeit • Weniger Reklamationen • ...
Kosten in Verkauf/ Vertrieb	• Frühe hochwertige Verkaufsinformation • Konfiguration mit/vom Kunden • Weniger Produktdokumentation • Bewährte Verkaufsargumente • Bessere Preispolitik (bevorzugte Varianten begünstigen, Sonderausführungen abwehren) • Paketangebote möglich (Sonderausführungen mit Standardprozessen) • Reduzierte Lieferzeiten • ...

Tabelle 3.6-1: Wirkungen auf Kalkulationselemente [fra87, fra00b]

schaft, ergeben sich i.a. nicht allein durch die verbesserte produktseitige Strukturierung durch die Entwicklung.

Die in den indirekten Unternehmensbereichen erreichbaren Kostensenkungs- und Verbesserungspotentiale werden nur dann voll erschlossen, wenn deren Umsetzung in allen an der technischen Auftragsabwicklung beteiligten Unternehmensbereichen durchgeführt wird, z.B. auch in Produktion, Marketing/Vertrieb und Distribution.

Letztlich muß immer mit weniger Investitionen und weniger Personalaufwand mehr Umsatz erzielt werden. Jedes einzelne Ziel ergibt dabei einen eigenen unabhängigen Ergebnisbeitrag.

Als wesentliche strategische Grundregel sollte verfolgt werden, daß Effekte nicht nur in einem einzelnen Ablaufschritt, sondern nachhaltig für die gesamte Wertschöpfungskette zu erzielen sind. Beispielsweise sollten produktstrukturelle Maßnahmen in der Entwicklung daran ausgerichtet sein, daß sie in der späteren Auftragsabwicklung (in Konstruktion, Materialwirtschaft, Fertigung und Montage) sowie in Verkauf, Service und Recycling deutliche Vorteile bringen.

Tabelle 3.6-1 zeigt eine systematische Zusammenstellung von vorteilhaften Wirkungen, die durch variantenoptimierte Entwicklung erreicht werden können. Die Wirkungen sind nach wesentlichen Kalkulationselementen innerhalb der Wertschöpfungskette gegliedert. Die aufgezeigten Rationalisierungspotentiale sind immens.

4 Methoden zur Varianten-beherrschung in der Produktion

Jürgen Hesselbach, Marc Menge

4.1 Spezifische Auswirkungen der Variantenvielfalt auf die Produktion

Die Variantenvielfalt in einem Unternehmen hat vielfältige direkte und indirekte Auswirkungen auf die Auftragsabwicklung. In **Bild 4.1-1** sind die wesentlichen Effekte auf die Produktion als eines der Kernelemente der Auftragsabwicklung dargestellt.

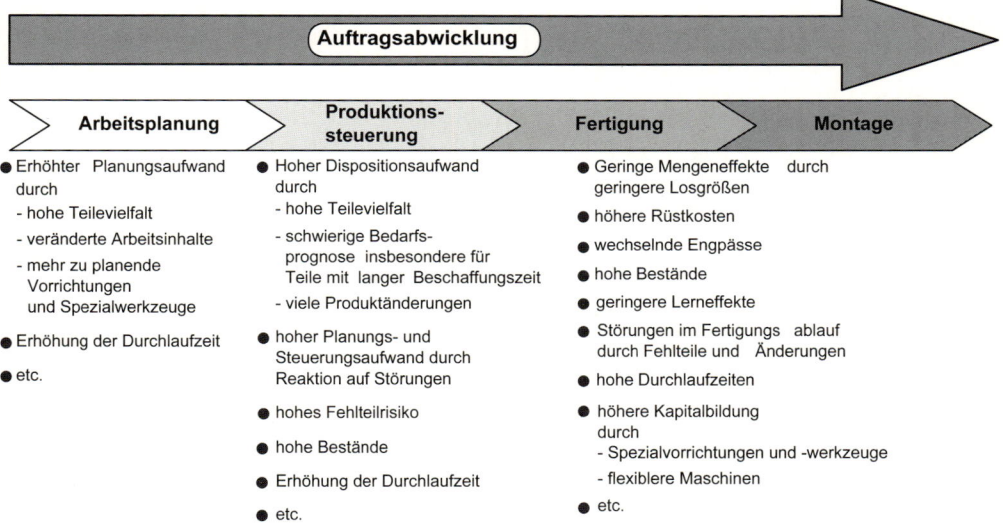

Bild 4.1-1: Auswirkungen der Variantenvielfalt auf die Produktion

In der Arbeitsplanung führen variantenreiche Produktspektren zu gesteigertem Aufwand für die Arbeitsplanerstellung und NC-Programmierung. Mit der Anzahl der Varianten nimmt in der Regel auch die Anzahl der Spezialwerkzeuge und Vorrichtungen zu [lin94, scu94], die zu planen, ggf. zu konstruieren sowie zu beschaffen sind. Mit zunehmender Variantenvielfalt steigt somit auch die Durchlaufzeit durch die Arbeitsplanung.

In Fertigungssteuerung und Materialwirtschaft verursacht die Variantenvielfalt eine stark steigende Komplexität der Disposition von Kaufteilen sowie der Planung und

Steuerung von Teilefertigung und Montage [lin94, rat93]. Bedingt durch die Teilevielfalt sind zahlreiche verschiedene Beschaffungs- und Fertigungsaufträge gleichzeitig zu koordinieren, um termingerecht für jeden Auftrag die richtigen Teile bereitzustellen. Mit der Zielsetzung kurzer Lieferzeiten ergibt sich das Problem der Bedarfsprognose einzelner Variantenteile ohne den konkreten Kundenauftrag zu kennen [bar95], was sich vor allem bei Teilen mit langer Beschaffungszeit als kompliziert erweist. Gleichzeitig erhöhen sich im allgemeinen die Mindest- und Sicherheitsbestände, um die Lieferbereitschaft zu gewährleisten [kai95, scu89]. Mit der Zunahme von Varianten und dem damit steigenden Kundeneinfluß auf die Auftragsabwicklung ergeben sich zahlreiche Änderungen und Störungen, die auf Fertigungssteuerung und Materialwirtschaft einwirken. Je komplexer der Fertigungs- und Montageablauf, desto schwieriger wird die Steuerung bei unvorhergesehenen Abweichungen [lin94]. Oftmals können bei derartigen Störungen die erforderlichen Teile nicht mehr rechtzeitig beschafft bzw. gefertigt werden, was sich dann in Form von Fehlteilen in der Montage auswirkt.

Die Folgen variantenreicher Produktspektren wirken sich in Fertigung und Montage am stärksten aus. Sinkende Losgrößen führen zu häufigeren Rüstvorgängen. Gleichzeitig sinken die Lerneffekte, da bei gleichbleibender Gesamtstückzahl die Stückzahl pro Variante mit Zunahme der Variantenvielfalt abnimmt. Somit können die Kostendegressionen, die mit der Zunahme der Stückzahl einhergehen, nicht genutzt werden [bar95, wes95]. Unterschiede in den Arbeitsfolgen und -dauern zwischen den Varianten führen zu wechselnden Engpässen im Produktionsbereich. Als Folge können sogenannte Leerkosten für die Nichtnutzung von Kapazitäten auftreten [lin94], oder die Auslastungsschwankungen werden durch hohe Bestände verdeckt. Teilweise werden für einzelne Varianten spezifische Spezialwerkzeuge oder -vorrichtungen benötigt, und die Fertigungseinrichtungen müssen in der Regel flexibler und für ein größeres Teilespektrum nutzbar sein, was einen erhöhten Kapitaleinsatz erforderlich macht.

4.2   Variantengerechte Gestaltung der Produktion

Um die kunden- und marktseitigen Vorteile der Variantenvielfalt („äußere Varianz") zu nutzen und gleichzeitig die innere Varianz in der Auftragsabwicklung zu reduzieren, müssen – abgestimmt mit der Produktstruktur – auch die Strukturen und Prozesse in der Produktion hinsichtlich einer verbesserten Variantenbeherrschung optimiert werden. Eine systematische Vorgehensweise, die die wesentlichen Gestaltungsfelder *Planung und Steuerung*, *Arbeits- und Prozeßorganisation*, *Produktionsstruktur* und *Produktionssysteme* vor dem Hintergrund hoher Variantenvielfalt aufeinander abstimmt, bietet dabei eine methodische Unterstützung.

Die Planungsmethodik (**Bild 4.2-1**) beschreibt eine universell anwendbare Vorgehensweise zur Optimierung der Beherrschung der Auswirkungen variantenreicher Produktspektren. Je nach konkretem Anwendungsfall und den dazugehörigen unternehmensspezifischen Randbedingungen und den daraus resultierenden Handlungsfreiräumen ist es auch möglich, einige Schritte nicht zu durchlaufen. Wenn beispielsweise eine Veränderung der Produktstruktur nicht zulässig ist, können die zugehörigen Planungsschritte zu deren logistikgerechter Gestaltung entfallen.

Ausgangspunkt der Methodik ist eine Untersuchung der Ist-Situation, in der eine logistikbezogene Analyse des Produktvariantenspektrums sowie eine Analyse der Auswirkungen der Variantenvielfalt in den Prozessen und Strukturen der Auftragsabwicklung durchgeführt wird. Das Ergebnis des ersten Arbeitsschrittes ist die Ermittlung der Schwachstellen in der Variantenbeherrschung über die gesamte Prozeßkette der Auftragsabwicklung hinweg, aus denen anschließend die Anforderungen und Ziele an ein Optimierungskonzept abgeleitet werden.

Im zweiten Schritt wird ausgehend von den festgestellten Schwachstellen und den definierten Anforderungen und Zielen ein Grobkonzept zur Verbesserung der Variantenbeherrschung aufgebaut. Zur Auswahl von Gestaltungsansätzen kann auf einen Methodenbaukasten zurückgegriffen werden. Die ausgewählten bzw. neu entwickelten Ansätze müssen dann schlüssig zu einem Gesamtkonzept verknüpft werden, das die logistikgerechte Gestaltung der Produktstrukturen der Varianten mit einer darauf abgestimmten Produktionsstruktur sowie flexiblen Abwicklungs-, Planungs- und Steuerungsprozessen verbindet.

Der dritte Schritt umfaßt die Konkretisierung und planerische Ausgestaltung des aufgebauten Grobkonzepts zu einem detaillierten Feinkonzept. Die unternehmensspezifischen Randbedingungen sind in diesem Schritt in die gewählten Lösungsansätze einzuarbeiten. Bei einer Restrukturierung der Produktion sind jetzt die umzugestaltenden Bereiche u.a. in Bezug auf Betriebsmitteleinsatz und -anordnung, zu produzierende Varianten, Personalbedarf etc. feinzuplanen. Die reorganisierten Geschäftsprozesse werden definiert und dokumentiert, und die modifizierten Planungs- und Steuerungsprinzipien werden im ERP-System hinterlegt, was ggf. eine Einführung neuer oder die Anpassung bestehender EDV-Systeme erfordert.

In der Realisierungsphase erfolgt die Implementierung der erarbeiteten Verbesserungsmaßnahmen in die betriebliche Praxis. Die restrukturierten Produktionsbereiche werden jetzt auf- bzw. umgebaut. Selbst wenn keine komplette Reorganisation der Produktionsbereiche geplant ist, erfordert die Einführung neuer Planungs- und Steuerungsverfahren, wie z.B. Kanban, häufig auch eine Veränderung der Anordnung der Materialbereitstellungsflächen in den produzierenden Kostenstellen sowie neue Lager- und Transporteinrichtungen. Neben der physischen Umgestaltung der Produktionsbereiche müssen die reorganisierten Arbeitsabläufe in den operativen Betrieb überführt werden.

Im Sinne eines integrierten Variantenmanagements bietet sich die kombinierte Anwendung der Planungsmethodik zur Variantenbeherrschung mit einem Verfahren zur Produktstandardisierung an. Dabei können viele Analyseergebnisse, insbeson-

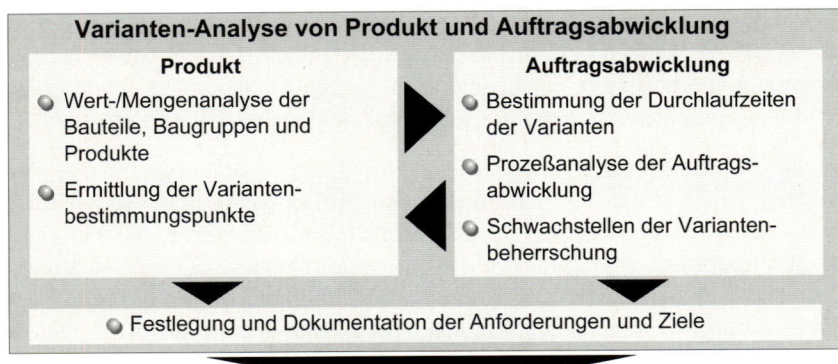

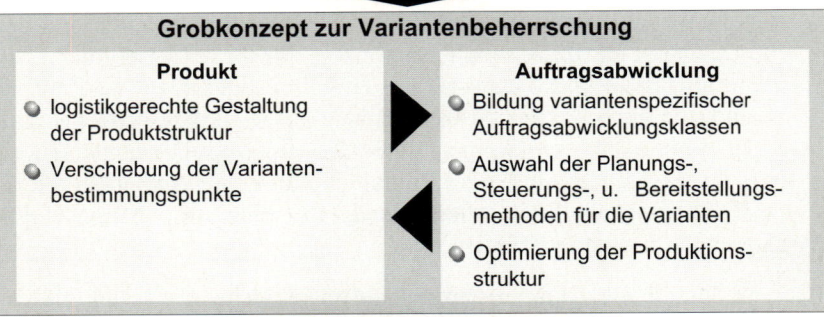

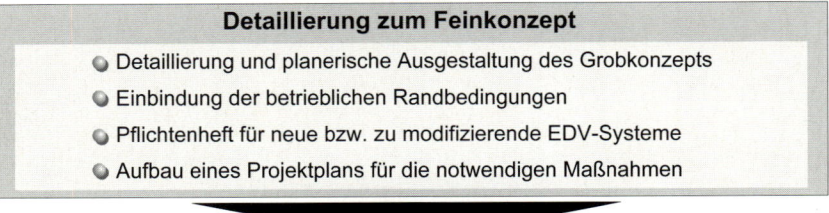

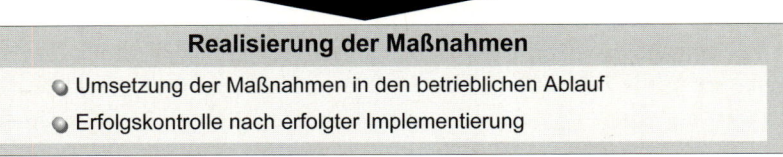

Bild 4.2-1: Planungsmethodik zur Optimierung der Variantenbeherrschung

dere was produktbezogene Analysen der Variantenvielfalt anbelangt, sowohl für die Produktstandardisierung als auch für die ablaufbezogene Verbesserung der Variantenbeherrschung herangezogen und somit mehrfach verwendet werden. Bei der Festlegung bzw. Optimierung der Montagereihenfolge erfolgt der Übergang von der Produktstandardisierung zur systematischen Verbesserung der Variantenbeherrschung.

4.3   Schritt 1: Varianten-Analyse der Auftragsabwicklung und des Produkts

Die Ermittlung der unternehmensspezifischen Schwachstellen bei der Beherrschung variantenreicher Produktspektren erfolgt durch eine logistikbezogene Untersuchung der Produktvarianten sowie eine Prozeß- und Strukturanalyse der technischen Auftragsabwicklung. Durch diese parallel durchzuführende produkt-, prozeß- und strukturbezogene Betrachtung können die aus der Variantenvielfalt resultierenden Problemfelder umfassend ermittelt werden, da ungünstige Produktstrukturen sowie nicht auf die variantenspezifischen Anforderungen abgestimmte Abwicklungsprozesse und Produktionsstrukturen die maßgeblichen Störgrößen der Variantenbeherrschung darstellen. Aus den im Rahmen dieser Analyse festgestellten Schwachstellen werden dann die Anforderungen und Ziele an ein Konzept zur Optimierung der Variantenbeherrschung abgeleitet.

Zur logistikbezogenen Untersuchung des Produktspektrums erfolgt zunächst eine in **Bild 4.3-1** dargestellte Wert-/Mengenanalyse auf Teil-, Baugruppen- und Produktebene. Dazu kann beispielsweise das Prinzip der kombinierten ABC-/XYZ-Analyse herangezogen werden. Das vorhandene Teilespektrum wird auf diese Weise klassifiziert, um später für jedes Teil wert- und verbrauchsabhängig die geeignete Dispositions- und Bereitstellungsstrategie festzulegen. Darüber hinaus ist in Abhängigkeit dieser Untersuchungen zu bestimmen, welche Baugruppen auf Lager vorproduziert und welche auftragsbezogen hergestellt werden. Auf Produktebene werden die produzierten Stückzahlen der verschiedenen Varianten ermittelt und so Rennerprodukte von den Exoten separiert. Mit dieser Analyse können in den folgenden Planungsphasen gegebenenfalls differenzierte Abwicklungsprozesse für unterschiedlich häufig produzierte Variantenklassen festgelegt und variantenspezifische Fertigungssegmente aufgebaut werden. Eine Untersuchung der Durchlaufzeiten der Varianten durch die Produktion ergänzt die Vorarbeiten für die Bildung von Variantenklassen. Um auch die zukünftige Stückzahlentwicklung der Produktvarianten und der Einzelteile in die Betrachtungen mit einzubeziehen, sollten neben den Vergangenheitsdaten auch das geplante Produktionsprogramm sowie Absatzprognosen zur Auswertung herangezogen werden.

Ein weiterer Bestandteil der Produktanalyse ist die Untersuchung der Produktstruktur sowie der Fertigungs- bzw. Montagereihenfolge auf Variantenbestimmungspunkte. Dadurch werden die Stellen im Produktionsablauf deutlich, an denen die verschiedenen Varianten gebildet werden.

In **Bild 4.3-2** sind die Variantenbestimmungspunkte am Beispiel einer Kleinserienproduktion von Elektronikbauteilen dargestellt. Der erste Variantenbestimmungspunkt befindet sich bei der Montage einer sog. „Funktionsbaugruppe", die das Bussystem enthält, auf das sog. „Board", der Hauptplatine, und der anschließenden Konfiguration der Standard-Software. An dieser Stelle wird die Variante durch die

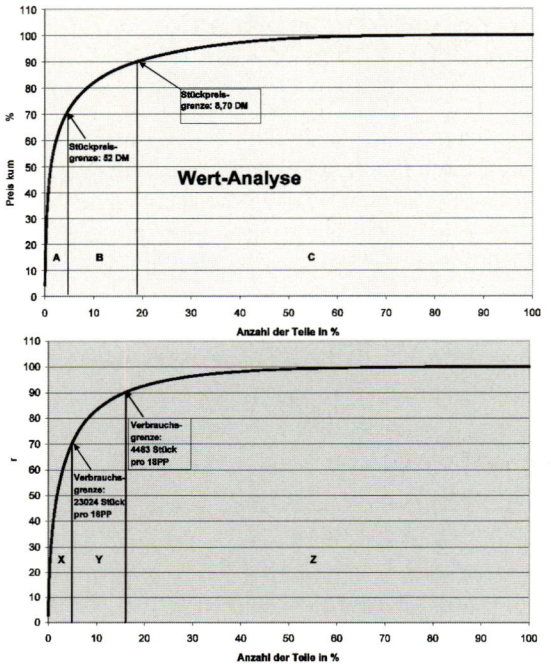

- **Teileebene:**
  Zuordnung von Dispositions- und
  Bevorratungsstrategien zu Teilen:
  - auftragsgesteuert
  - programmgesteuert
  - verbrauchsgesteuert

- **Baugruppenebene:**
  Zuordnung von Dispositions- und
  Bevorratungsstrategien zu Baugruppen:
  - auftragsbezogene Montage
  - vormontierte Baugruppen auf
    Lager

- **Produktebene:**
  Ermittlung von Renner- bzw.
  Standardprodukten und Exoten:
  - Bildung variantenspezifischer
    Fertigungssegmente bzw. -inseln
  - Festlegung variantenspezifischer
    Auftragsabwicklungsklassen

Bild 4.3-1: Wert-/Mengen-Analyse auf Teile-, Baugruppen- und Produktebene

Auswahl eines Bussystems gebildet, aber da noch eine für die anschließenden Prüfungen notwendige Standard-Software installiert ist, wird noch kein Kunden- bzw.
Auftragsbezug hergestellt. Erst bei der Konfiguration der kundenspezifischen Software wird das Produkt einem Auftrag zugeordnet. An dieser Stelle befindet sich der
zweite Variantenbestimmungspunkt.

Um einen möglichst hohen Anteil der Prozesse kundenauftragsneutral durchführen
zu können, sollten die Variantenbestimmungspunkte möglichst nahe am Ende der
Wertschöpfungskette liegen. Die Ermittlung der Variantenbestimmungspunkte liefert Hinweise zur logistikgerechten Produktstandardisierung. Weiterhin bildet sie
die Grundlage zur Prüfung, ob auch mit der bestehenden Produktstruktur durch
Veränderungen in der Fertigungs- bzw. Montagereihenfolge und/oder den zugehörigen Herstellungsprozessen eine Verschiebung der Variantenbildung hin zum Ende
der Produkterstellung möglich ist.

Begleitend zur Produktanalyse werden die Prozesse und Strukturen der technischen
Auftragsabwicklung auf Problemfelder bei der Beherrschung der Variantenvielfalt
untersucht. Als Methodik bietet sich zu diesem Zweck die in **Bild 4.3-3** dargestellte
Prozeßanalyse an, bei der sämtliche Tätigkeiten und deren Dauern und die jeweiligen Verantwortlichkeiten systematisch aufgenommen und auf Transparenz, Wert-
schöpfungsanteile, Flexibilität und Ressourceneinsatz untersucht werden.

Variantenbestimmungspunkt 1

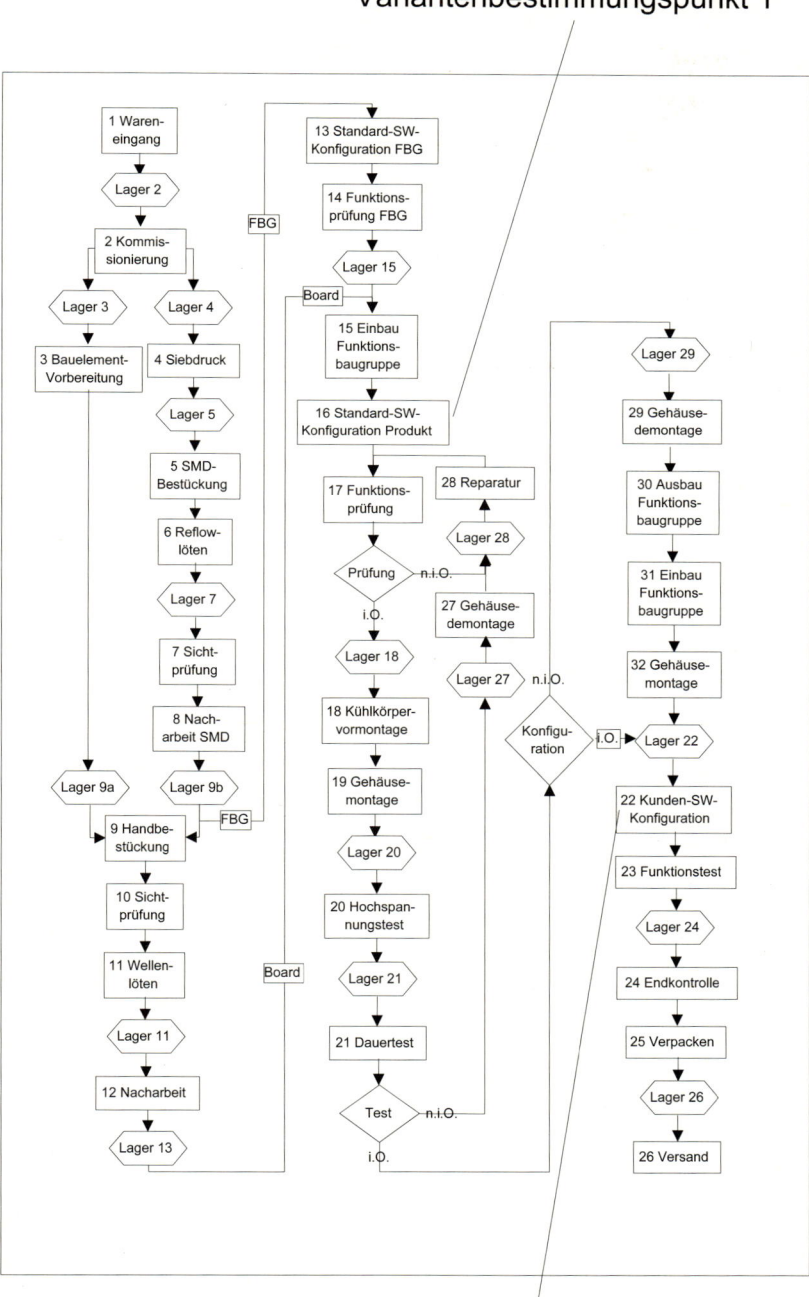

Variantenbestimmungspunkt 2

Bild 4.3-2: Variantenbestimmungspunkte im Fertigungsprozeß eines Elektronikproduktes [men01]

Ein wesentlicher Schwerpunkt der Prozeßanalyse ist in diesem Anwendungsfall die Ermittlung von variantenneutralen und varianteninduzierten Prozessen, um festzustellen, ob die einzelnen Varianten je nach Stückzahl und Grad der kundenspezifischen Produktmodifikationen unterschiedliche Abwicklungsprozesse durchlaufen, wie sich die Abläufe ggf. unterscheiden und durch welche variantenbestimmenden Merkmale sie ausgelöst werden. Die Ergebnisse der Prozeßanalyse können dann mit den produktseitigen Stückzahlanalysen verglichen werden.

Zeitraum: 1.3.2000 - 1.5.2000			
Prozeß- bezeichnung	**Prozeßdauer**		**Verbesserungs- vorschläge**
	Variante 1	Variante 2	
1. Kunden- anfrage	1 h	1 h	
2. Teilenummer bekannt?	0,5 h 10 min	1,5 h 10 min	
3. Originale beschaffen	3 h	1 h	
4. keine techn. Änderungen	0,5 h	1,5 h 0,5 h	
5. Rückfrage an Konstruktion		3 h	
Anmerkungen:			

Bild 4.3-3: Quantifizierung der Prozeßunterschiede bei der Abwicklung verschiedener Varianten [eve95]

Bild 4.3-4 stellt beispielhaft die Unterschiede in den Prozessen zwischen Standardprodukten und Sondervarianten am Beispiel der Herstellung von Pumpen dar. Während bei Standardprodukten alle für die Produktion relevanten Unterlagen bereits erstellt und die Lieferanten für die Rohmaterialien und Halbfertigerzeugnisse feststehen, müssen diese Informationen bei Sondervarianten teilweise auftragsbezogen erstellt werden. Für die Bauteile oder -gruppen, die die Sondervariante bestimmen, muß zunächst die Konstruktion erfolgen, um Zeichnungen und Stücklisten zu erzeugen. Die Arbeitsvorbereitung erstellt dann die variantenspezifischen Arbeitspläne und beschafft ggf. Sondervorrichtungen und -werkzeuge und der Einkauf ermittelt die geeigneten Lieferanten für die Einsatzstoffe.

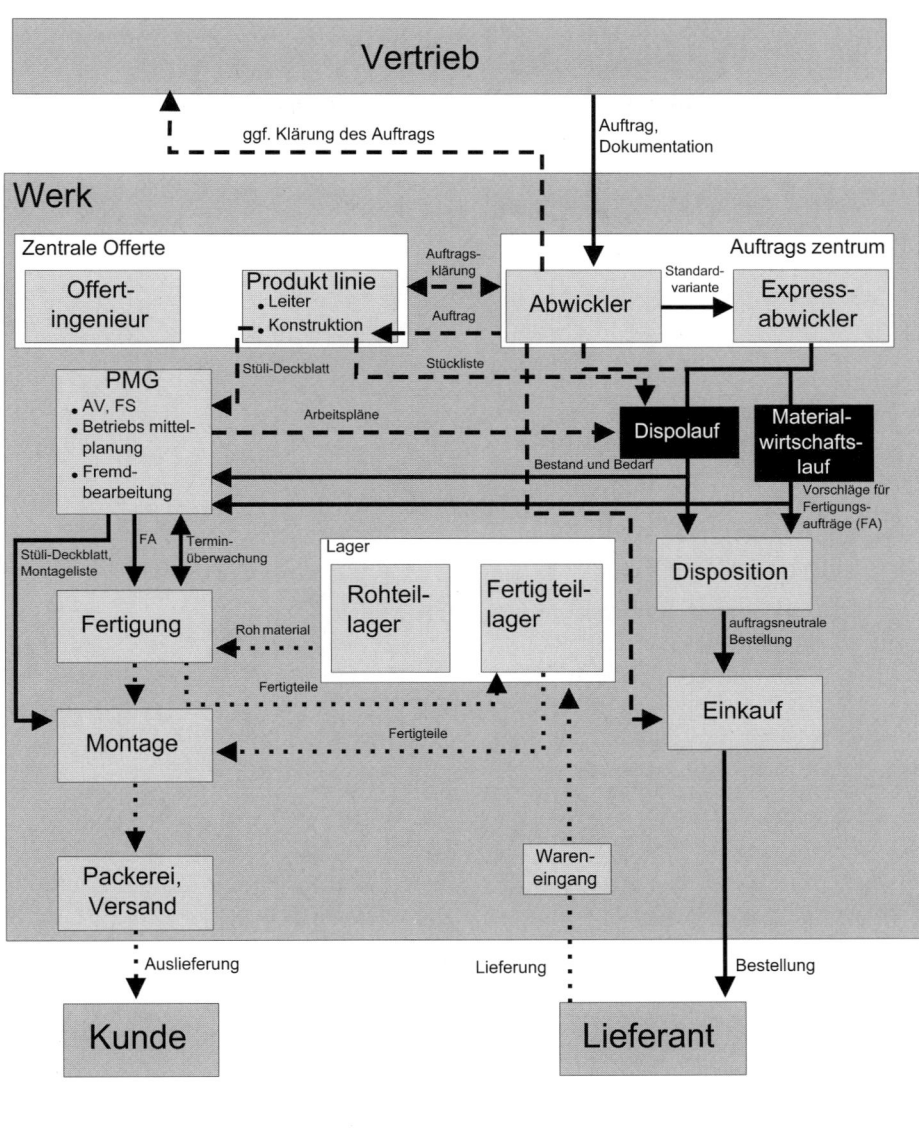

Bild 4.3-4: Unterschiedliche Prozesse bei der Herstellung von Standardprodukten und Sondervarianten nach Sterling SIHI

In jedem Bereich der Auftragsabwicklung müssen die durch die Variantenvielfalt verursachten Problemfelder aufgenommen werden. Beispiele für typische, aus einer hohen Variantenanzahl resultierende Schwachstellen sind:

- Informationsdefizite durch nicht eindeutig geklärte Aufträge,
- Informations- und Koordinationsprobleme in der Änderungsbearbeitung,
- Lange Durchlaufzeiten in direkten und indirekten Bereichen,
- Hohe Anzahl an Fehlteilen,
- Hohe Umlauf- und Lagerbestände.

Die Ergebnisse aller produkt-, prozeß- und strukturbezogenen Schwachstellenanalysen bilden die Grundlage für die Aufstellung der unternehmensspezifischen Anforderungen und Ziele, die an die in den folgenden Schritten zu entwickelnden Maßnahmen zur Optimierung der Variantenbeherrschung gestellt werden. Die Dokumentation der Anforderungen an ein Lösungskonzept kann beispielsweise durch ein Lastenheft oder eine Anforderungsliste erfolgen.

4.4   Schritt 2: Entwicklung eines Grobkonzepts zur Variantenbeherrschung

Aufbauend auf den vorangehend definierten Anforderungen erfolgt im zweiten Schritt der Aufbau eines Grobkonzepts zur Variantenbeherrschung. Auf dieser Konkretisierungsstufe werden zunächst einmal die zu verwendenden Methoden und Lösungsansätze ausgewählt und zu einem Gesamtkonzept verknüpft.

Zur Auswahl der für den spezifischen Anwendungsfall geeigneten Gestaltungsansätze kann auf einen Methodenbaukasten (**Bild 4.4-1**) zurückgegriffen werden. Der Baukasten ist auf die Belange der Einzel- und Kleinserienfertigung abgestimmt und besteht aus den vier Bereichen:

- Planung und Steuerung,
- Arbeits- und Prozeßorganisation,
- Produktionsstruktur und
- Produktionssysteme.

Die Methodenauswahl für Projekte zur Verbesserung der Variantenbeherrschung erfolgt in der betrieblichen Praxis über die unternehmensspezifisch verfolgten Ziele und die vorherrschenden Randbedingungen, die mit den Zielsetzungen sowie den Vor- und Nachteilen der Methoden abgeglichen werden. Dabei sind die vier oben genannten Bereiche aufeinander abzustimmen, d.h. es kommen immer mehrere Lösungsansätze in Kombination zum Einsatz.

Der Methodenbaukasten liefert jedoch nur grundsätzliche Hilfsmittel und Lösungsansätze. Im betrieblichen Anwendungsfall müssen die Methoden an die herrschenden Verhältnisse angepaßt werden. Aufgrund der bereits aufgezeigten hohen Komplexität des Themas „Variantenbeherrschung" kann der Methodenbaukasten aller-

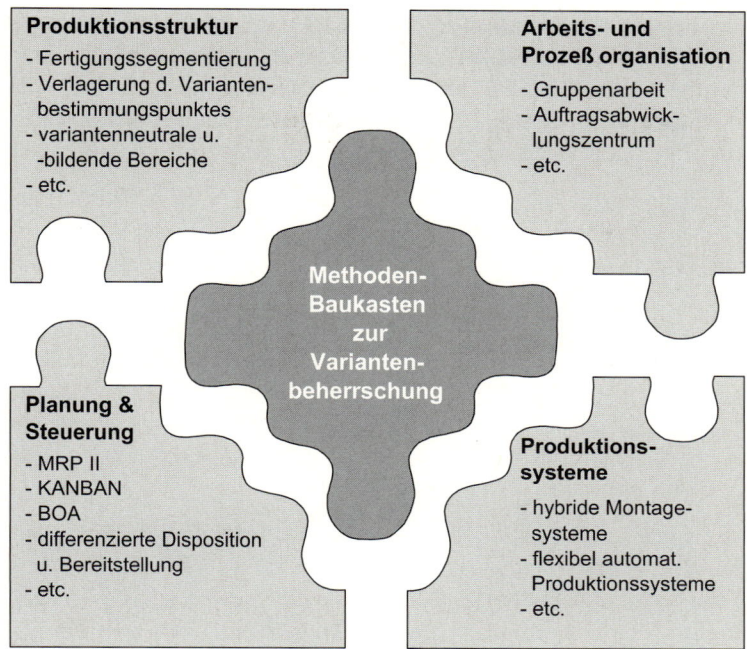

Produktionsstruktur
- Fertigungssegmentierung
- Verlagerung d. Variantenbestimmungspunktes
- variantenneutrale u.
  -bildende Bereiche
- etc.

**Arbeits- und
Prozeß organisation**
- Gruppenarbeit
- Auftragsabwick-
  lungszentrum
- etc.

**Methoden-
Baukasten
zur
Varianten-
beherrschung**

**Planung &
Steuerung**
- MRP II
- KANBAN
- BOA
- differenzierte Disposition
  u. Bereitstellung
- etc.

**Produktions-
systeme**
- hybride Montage-
  systeme
- flexibel automat.
  Produktionssysteme
- etc.

Bild 4.4-1: Methodenbaukasten zur Variantenbeherrschung im Produktionsbereich

dings keine Speziallösungen für betriebliche Sonderfälle enthalten. Erforderlichenfalls, falls keine der enthaltenen Methoden sinnvoll einsetzbar ist, müssen auch
neue Lösungen erarbeitet werden, die anschließend wiederum in den Baukasten
aufgenommen werden können.

Da die Produktstruktur einen großen Einfluß auf den Produktionsablauf und die
Produktionsstruktur hat, wird mit der Auswahl von Maßnahmen zur logistikgerechten Gestaltung der Produktstrukturen begonnen. Zwei unterschiedliche Ansätze
können dabei verfolgt werden. Zum einen kann die logistikgerechte Optimierung
der Produktstruktur in ein Projekt zur Produktstandardisierung und -modulari-
sierung eingebunden werden, was zwar einen erheblichen Aufwand bedeutet, aber
auch große Rationalisierungspotentiale birgt (siehe Kap. 3). Zum anderen kann versucht werden, durch eine Umstellung des Fertigungs- und Montageablaufs ohne
größere Produktänderungen eine Verschiebung des Variantenbestimmungspunktes
zu erreichen.

Zunächst werden die variantenbestimmenden Einflußfaktoren identifiziert, und es
wird geprüft, inwieweit durch Konstruktionsänderungen am Produkt oder durch
neue Fertigungsverfahren der Variantenbestimmungspunkt nach hinten, d.h. in
Kundennähe, verschoben werden kann. Zur Identifikation der Variantenbestimmungspunkte können z. B. Arbeitspläne herangezogen werden. Auf jeder Bearbei-
tungsstufe ist zu untersuchen, welche Tätigkeiten am Produkt oder Bauteil durchge-

führt werden und worin das variantenbestimmende Merkmal zu sehen ist. Dieses kann u.a. schon im Rohmaterial, den Abmessungen oder einer spezifischen Kennzeichnung, z.B. Stempel, liegen. Das Hinterfragen, durch welche Abteilung das Merkmal definiert wurde und inwieweit eine Veränderbarkeit des Merkmals möglich ist, ist dabei von besonderer Bedeutung [wil99].

Ideale Anwendungsbeispiele sind dabei Produkte, bei denen die Varianz durch kundenspezifische Fertigungsprozesse erst auf der letzten Produktionsstufe oder im Fertigwarenlager realisiert werden kann. Ein Beispiel dafür ist die Etikettierung von Autobatterien, die im Ursprungszustand am Ende des Montagebandes durchgeführt wurde. Entsprechend den Vorgaben der Fertigungssteuerung wurden hier die vorher noch neutralen Batterien zu den jeweiligen Varianten etikettiert und anschließend eingelagert. Durch eine Verlagerung der Etikettiereinrichtung in den Versand können neutrale Batterien eingelagert und erst bei der Auslieferung dem Auftrag bzw. Kunden zugeordnet werden, wodurch eine höhere Flexibilität bezüglich Bedarfsschwankungen erreicht wird [jun95].

Basierend auf den Ergebnissen der ABC-Analysen auf der Produkt- und Baugruppenebene kann dann eine Klassifizierung der Varianten in unterschiedliche Auftragsabwicklungstypen erfolgen (**Tabelle 4.4-1**). Standardprodukte, die in vergleichsweise hohen Stückzahlen verkauft werden, können auf Lager produziert werden, während bei Sondervarianten die komplette Abwicklung von Konstruktion über Beschaffung, Fertigung und Montage ausschließlich auftragsbezogen erfolgt. Für Varianten, die gegenüber dem Standard nur kleinere Veränderungen aufweisen, die größtenteils aus gängigen Baugruppen konfiguriert werden können oder die in mittleren Stückzahlen absetzbar sind, wird eine gemischte Strategie angewendet.

Für die Einzelteile werden jetzt anhand der Ergebnisse z. B. der kombinierten ABC-/XYZ-Analyse die geeigneten Dispositions- und Materialbereitstellungsverfahren bestimmt. Weiterhin müssen die einzusetzenden Planungs- und Steuerungsverfahren ausgewählt werden.

Klasse	Kriterien	Dokumentation	Lieferzeit	Bevorratung
Standard-produkt	keine Modifikationen, größere Stückzahlen	alle Konstruktions- und Fertigungsunterlagen vollständig erstellt	definiert, kürzestmöglich	Endprodukte in definierter Menge auf Lager
einfache Variante	leichte Modifikationen des Standards, mittlere Stückzahlen	Erstellung der variantenbezogenen Dokumentation im Auftragsfall	definiert, länger als bei Standardprodukt	Rohteile und Baugruppen mit hoher Verwendungshäufigkeit auf Lager
Sonder-variante	starke kundenspezifische Modifikationen, geringe Stückzahlen	Erstellung der Dokumentation erst bei Auftragseingang	im Einzelfall festzulegen	auftragsbezogene Beschaffung

Tabelle 4.4-1: Einteilung der Varianten in Auftragsabwicklungsklassen

Anhand der Variantenklassifikation sowie der Auswahl der einzusetzenden Disposi-tions-, Planungs-, Steuerungs- und Bereitstellungsmethoden und den an die Opti-mierung der Abwicklungsprozesse definierten Anforderungen wird die Prozeßkette der technischen Auftragsabwicklung neu konzipiert, wobei beispielsweise der Auf-bau eines Auftragsabwicklungszentrums vorgesehen werden kann.

Im Auftragsabwicklungszentrum sind alle zur durchgängigen Bearbeitung notwen-digen Funktionen des Einkaufs, Vertriebs, der Arbeitsvorbereitung, Konstruktion sowie der Produktionsplanung und -steuerung zusammengefaßt. Die Auftragsab-wicklung für das gesamte Unternehmen soll hiermit gebündelt werden. An Stelle einer arbeitsteiligen Bearbeitung wird der Kundenauftrag komplett von einem Auf-tragsverantwortlichen koordiniert und bearbeitet (**Bild 4.4-2**), so daß eine durch-gängige Prozeßverantwortung zum Prinzip wird [les95].

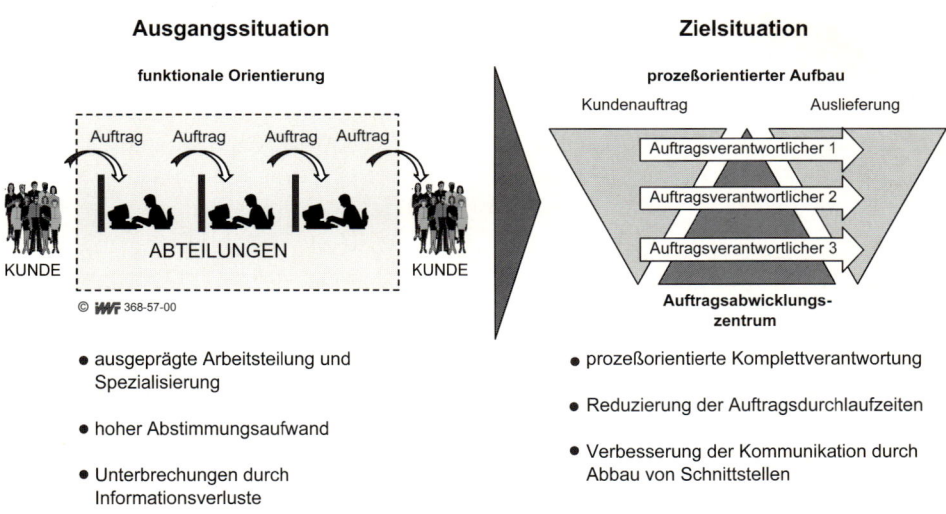

Bild 4.4-2: Von der funktionalen Organisation zum Auftragsabwicklungszentrum [les95]

Der Abbau von Schnittstellen zwischen den Abteilungen führt zu einer Verbesse-rung der internen Kommunikation, und die auftrags- und variantenbezogenen In-formationen werden schneller und präziser im Unternehmen verfügbar gemacht. Durch die Übertragung der kompletten Zuständigkeiten für die Abwicklung eines Auftrags an eine Person (Auftragsverantwortlicher) wird eine eindeutige Aufgaben- und Terminverantwortung erreicht, was erheblich zur Steigerung der Transparenz der Prozesse beiträgt. Bei erfolgreichem Implementieren der ganzheitlichen Pro-zeßverantwortung können insbesondere die Durchlaufzeiten der Aufträge und damit auch die Kosten durch die Reduzierung von Störungen und Informationsdefiziten während der Auftragsbearbeitung reduziert werden.

Abgestimmt auf die optimierte Produktstruktur und die neu konzipierte Auftragsabwicklung wird die Produktionsstruktur aufgebaut. Dabei können der Ansatz der
Fertigungssegmentierung und die Trennung in variantenneutrale und -bildende Bereiche miteinander kombiniert werden. Begleitend zur Neuordnung der Produktionsstruktur wird ggf. eine Optimierung der Arbeitsorganisation, beispielsweise
durch die Einführung von Gruppenarbeit vorgenommen. Neben diesen organisatorischen Aspekten gilt es auch das für das vorliegende Produktvariantenspektrum geeignete Produktionssystem auszuwählen und den Automatisierungsgrad zu bestimmen.

Fertigungssegmente sind eigenständige Einheiten, die Aufträge übernehmen und sie
entsprechend der vereinbarten Ziele hinsichtlich Termin, Menge, Kosten und Qualität vollständig bearbeiten. Im Segment wird eine Komplettbearbeitung eines Produkts oder einer Produktgruppe (Varianten) angestrebt, woraus eine geringe Ferti-
gungsbreite und eine hohe Fertigungstiefe resultiert. Durch eine Analyse und Aufteilung des Produkt- bzw. Variantenspektrums nach Stückzahlen, Produktmerkmalen und Fertigungstechnologien können die verschiedenen Variantentypen verschiedenen Segmenten zugeordnet werden. Die Gestaltung der Segmente erfolgt aufgrund der speziellen Anforderungen der Variantentypen. Varianten mit hohen
Stückzahlen werden auf automatisierten „Rennerlinien" gefertigt, während die kundenindividuellen Varianten in Einzel- und Kleinserienfertigung in hochflexibel ge-
stalteten Segmenten produziert werden (**Bild 4.4-3**).

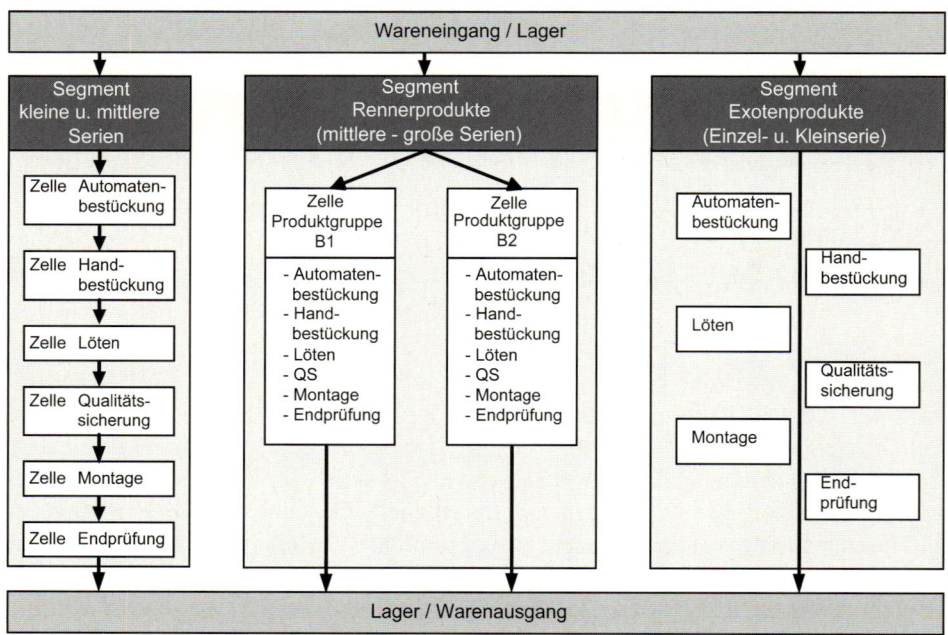

Bild 4.4-3: produkt- und variantenorientierte Segmentierung am Beispiel einer Elektronikfertigung

Bei der Gruppenarbeit wird mehreren Mitarbeitern die gemeinsame Verantwortung für einen festgelegten Aufgabenbereich übertragen. Die Gruppe handelt eigenverantwortlich und selbstregulierend innerhalb der von übergeordneten Unternehmensbereichen definierten Grenzen. In die Gruppe werden unterschiedliche Funktionen integriert (**Bild 4.4-4**), um eine Aufgabe ganzheitlich zu bearbeiten und damit die Erfüllung eines Produktionsprogramms nach Qualität und Stückzahl zu gewährleisten [hof99]. Durch die auf diese Weise realisierte Kompetenz- und Verantwortungsdelegation hin zu den direkt wertschöpfenden Bereichen wird erreicht, das auf auftretende Probleme und Störungen schneller reagiert werden kann, da die Problemlösungskompetenz der Mitarbeiter direkt genutzt wird.

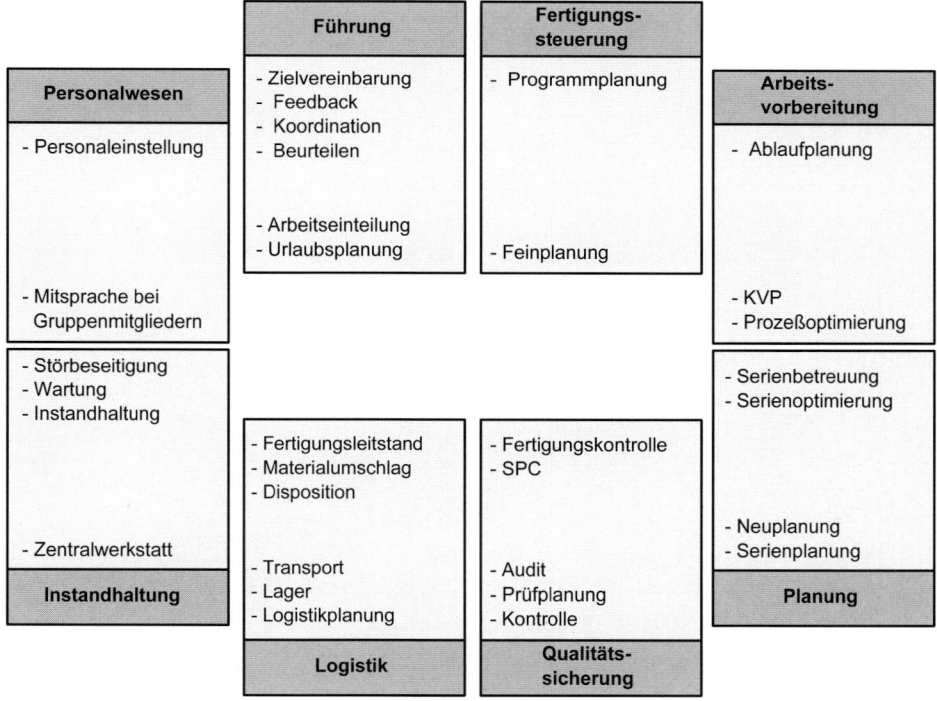

Bild 4.4-4: Integration indirekter Funktionen bei Gruppenarbeit [ant96]

Gruppenarbeit kann eingesetzt werden, um flexibel und bedarfsgerecht reagieren zu können. Dies macht sich positiv bemerkbar bei kurzen Entscheidungszyklen auf Störungen oder Produktionsveränderungen [gol98]. Die Einführung von Gruppenarbeit ist besonders vorteilhaft in dynamischen Käufermärkten, wenn Kunden hohe Flexibilität bezüglich Produktvarianten und Lieferbereitschaft fordern [wer98]. Durch die verstärkte Einbeziehung aller Mitarbeiter sowohl in die Lösung kurzfristiger Probleme und Störungen als auch in die kontinuierliche Verbesserung der

Produkte und Prozesse werden Qualität, Lieferfähigkeit sowie Stückzahl- und Variantenflexibilität vor allem in der Einzel- und Kleinserienfertigung gesteigert, da hier in der Regel die Handlungsspielräume der Gruppen größer sind als in der Serien- oder Massenfertigung. Vor allem durch die damit verbundene Verbesserung der unternehmensinternen Kommunikation, z.B. zwischen Produktion und Konstruktion, wird die Variantenbeherrschung verbessert.

Vor allem bei hoher Variantenvielfalt im Produktspektrum ist die Flexibilität der einzusetzenden Produktionssysteme von hoher Bedeutung. Mit Hilfe von flexibel automatisierten Fertigungs- und Montagesystemen (**Bild 4.4-5**) kann auch bei geringen Stückzahlen und hoher Teilevielfalt durch die Erhöhung des Automatisierungsgrads eine höhere Produktivität bei gleichzeitig hoher Flexibilität erreicht werden [dor91].

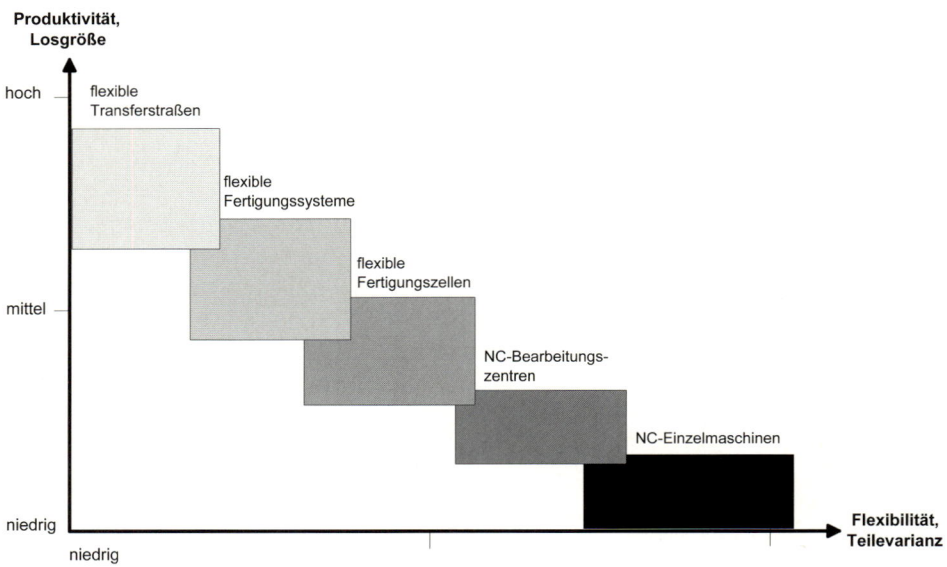

Bild 4.4-5: Konzepte der flexibel automatisierten Fertigung [hof00]

Durch die flexible Automatisierung wird eine hohe Flexibilität in Bezug auf die Bearbeitungsaufgabe und die Auftragsreihenfolge ermöglicht, so daß, je nach verfolgtem Konzept, sogar ganze Teilespektren oder Varianten in einem System komplett in Losgröße eins bearbeitet werden können. Gleichzeitig soll durch die steigende Automatisierung die Produktivität, beispielsweise durch hauptzeitparalleles Rüsten oder sogar bedienerlose dritte Schichten, gesteigert werden.

Jedoch erfordern diese Systeme mit steigendem Automatisierungsgrad auch erhöhte Investitionen, die wirtschaftlich nur mit einer hohen Auslastung zu vertreten sind. Zusammen mit den kalkulatorischen Zinsen für das Anlagevermögen ergibt sich somit ein hoher Fixkostenanteil [dor91]. Gleichzeitig steigt der Arbeitsaufwand in der Arbeitsvorbereitung für die Planung und die NC-Programmierung. Mit Zunahme der Verkettung, d. h. bei Mehrmaschinenkonzepten, treten Verfügbarkeitsverluste im Gesamtsystem auf. Weiterhin erfordern flexibel automatisierte Produktionssysteme einen größeren Aufwand für die Wartung.

Insbesondere in der Montage ist aus Flexibilitätsgründen häufig noch ein sehr hoher Anteil an manuellen Arbeitsplätzen anzutreffen. Um auch hier Produktivitätssteigerungen zu erzielen, wurden in letzter Zeit verstärkt hybride Montagesysteme entwickelt. Dieses sind halbautomatische Montagesysteme, in denen Kombinationen aus manueller und automatischer Montage in flexibler Weise zusammenwirken. Hierbei werden die Vorteile der automatisierten Montage, d. h. eine hohe Ausbringung und damit Produktivität bei den produktneutralen reproduzierbaren und weitestgehend prozeßsicheren Vorgängen, genutzt und mit den Möglichkeiten der variablen menschlichen Arbeitskraft, die die nötige Flexibilität in das System mit einbringt, verbunden. Da sie modular aus weitestgehend standardisierten Basis- und Prozeßmodulen aufgebaut sind, sind sie gut vom Produkt als auch von der Stückzahl her an sich ändernde Bedarfssituationen adaptierbar. Somit eignen sie sich gut für den Einsatz in der variantenreichen Montage von kleineren und mittleren Serien.

Nachdem alle für den vorliegenden Anwendungsfall in Frage kommenden produkt-, prozeß- und strukturseitigen Lösungsansätze zur Verbesserung der Variantenbeherrschung ausgewählt worden sind, müssen diese aufeinander abgestimmt und zu einem integrierten Gesamtkonzept verknüpft werden.

4.5 Schritt 3: Detaillierung zum Feinkonzept

Im dritten Schritt werden die im aufgebauten Grobkonzept enthaltenen Lösungsansätze zu einem Feinkonzept detailliert (**Bild 4.5-1**). Die unternehmensspezifischen Randbedingungen müssen in das Grobkonzept eingearbeitet werden, um sicherzustellen, daß die gewählten Methoden und Gestaltungsansätze in die betrieblichen Routineprozesse der Auftragsabwicklung eingebunden werden können. In den meisten Fällen müssen dazu, je nach gewähltem Ansatz in mehr oder weniger großem Umfang, Schnittstellen, Arbeitsabläufe und Strukturen verändert werden. Dabei ist es notwendig, die erforderlichen Veränderungen in den Prozessen und Strukturen bis auf die Arbeitsplatzebene zu detaillieren. Dieses umfaßt sowohl die Neugestaltung der Arbeitsabläufe, bei der die überarbeiteten Prozesse und die dabei festgelegten Zuständigkeiten und Verantwortlichkeiten für jeden einzelnen Prozeßschritt zu benennen sind, als auch die Restrukturierung der Produktion, in deren Rahmen die umzugestaltenden Bereiche u. a. in Bezug auf Betriebsmitteleinsatz und -anordnung, zu produzierende Varianten, Personalbedarf etc. feinzuplanen sind.

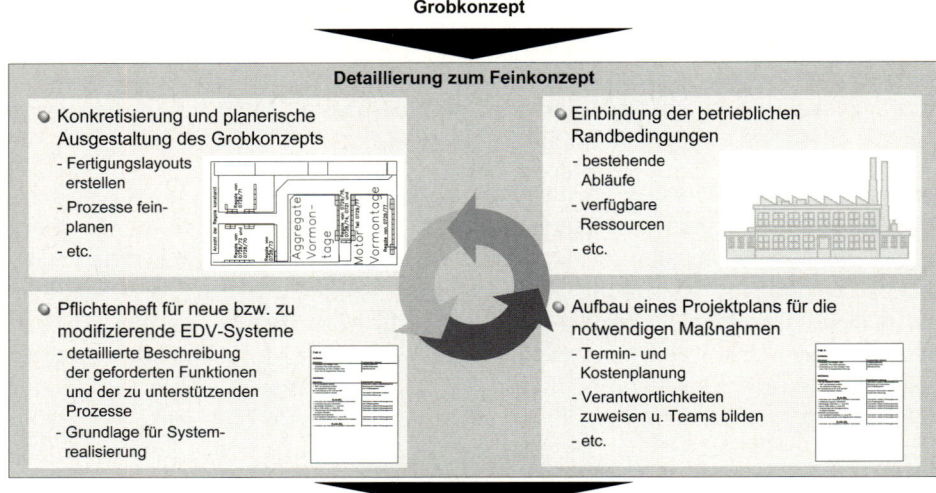

Bild 4.5-1: Entwicklung eines Feinkonzepts zur Variantenbeherrschung

Für neu aufzubauende bzw. zu modifizierende EDV-Systeme muß das im ersten Schritt erstellte Lastenheft in ein Pflichtenheft überführt werden. Das bedeutet, daß nicht nur die Anforderungen an das System, sondern auch dessen konkrete Funktionen und die zu unterstützenden Arbeitsprozesse exakt beschrieben werden müssen. Das Pflichtenheft dient als Grundlage für die Umsetzung des Feinkonzepts in eine Anwendungssoftware, die die spezifizierten Anforderungen erfüllt.

Zur Vorbereitung der Umsetzung der Umstrukturierungen werden alle Maßnahmen die notwendig sind, um vom Ist- zum Soll-Zustand zu gelangen, in einem Projektplan festgehalten. Für die Durchführung der verschiedenen Maßnahmen wird ein Zeitplan aufgebaut, in dem auch die jeweilig Verantwortlichen benannt werden.

4.6   Schritt 4: Realisierung der Maßnahmen

Im vierten und abschließenden Schritt werden die erarbeiteten Verbesserungsmaßnahmen in der betrieblichen Praxis implementiert. Die restrukturierten Produktionsbereiche werden jetzt auf- bzw. umgebaut. Selbst wenn keine komplette Reorganisation der Produktionsbereiche geplant ist, erfordert die Einführung neuer Planungs- und Steuerungsverfahren, wie z.B. Kanban, häufig auch eine Veränderung der Anordnung der Materialbereitstellungsflächen in den produzierenden Kostenstellen sowie neue Lager- und Transporteinrichtungen.

Neben der Reorganisation der Produktionsbereiche müssen auch die veränderten Arbeitsabläufe sowie die neuen Planungs- und Steuerungsmethoden in den operativen Betrieb überführt werden. Damit ist häufig auch die Einführung und der Test der neu entwickelten bzw. angepaßten EDV-Systeme verbunden.

Bei der Einführung neuer EDV-Systeme und geänderten Arbeitsabläufen und -inhalten in die betrieblichen Routineprozesse müssen die betroffenen Mitarbeiter intensiv informiert und geschult werden. Die Schulungsmaßnahmen sollten dabei über die Erläuterung der neuen Funktionalitäten der EDV-Systeme hinausgehen. Bei der Reorganisation von Geschäftsprozessen und der Einführung neuer Organisationsformen und Steuerungsmethoden ist vielmehr auch die Vermittlung der durch die Umgestaltung verfolgten Ziele sowie der Wirkungsweise der neuen Methoden allen Mitarbeitern gegenüber von besonderer Wichtigkeit für die Akzeptanz der ergriffenen Maßnahmen.

Im Rahmen der Einführung bietet es sich an, die konzipierten Maßnahmen zuerst in ausgewählten Pilotbereichen zu testen, bevor sie im gesamten Unternehmen eingeführt werden. Dadurch lassen sich kleinere, ggf. noch im Konzept enthaltene Schwachstellen durch frühzeitige Praxistests erkennen. Auf diese Weise können Probleme beseitigt werden, bevor die Lösung unternehmensweit eingesetzt wird, wodurch die Akzeptanz bei den Mitarbeitern gesteigert wird.

Die zeitliche und inhaltliche Überwachung der Einführung der Verbesserungsmaßnahmen zur Variantenbeherrschung erfolgt anhand des im vorangehenden Schritts aufgebauten Projektplans.

Im laufenden Betrieb sollte eine abschließende Erfolgskontrolle durchgeführt werden, die überprüft, inwieweit die zu Beginn des Projektes verfolgten und definierten Ziele tatsächlich im operativen Betrieb erreicht wurden. Die so festgestellten Abweichungen können als Ausgangspunkt für weitere Optimierungsprojekte dienen.

5 Rechnerbasierte Unterstützung des Variantenmanagements

Norman L. Firchau, Ralph Koschorrek, Arne Oetzmann

5.1 Einführung

Die in den meisten Unternehmen bereits sehr weit fortgeschrittene rechnerunterstützte Verarbeitung der Produkt- und Produktionsdaten (Produkt- und Prozeßmodelle) einerseits und die fast unübersehbare Vielfalt der Probleme und der dafür geeigneten Methoden des Variantenmanagements andererseits führen notwendig zu einem Bedarf an geeigneten rechnerunterstützten Werkzeugen.

Erschwert wird die Bereitstellung allgemein nutzbarer Tools durch seriengrößenspezifische und branchen- oder firmenspezifische Parameter und Einflüsse der unterschiedlichen Produktentstehungsabläufe, der Variantenentstehung und der dadurch generierten Komplexitätskosten.

Eine gewisse Normierung läßt sich erreichen, indem man Standardabläufe, z.B. nach VDI 2221 [vdi2221], zu Grunde legt, die die Produktentstehung der meisten Branchen zumindest näherungsweise richtig abbildet.

Eine sinnvolle Arbeitshypothese für ein Werkzeugsystem ist die einer Methodenbank, die – wo überall möglich – auf betrieblich vorhandenen Datenbeständen, z.B. der PPS-Systeme, aufsetzt.

Die Methoden lassen sich grundsätzlich nach den oben beschriebenen allgemeinen Maßnahmenklassen (**Tab. 1.4-1**, vergl. auch [fra98a]) gliedern:

- Anzahl der kombinierbaren Objekte, Vorgänge und Merkmale reduzieren,
- Stufen der Kombination verringern,
- Objekte, Merkmale, Vorgänge klassifizieren, klassenweise Kombination ermöglichen und
- Sachverhalte scharf abgrenzen und stets gleich definieren.

Ein wesentliches Strukturierungsmerkmal der zu entwickelnden Werkzeuge muß weiter die Unterstützung der gesamten Prozeßkette bei der Produktentstehung sein.

5.2 Umsetzungsmöglichkeiten einer DV-Unterstützung

Die Softwareentwicklung selbst muß möglichst systematisch erfolgen, um die wichtigsten Probleme, deren Parameter und Randbedingungen zu erfassen. Auch hier kann man vorteilhaft VDI 2221 [vdi2221] verwenden und den vorgeschlagenen Standardablauf für die Software- Entwicklung verwenden.

- „Bedarfsanalyse" und Definition der Teilbereiche:
  Analyse vorhandener Lösungen für ein gezieltes Variantenmanagement. Übergeordnete Einteilung der Aktivitäten in Bereiche, Prozesse und Prozeßschritte.

- Theoretische Grundlagen:
  Welche Art von Parametern, Variablen, Beziehungen sind vorhanden und können zur Abbildung der Produkte und Prozesse verwendet werden? Bestimmung der möglichen Arten und Klassen von Wechselwirkungen und Rückkopplungen. Aufzeigen von Transformationsmöglichkeiten, um eine Übertragung auf andere Bereiche zu ermöglichen.

- Entwicklung einer DV-Unterstützung:
  Klärung der Technologien, mit deren Hilfe eine softwaretechnische Umsetzung erfolgen kann. Welche Randbedingungen und Restriktionen liegen vor, die eine Umsetzung beeinflussen können? Implementierung der erarbeiteten Modelle.

- Validierung der Prototypen:
  Neben Fehlersuche und Überprüfung der Handhabbarkeit im praktischen Gebrauch auch weitergehende Eingaben von Beziehungswissen zur firmenspezifischen Anpassung der einzelnen Bereiche und Prozesse.

Bereits verfügbare Werkzeuge, Datenmodelle und Verfahren werden zunächst auf ihre Eignung und ggf. Erweiterbarkeit untersucht.

5.2.1 Rechnerunterstützung im Variantenmanagement und damit verbundene Tätigkeiten

Historisch betrachtet gehen die Wurzeln einer geeigneten Behandlung von komplexen Produkten auf Arbeiten im Bereich der Produktion/Arbeitsvorbereitung Ende der siebziger Jahre zurück [sca80]. Damals wurde aufgezeigt, daß durch eine Produktoptimierung unter Berücksichtigung von Logistikaspekten Vorteile im Prozeßablauf der Montage u.a. in Form einer verkürzten Durchlaufzeit erzielt werden können.

Spätere Arbeiten in diesem Bereich führten zu Methoden, welche planerische und strategische Überlegungen unterstützen sollen. Dies führte zu der Einführung von Kostenaspekten durch eine erweiterte Betrachtung und Zuordnung von Kostenmerkmalen, wie z.B. bei der VMEA, Variant Mode and Effect Analysis [cae91].

Seit Mitte/Ende der 1980er Jahre existiert eine erste rechnerbasierte Unterstützung zur Abbildung und Optimierung von Produktstrukturen. Die Abbildung der Merkmale basiert auf hierarchischen Darstellungsformen mit denen die Produktvarianten als „Variantenbaum" aufgezeigt werden. Diese Form von Software wurde in den 1990ern kontinuierlich weiterentwickelt [scu01a, scu01b]. Eine Übersicht über die zeitliche Entwicklung in verschiedenen Bereichen zeigt **Bild 5.2-1**.

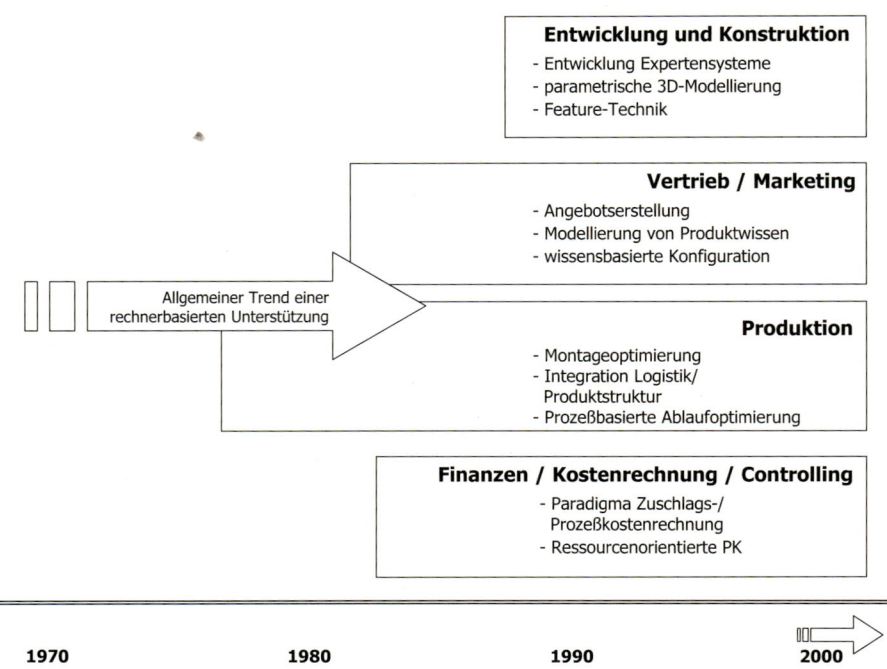

Bild 5.2-1: Historische Entwicklung der Tätigkeiten im Variantenmanagement

Eine Berücksichtigung von konstruktiven Aspekten, welche gerade bei einer Einzel- und Kleinserienfertigung komplexer Produkte im Investitionsgüterbereich eine große Rolle spielt, fand aber nicht statt. Dies zeigt sich u.a. auch bei der Einführung von integrierten betriebwirtschaftlichen Software-Systemen für Firmen mit einer auf komplexe Industriegüter ausgerichteten Struktur. Die hier auftretende Merkmalsvielfalt und bei Auftragsbeginn zum Teil noch nicht bekannten Strukturen können momentan nicht ausreichend unterstützt werden und bieten somit auch nicht die Möglichkeit einer geeigneten Handhabe über die einzelnen Auftragsabläufe [fro99].

Die denkbare Unterstützung zur Komplexitätsverringerung durch die Konfiguration als solche wird durch das bislang dafür notwendige vollständige Abbild von Wissen über die Beziehungen und Regeln nur für vollkommen abbildbare, modular aufgebaute baukastenartige Produktstrukturen einer geringen Tiefe oder Intensität ermöglicht.

Eine vollständige explizite Abbildung des Produktspektrums, d.h. die komplette Bereitstellung eines jeden Produktexemplars, ist bei Produkten mit hoher Strukturtiefe auf Grund der „kombinatorischen Explosion" nicht realisierbar [fra98a]. Es müssen deshalb Wege gesucht werden, die den reproduzierbaren Umgang mit dieser Art komplexer Strukturen ermöglichen oder eine wiederholbare Reduzierung auf die gerade erforderlichen Elemente und Beziehungen aufzeigen.

Die Einbindung der Produktentwicklung in das Variantenmanagement gewann durch die Einführung von parametrischer 3D-Modellier-Software weiter an Dringlichkeit, schuf aber auch zusätzliche Lösungsmöglichkeiten.

Neben der fast völligen Umstellung von Arbeitsgewohnheiten in den Konstruktionsabteilungen fordert der nicht unerhebliche Aufwand bei der erstmaligen Erstellung neuer dreidimensionaler CAD-Modelle sowie der Speicherung und Verwaltung der Datensätze einen einheitlichen Aufbau der Modelle für eine Wiederverwendung der Modelldaten bei späteren Änderungen.

Die Abbildung von variierenden Bauelementen innerhalb von Bauteil- und Produktfamilien ist durch die Nutzung der Parametrik prinzipiell möglich. Der tagtägliche Umgang mit den verschiedenen Modellen und deren Derivaten konnte durch die Einführung von Sach- und Merkmalsleisten schon zu 2D-Zeiten nicht befriedigend gelöst werden, trotz der intensiven Bestrebungen im Bereich der Normung (vgl. z.B. die Entwicklung der Norm DIN 4000 [din4000]).

Mit Hilfe von integrierten PDM/ERP-Systemen und neueren Technologien, wie z.B. das Internet, kamen durch die Informatik geprägte Ansätze im Bereich Datenstrukturierung und -zugriffsmöglichkeiten hinzu. Die Aufgabe, beispielsweise eine Klassifizierung unterschiedlichster Produktmerkmale über Modell- und Systemgrenzen hinweg zu unterstützen, kann noch nicht von diesen Programmen geleistet werden. Selbst eine einheitliche Datenbasis für alle Unternehmensbereiche als grundsätzliche Voraussetzung eines übergreifenden Produktmanagements ist bisher nicht vollständig umgesetzt.

Die stärkere Vereinfachung und Unterstützung früher Phasen der Produktentstehung mit dem Ziel einer Komplexitätsreduzierung ist eine Aufgabenstellung, die bisher nur am Rande verfolgt wurde. Dadurch ist es heutzutage schwierig, über geeignete Darstellungen von Produktmodellen und die anfangs genannten Maßnahmen frühzeitig vor der detaillierten gestalterischen Ausarbeitung eine Art Teilautomatisierung zu fördern.

Es zeigen sich daher Defizite, die in den existierenden Datensätzen enthaltenen Produkteigenschaften in Form von Objekten, Merkmalen oder damit verbundenen Vorgängen in der Entwicklung und Fertigung derart abzubilden, daß für den Kunden frühzeitige Vergleiche im Hinblick auf die von ihm geforderten funktionalen Eigenschaften ermöglicht.

Ebenso ist es schwierig oder unmöglich, Maßnahmen mit dem Ziel eines optimierten Angebots an Produktvarianten (bezogen auf die Bedürfnisse des Marktes **und** des Unternehmens) abzuleiten [kon00].

Eine Reihe von gut funktionierenden Konfigurationssystemen zeigt, daß im vertrieblichen Bereich bereits gute Ansätze für die Beherrschung einmal existierender Varianten bekannt sind. Diese Ansätze sind dann gut geeignet, wenn lediglich „digitale" (bzw. nominale) Merkmale kombiniert werden müssen und wenn Einschränkungen der Kombinierbarkeit (Verträglichkeits-Restriktionen) relativ einfach klassenbezogen definiert werden können.

Dennoch bestehen auch hier noch generelle Probleme in der Abbildung der Produktlogik für Auslegungsrechnungen und in der Verwendung von Regelwissen. Die heutigen Programme können zwar mit Hilfe von Boolescher Algebra Produktdaten über schon vorhandene Stücklistenstrukturen verarbeiten und den Auswahlprozeß unterstützen, die Auswahl der Merkmale sowie der Aufbau einer Struktur erfolgt aber in der Entwicklungsphase größtenteils manuell [cin00, gra00]. Neuere Ansätze, welche beispielweise die Verarbeitung von Regelwissen bei Auslegungsprozessen in der Angebotsphase vereinfachen, sind noch Gegenstand der Forschung, bzw. befinden sich erst am Anfang der praktischen Umsetzung [lux01].

Nahezu alle bekannten vertrieblichen Systeme bieten keine wirkliche Hilfe zur komplexitätskostenbezogenen Bewertung und zur Einschränkung der Varianten.

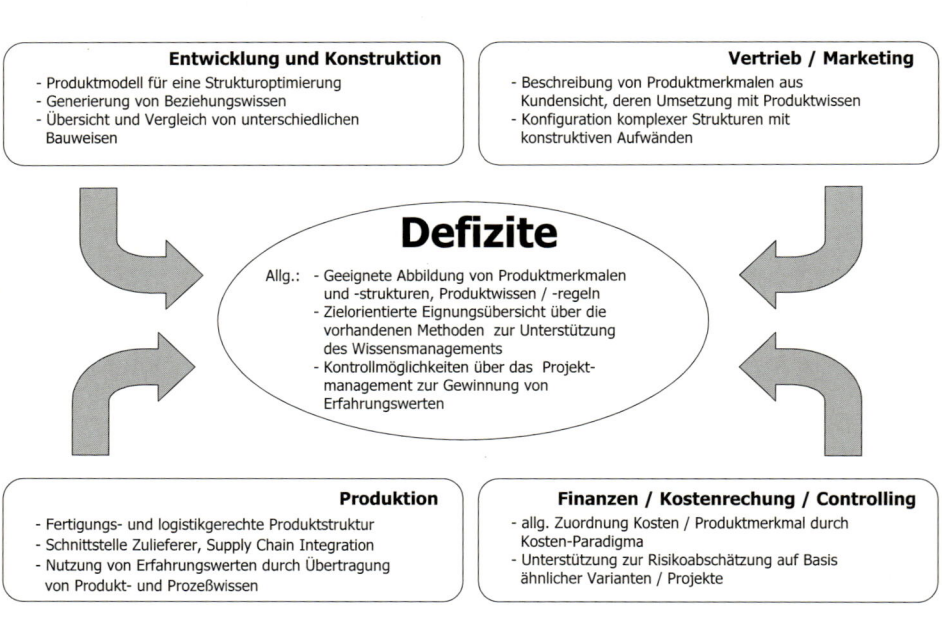

Bild 5.2-2: Bisherige Defizite bei der Umsetzung einer Rechnerunterstützung

Die obigen Ausführungen zeigen die Vielfalt bekannter Ansätze zur Beherrschung der Variantenproblematik. Je nach Sichtweise wurden allerdings mehr oder weniger spezielle Aufgabenstellungen bearbeitet, die zu nicht verallgemeinerbaren Werkzeugen geführt haben.

Dennoch hat sich gezeigt, daß generelle und allgemeingültige Aufgabenstellungen existieren, auf denen bereichspezifische Aktivitäten und Tätigkeiten aufbauen [ble96, mal00]. In der folgenden Abbildung wird dies anhand der wesentlichen vier Unternehmensbereiche Entwicklung, Verkauf/Vertrieb, Produktion und Controlling/Kostenrechnung gezeigt.

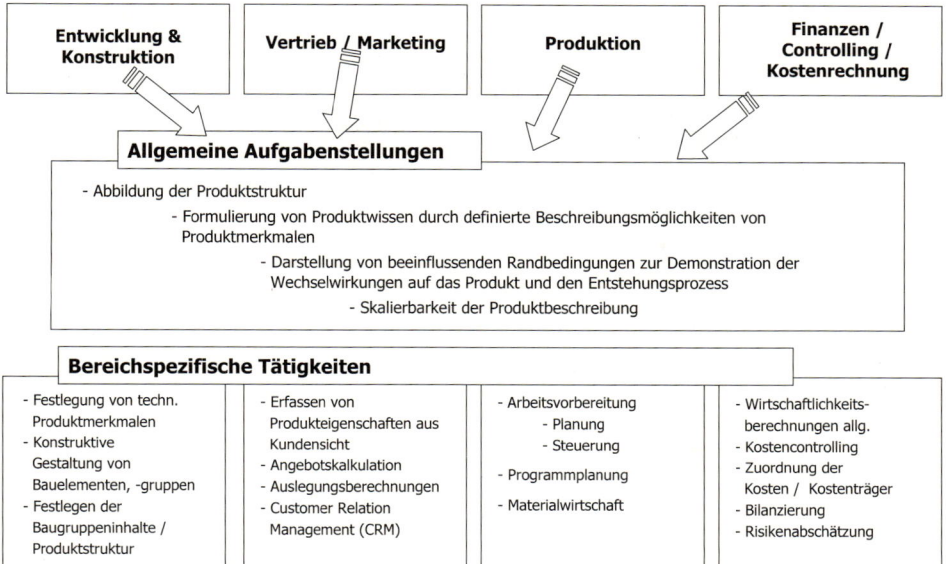

Bild 5.2-3: Einteilung der Aktivitäten und Tätigkeiten

5.2.2 Abbildungsmöglichkeiten und verwendbare Software-technologien

Generell sollte man unterscheiden zwischen der aus der Sicht der Forschung noch notwendigen Umsetzung der prinzipiellen Abbildungsmöglichkeiten und deren Unterstützung in Form neuartiger Hilfsmittel [wac94] sowie der Verwendung von bereits vorhandenen Systemen und deren Tauglichkeit, bzw. der einfachen Erweiterung von Standardsystemen in Entwicklung und Produktion. Aber auch die Nutzung solcher Standardsysteme, sei es die Verwendung von Datenbanken im Bereich von Office-Tools oder mächtigere Werkzeuge, wie es die existierenden ERP-Anwendungen darstellen, beruht auf der Abbildung von Strukturen als Modell des Produktes, bzw. von Prozessen und deren Eigenschaften. Unabhängig davon sind in den letzten Jahren durch die Einbindung neuerer Technologien über das Internet sogenannte Portale entstanden, die Zugriffsmöglichkeiten auf CAD-Daten u.a. für Gleichteile anbieten [bct01, wtc01].

Die Abbildung von beliebig komplexen Strukturen – z.B. Produkten oder Prozessen – kann allgemein mit Hilfe von Graphen realisiert werden [ess87, scu01c]. Grundsätzlich lassen sich alle anderen Strukturbeschreibungen in gefärbte und gerichtete Graphen mit ggf. mehrfachen Kanten transformieren (vergl. Kap. 1.4.2).

Die heute zur Produkterstellung verwendeten Modelle bauen größtenteils auf i.a. hierarchischen Stücklistenstrukturen auf. Deren Abbildungsfähigkeiten und Manipulationsmöglichkeiten sind jedoch relativ begrenzt. Analog zu einer objektorientierten Darstellung können sie zwar Beziehungen zwischen Elementen u.a. in Form einer Eltern-Kind Relation (analog: *is Part of* - Beziehung, vgl. z.B. [sap01]) darstellen. Die Vererbbarkeit von Eigenschaften ist jedoch stark eingeschränkt. Sobald man die ursprüngliche Struktur verläßt, gehen diese Verknüpfungen verloren oder es müssen Platzhalter verwendet werden [fro99].

Sollen komplexe Strukturen mit teilweise zum Erstellungszeitpunkt noch nicht bekannten Eigenschaften aufgebaut werden, können aus bestehenden Elementen mangels Wissen, wie die Elemente in Beziehung stehen, keine neuen Strukturen abgeleitet oder konfiguriert werden. Diese Beschränkung läßt dann keine frühzeitige Optimierung, z.B. um Kosten zu senken, der Struktur zu. Die dazu notwendigen Iterationsschritte können bei den heutigen kurzen Entwicklungs- und Lieferzeiten aber zu einem späteren Zeitpunkt, wie z.B. in der Arbeitsvorbereitung, nicht mehr durchgeführt werden und unterbleiben.

Bei einfach strukturierten Produkten (flache Hierarchie, geringe Anzahl und Arten von Elementen und Beziehungen), wie z.B. Personal Computer im Konsumgüterbereich, können diese Iterationsschritte bei kurzen Produktionszyklen im Rahmen einer Produktüberarbeitung „nachgeholt" werden.

Ein weiterer Nachteil ergibt sich aus der Tatsache, daß die Produktstruktur immer vollständig abgebildet werden muß. Gerade in der Einzel- und Kleinserienfertigung ist der Aufwand zur Abbildung und Pflege für eine vollständige Abbildung der Struktur auf Grund der großen Strukturtiefe mit einer dementsprechend hohen Anzahl an Kombinationsmöglichkeiten im Vergleich zu den verkauften Gesamteinheiten meist nicht zu rechtfertigen.

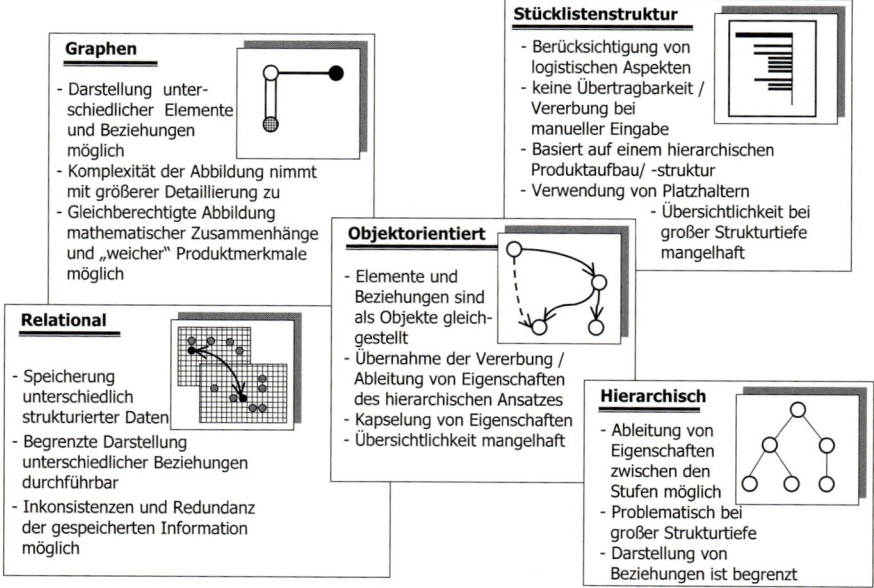

Bild 5.2-4: Vergleich der Abbildungsformate [ess87], [scu01c], [här99] und [saa99]

Das **Bild 5.2-4** zeigt einen Vergleich zwischen unterschiedlichen Abbildungsformaten, der sich aus der Gegenüberstellung von kanten- und knotengefärbten Graphen und Stücklistenstrukturen ergibt, sowie mögliche softwaretechnologische Realisierungen auf Basis eines hierarchischen, relationalen oder objektorientierten Ansatzes.

Unabhängig von der Problematik, eine passende Struktur für das abzubildende Produktmodell zu finden, gestaltet sich die Frage der Dynamik der Relationen untereinander. Die bisher gezeigten Darstellungsmethoden enthalten nur eine statische Sichtweise, auch wenn es möglich ist, geschlossene Regelkreise über die Rückkopplung von gerichteten Relationen zu beschreiben. Die Wechselwirkung der Elemente über die Relation bleibt zunächst unberücksichtigt (**Bild 5.2-5**). Bei alleiniger Verwendung dieser Art der Abbildung ist eine Einschätzung der Auswirkungen der Relationen oder Beziehungen nicht durchführbar [ves00].

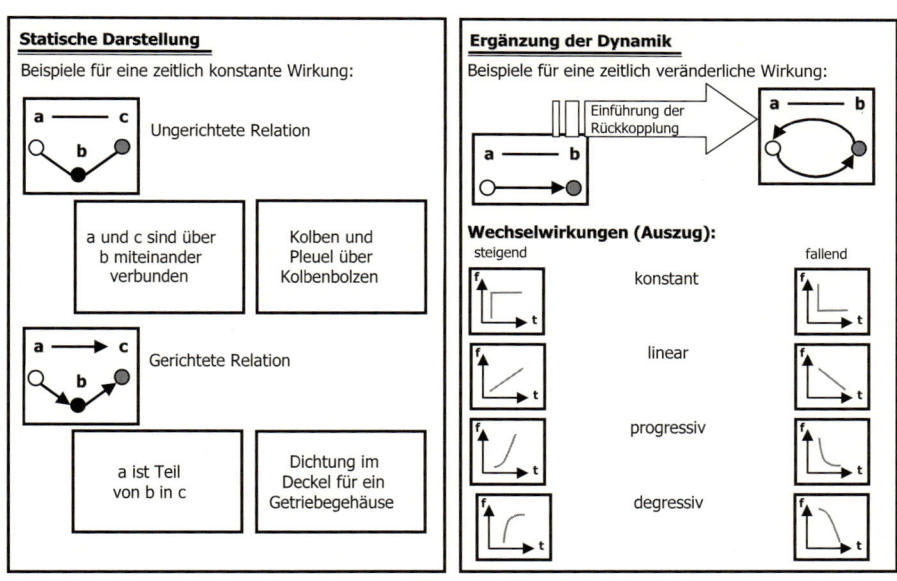

Bild 5.2-5: Berücksichtigung von dynamischen Wechselwirkungen

Neben der geschilderten Richtung einer Wirkung ist noch deren Höhe oder Gewichtung zu beachten. Diese kann recht gut in Form von tabellarisch strukturierten Einflußmatrizen abgelegt werden. Aber erst zusammen mit den durch das Wirkungsgefüge der Beziehungen beschriebenen Rückkopplungen kann eine differenzierte Betrachtung erfolgen [ves00].

Eine Standardlösung, um Methoden, die auf Elementen und deren Beziehungen aufbauen, zu implementieren, bieten Datenbanken. Die Darstellung von Rückkopplungen, bzw. allgemein von dynamischen Prozessen, sind mit Datenbanken allein jedoch nicht, bzw. nur sehr umständlich und kaum pflegbar, zu lösen. Das heißt, daß die Datenbank nur angenähert die Struktur abbilden kann. Vorteile von kommerziellen Datenbanken sind andererseits der hohe Entwicklungsstand, ausgefeilte Benutzungsoberflächen und ein reichhaltiges Schnittstellenangebot.

Nachteilig ist wiederum, daß sich am Markt erhältliche Datenbank-Produkte hinsichtlich ihrer Funktionalität und Bedienbarkeit für den Anwender erheblich unterscheiden. Von wesentlicher praktischer Bedeutung ist die Anforderung nach einer ressourcenarmen Erstellung und Wartung der Datenmodelle. Gerade bei Unternehmen in Einzel- und Kleinserienfertigung sind kaum Kapazitäten zur Einführung komplexer DV-Strukturen vorhanden [fro99].

Die verschiedenen Datenbanktypen erfüllen die Anforderungen, die sich aus den geforderten Abbildungsmöglichkeiten für die Elemente und deren Relationen sowie der einfachen Nutzung und Pflege ergeben, unterschiedlich gut. **Bild 5.2-6** zeigt einen Vergleich der Erfüllungsgrade.

Anforderungen \ Datenbankkonzept	Hierarchische Datenbank	Relationale Datenbank	Objektorientierte Datenbank
Abbildung der Komplexität von Strukturen			
- Elemente	◑	◑	◕
- Beziehungen	○	◔	◕
Zugriffsmöglichkeiten			
- Struktur	○	◑	◑
- Elemente	◑	◑	◕
- Beziehungen	◔	◑	◕
Allgemein			
- Bedienbarkeit	◔	◕	◔
- Ressourcenverbrauch	◑	◑	◔
- Kosten Anschaffung	◔	◑	◔
- Kompatibilität	◔	◔	◑

Legende
- ● sehr gut erfüllt
- ◕ gut erfüllt
- ◑ befriedigend erfüllt
- ◔ ausreichend erfüllt
- ○ nicht erfüllt

Bild 5.2-6: Vergleich der unterschiedlichen Datenbankarten anhand einiger Anforderungen

5.3   Entwickelte Realisierungsbeispiele von EVAPRO

5.3.1   Technische Realisierung

Als Grundlage für die Erstellung von Softwaretools bot sich die Nutzung eines Datenbanksystems (DBS) an. Das Ziel beim Einsatz eines DBS ist, die Verwaltung umfassender Daten zu erleichtern und insbesondere den gezielten Zugriff auf diese Daten über Abfragefunktionen zu ermöglichen. Das DBS ermöglicht den gleichzeitigen Zugriff mehrerer Benutzer auf die Datenbank, überwacht die Redundanzfreiheit sowie die Integrität der Daten und sorgt für Datenschutz und Zugangssicherung. Es stellt Operationen und Sprachen (z.B. Datendefinitionssprache oder interaktive Anfragesprachen) zur Verfügung. In diesem Rahmen soll jedoch nicht weiter auf die datenbanktheoretischen Grundlagen eingegangen werden. Für weitergehende Informationen wird auf das Schrifttum verwiesen [z.B. kle97, heu97].

Die im beschriebenen Projekt entwickelten Softwaretools sind auf Basis des Datenbanksystems MS Access von Microsoft realisiert worden. Bei der Entscheidung für ein Datenbanksystem standen folgende Fragen im Vordergrund:

- Welcher Anwenderkreis soll angesprochen werden?
- Wie kann dem Anwender die Nutzung möglichst einfach ermöglicht werden?
- Welche Schnittstellen sind erforderlich und stehen zur Verfügung ?

Der Kreis der im Projekt beteiligten Industrieanwender umfaßte hauptsächlich Einzel- und Kleinserienfertiger und dabei vorwiegend kleine und mittelständische Unternehmen. Der Einsatz der Tools sollte jedoch selbstverständlich auch in Großunternehmen möglich sein. Sinnvoll ist die Anwendung in allen Bereichen der Unternehmen, die direkt oder indirekt von der hohen Variantenvielfalt der Produkte betroffen sind, wie z.B. Produktplanung, Konstruktion, Produktion, Marketing und Controlling.

Bei der Auswahl der geeigneten Software waren speziell die Gegebenheiten bei kleinen und mittelständischen Betrieben zu berücksichtigen. Die Microsoft Office-Programmfamilie besitzt eine dominierende Marktstellung, so daß MS Access als Datenbankanwendung eine große Verbreitung hat. Die Vorteile liegen daher in dem Bekanntheitsgrad der Software und dem geringen Einarbeitungsaufwand. Weiterhin ist ein direktes Anwenden der Tools ohne Installationsaufwand möglich. MS Access bietet darüber hinaus den Vorteil einer hohen Benutzerfreundlichkeit und die Integration der Programmiersprache VBA, die es erlaubt, relativ einfach komplexere Methoden einzubinden.

5.3.2 DV-unterstützte Strategieentwicklung

In der Einzel- und Kleinserienfertigung wurde eine Vielzahl von einzelnen Parametern identifiziert, deren Optimierung die Auftragsabwicklung verbessert und das Finden optimaler Kompromisse zwischen den teilweise konkurrierenden Faktoren Zeit, Kosten und Qualität unterstützt. Diese Parameter, z.B. Durchlaufzeit, Kapazitätsauslastung oder Konstruktionsaufwand, wurden hinsichtlich ihrer Interdependenzen untersucht. Eine Vielzahl der Parameter weist gegenseitige Abhängigkeiten auf, wobei sowohl positive als auch negative gegenseitige Beeinflussungen bestehen; andererseits gibt es jedoch auch wichtige Parameter, die weitgehend voneinander unabhängig sind.

Für die Unterstützung einer optimalen Auftragsabwicklung wurden über 50 Parameter ermittelt, die diese direkt oder indirekt beeinflussen. Die Abhängigkeiten wurden mit Hilfe einer Matrix dargestellt, in der die Parameter nach ihrer haupt-

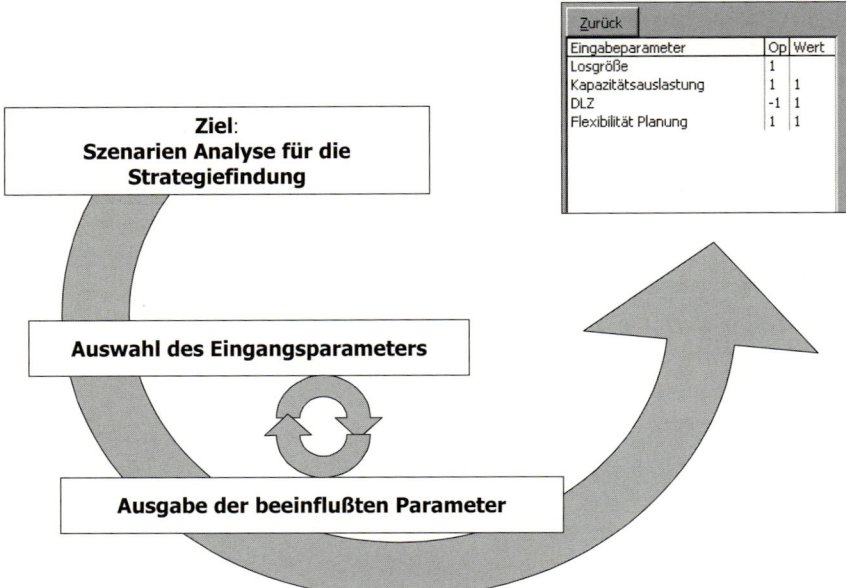

Bild 5.3-1: Aufbau des Strategietools

sächlichen Zugehörigkeit zu den Bereichen Konstruktion, Produktion, Controlling und Vertrieb gegliedert sind. Im folgenden wird dies an einem einfachen abstraktem Beispiel erläutert.

In **Bild 5.3-2** ist diese Matrix exemplarisch mit 5 Parametern dargestellt. Zu jedem Parameter ist die jeweilige Optimierungsrichtung in der zweiten Spalte angegeben (hier Optimierungsrichtung „erhöhen": Pfeil nach oben, „senken": Pfeil nach unten). Zeilenweise sind die Auswirkungen auf alle anderen Parameter eingetragen. So führt die Optimierung von Parameter P1 („erhöhen") zu einer Senkung von Parameter P3. Ein Vergleich mit der für P3 eingetragenen Optimierungsrichtung zeigt, daß eine positive Beeinflussung besteht, da der Effekt in Richtung der angestrebten Optimierung des beeinflußten Parameters geht.

In zwei Fällen treten im Beispiel Konflikte auf („Zielkonflikte"): immer dann, wenn in den Spalten „Effekte" die Veränderungsrichtung eines Parameters entgegen seiner in der Spalte „Optimierungsrichtung" vorgegebenen Richtung steht, liegt ein Konflikt vor. Dies ist z.B. bei einer Erhöhung von P2 entsprechend seiner Optimierungsrichtung der Fall. Während P1 positiv im Sinne seiner Optimierungsrichtung beeinflußt wird, ist die Wirkung auf P3 und P4 negativ. Auf P5 hat eine Veränderung von P2 keinen Einfluß.

Sind keine Effekte in der Matrix eingetragen, so wird der jeweilige Parameter vom Eingangsparameter in Spalte 1 nicht beeinflußt. Darüber hinaus sind einige Parameter passiv. Ein solcher passiver Parameter wird von anderen beeinflußt wirkt sich

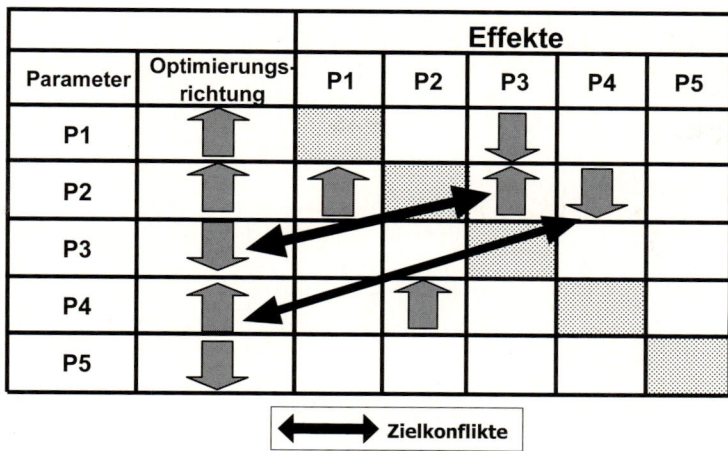

Bild 5.3-2: Beispielhafte Darstellung der Parametermatrix

jedoch bei Veränderung nicht auf andere Parameter aus. Damit sind derartige Parameter grundsätzlich nicht als Stellschrauben für eine Optimierung nutzbar. Dagegen können sie sehr wohl einen Zielwert darstellen. Ein Beispiel hierfür sind die Herstellkosten oder auch physikalische Parameter wie der Wirkungsgrad.

Die innerhalb EVAPRO erstellte Matrix ist sehr umfangreich. Um sie für die praktische Arbeit nutzbar zu machen, wurde ein DV-Werkzeug entwickelt, in dem die in der Matrix enthaltenen Verknüpfungen schrittweise dargestellt werden können. So wird es möglich, die Auswirkungen einer Optimierung entlang der Wirkungskette nachzuvollziehen.

Zunächst ist ein Eingangsparameter als Anfangspunkt auszuwählen. In einer Liste werden zu diesem Parameter nur noch die von diesem beeinflußten Parameter angezeigt. Aus dieser Liste der verknüpften Parameter können nun weitere ausgewählt werden, wobei wiederum die dann beeinflußten Parameter in Listenform dargestellt werden. Zu den angezeigten Parametern wird weiterhin angegeben, ob ein Zielkonflikt besteht und ob es sich um einen passiven Parameter handelt. Im rechten Teil des Fensters wird die Kette der ausgewählten Parameter protokolliert. Es ist damit nachvollziehbar, welche Auswirkungen die gezielte Veränderung eines Parameters auf weitere verknüpfte Parameter hat.

Mit diesem Tool soll die Strategieentwicklung und -auswahl unterstützt werden. Es ermöglicht das Durchspielen verschiedener Szenarien durch die Variation der Eingangsparameter sowie die gezielte Verfolgung unterschiedlicher Wirkungsketten. Es werden Zusammenhänge zwischen einer Vielzahl von Parametern qualitativ gezeigt, so daß die Entscheidung für oder gegen eine bestimmte Optimierungsstrategie erleichtert wird.

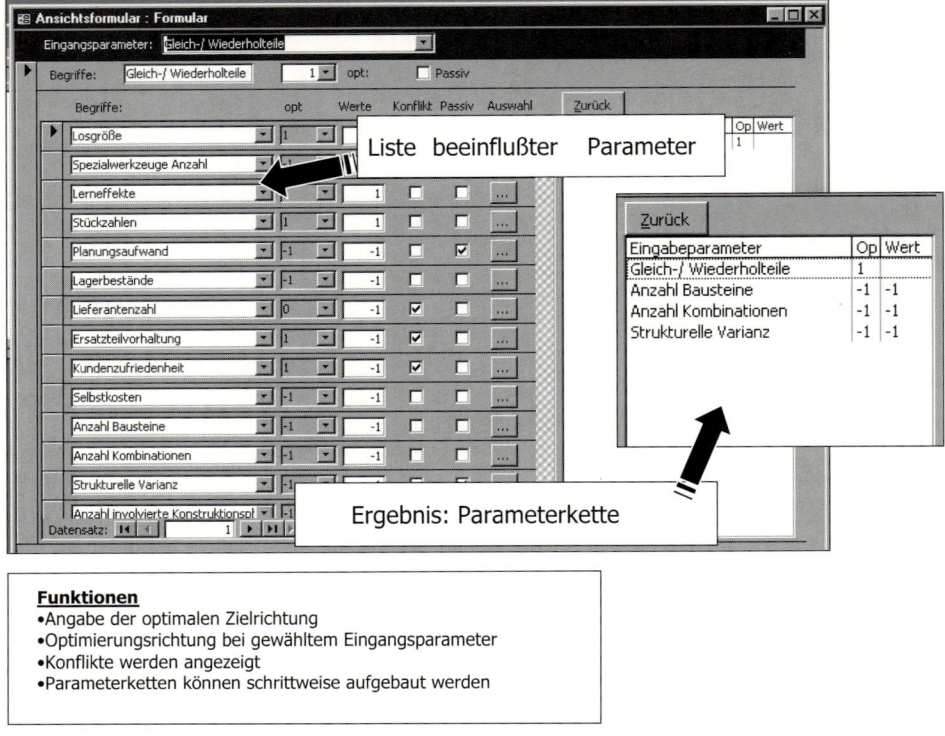

Bild 5.3-3: Funktionen des Strategietools

5.3.3   Rechnerunterstützte Auswahl von Methoden und Werkzeugen

Wegen der Vielfalt von Problemen und Methoden war eine Rechnerunterstützung beim Auffinden jeweils geeigneter Werkzeuge wünschenswert.

Die zu lösenden Varianten-Probleme sind häufig bekannt oder vergleichsweise einfach zu ermitteln; eine geeignete Lösungsstrategie und dafür geeignete Werkzeugen zu finden, ist dagegen nicht trivial. Meist versucht man Probleme in einem einzelnen, eng begrenzten Bereich zu lösen. Dabei ist jedoch der Zusammenhang mit Zielsetzungen anderer Unternehmensbereiche entweder nicht oder doch nur näherungsweise bekannt.

Die hier vorgestellte Methodenbank soll sowohl das Auffinden geeigneter Methoden als auch das Erkennen direkter und indirekter Auswirkungen der Methoden, bzw. der mit ihnen abgeleiteten Maßnahmen, auf andere Bereiche und Ziele unterstützen.

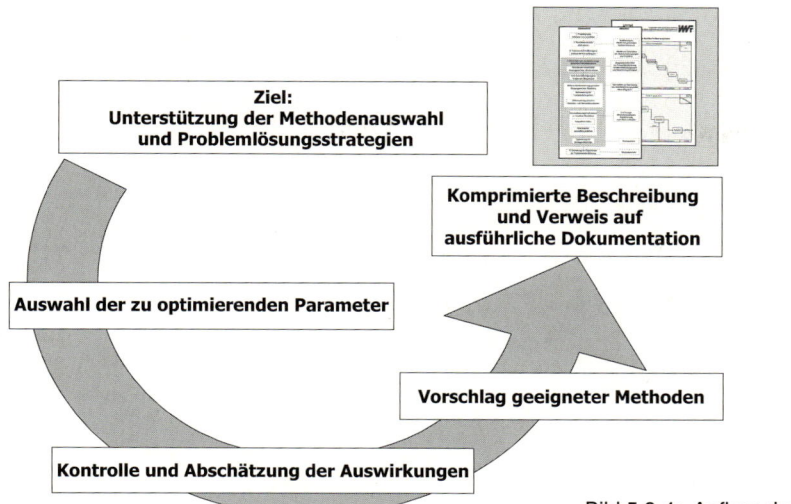

Bild 5.3-4: Aufbau der Methodenbank

5.3.3.1 Inhalt

In der Methodenbank findet der Anwender eine Fülle verschiedenster Methoden und Werkzeuge für eine Vielzahl von Anwendungen. Die Aufgabenstellungen, die mit den Methoden gelöst werden sollen, können dabei von einem kurzfristigen, konkreten Problem bis zu einer strategischen Überlegung reichen.

Um die für den jeweiligen Anwendungsfall richtige Methode auszuwählen, ist es notwendig, eine umfassende Auskunft über die Zielsetzung der Methode und den Umsetzungszeitraum zu bekommen. Darüber hinaus ist ein wichtiges Kriterium, welche positiven Nebeneffekte die Anwendung einer gewählten Methode erreichen kann, und insbesondere auch, welche Effekte sich negativ auswirken und eventuell der Anwendung der jeweiligen Methode entgegenstehen.

Dieses Beziehungswissen, das in der oben diskutierten Matrix des Strategietools abgelegt ist, wird in der Methodenbank genutzt, um dem Benutzer die Auswahl der für seinen Anwendungsfall am besten geeigneten Methode zu ermöglichen. So können positive Nebenwirkungen auf Bereiche, die zunächst nicht bedacht wurden, zusätzliche Argumente für die Anwendung einer Methode liefern. Andererseits werden negative Auswirkungen aufgezeigt, die evtl. in Betracht gezogen werden müssen.

5.3.3.2 Funktionalitäten

Der Nutzer soll über verschiedene Funktionalitäten an die für die jeweilige Problemstellung geeignete Lösungsmethode herangeführt werden.

Die Hauptmaske der Datenbankanwendung (**Bild 5.3-5**) enthält Informationen, die zu der jeweiligen Methode in Kurzform abgelegt sind, sowie einen Verweis auf den Speicherort einer ausführlichen Beschreibung.

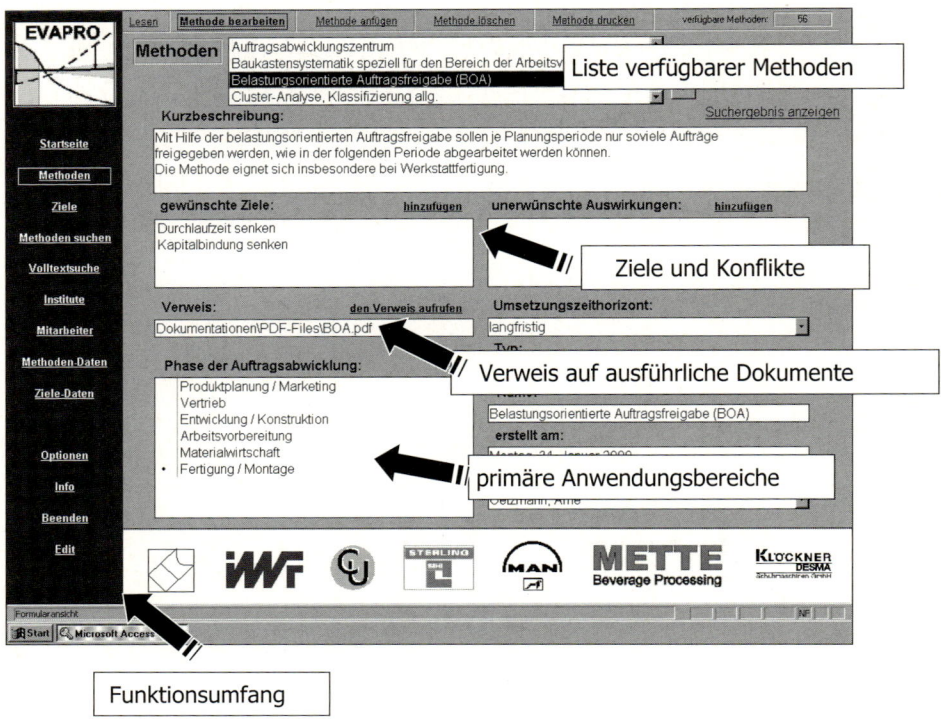

Funktionsumfang

Bild 5.3-5: Screenshot der Hauptmaske der Methodenbank

Im linken Bildschirmbereich sind die Funktionen der Methodenbank auszuwählen. Die eigentlichen Informationen befinden sich im rechten Rahmen. Im mittleren oberen Feld sind abrufbare Methoden erreichbar. Der Nutzer hat hier die Möglichkeit, die Sammlung durchzusehen und namentlich bekannte Methoden aufzufinden, z.B. um sich einen ersten Überblick zu verschaffen.

Zu jeder Methode wird eine Kurzbeschreibung von einigen Zeilen gegeben. Die gewünschten Ziele, die mit der jeweiligen Methode verfolgt werden, sowie evtl. zu beachtende unerwünschte Auswirkungen sind in den darunterliegenden Feldern wiedergegeben. Jede Methode ist entsprechend Ihrer Einsatzfähigkeit in den Bereichen Produktplanung/Marketing, Vertrieb, Entwicklung/Konstruktion, Arbeitsvorbereitung, Materialwirtschaft und Fertigung/Montage bewertet, wobei Mehrfachnennungen möglich sind. Weiterhin ist der Umsetzungszeithorizont angegeben, der erkennen läßt, ob die Umsetzung kurz-, mittel- oder langfristig durchzuführen ist. Unter „Verweis" findet der Benutzer dann ausführliche Dokumente zu der jeweiligen Methode, die lokal oder im Netzwerk gespeichert sein können.

Zur gezielten Suche nach Problemlösungen sind zwei Möglichkeiten gegeben (**Bild 5.3-6**). Zunächst kann aus der Liste aller verfügbaren Ziele eines oder mehrere ausgewählt werden. Im Ergebnis werden diejenigen Einträge angezeigt, die alle

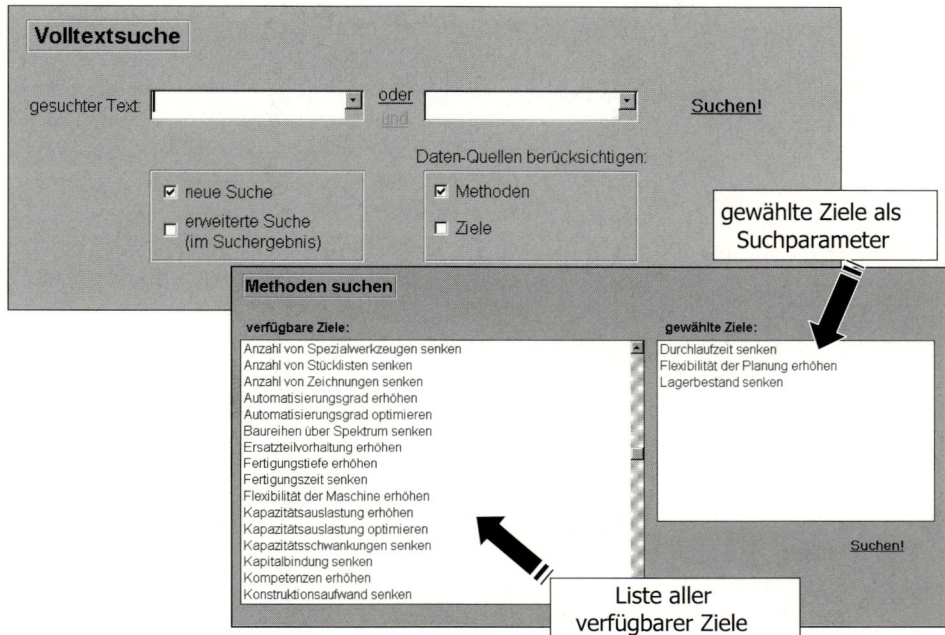

Bild 5.3-6: Suchmöglichkeiten in der Methodenbank

gewählten Ziele verfolgen (UND-Verknüpfung). Durch erneutes Aufrufen der Suche können weitere Suchparameter hinzugefügt werden, um die Ergebnismenge weiter einzugrenzen.

Als zweite Möglichkeit kann über eine Volltextsuche ein beliebiger Text gesucht werden. Hierbei besteht ebenfalls die Möglichkeit, mehrfach zu suchen, um Suchergebnisse einzuschränken.

5.3.3.3 Methoden hinzufügen

Beim Einfügen neuer Methoden erhält der Benutzer das leere Übersichtsformular und kann durch Freitexteingabe und Auswahlmenüs alle notwendigen Eingaben zur neuen Methode vornehmen.

Bei Eingabe der Ziele, die eine gesuchte Methode positiv beeinflussen soll, werden die Parameter mitsamt der jeweils zugehörigen Optimierungsrichtung zur Auswahl angezeigt. In **Bild 5.3-7** ist ein Ausschnitt der Liste mit allen auswählbaren Zielen inklusive verbaler Beschreibung der Optimierungsrichtung dargestellt: z.B. „Fertigungszeit senken, Flexibilität der Maschine erhöhen" usw.

Zusätzlich werden die in der Beziehungsmatrix hinterlegten Zielkonflikte als potentielle unerwünschte Auswirkungen angezeigt, um den Nutzer auf mögliche negative Auswirkungen bei der Anwendung der Methode hinzuweisen. Im Beispiel

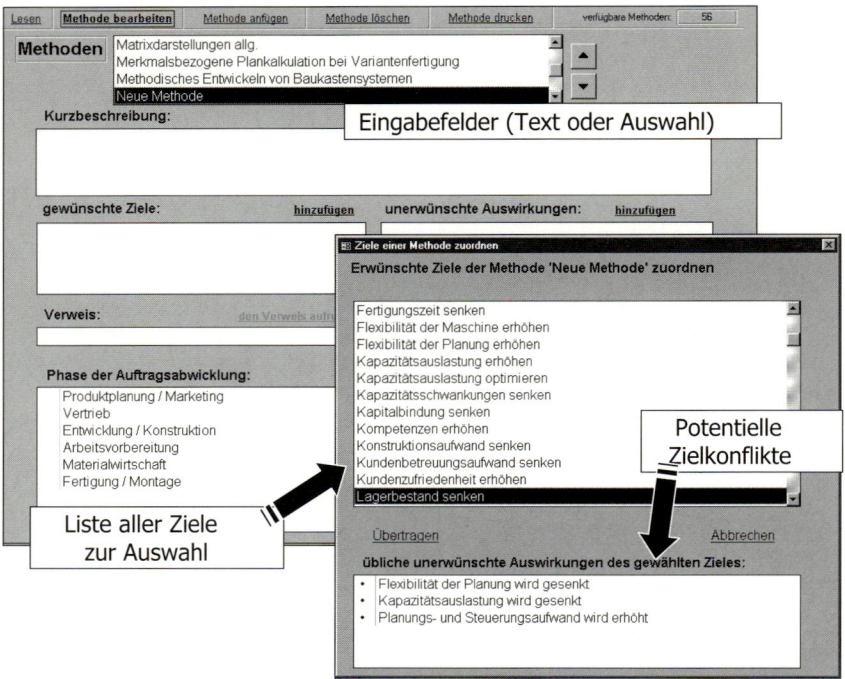

Bild 5.3-7: Vorgehen beim Hinzufügen von Methoden

(**Bild 5.3-7**) sind zum Ziel „Lagerbestand senken" die unerwünschten Auswirkungen abgebildet: „Flexibilität der Planung wird gesenkt, Kapazitätsauslastung wird gesenkt und Planungs- und Steuerungsaufwand wird erhöht".

Die Informationen über diese aufgezeigten unerwünschten Auswirkungen können dann entweder direkt in den Datensatz der neuen Methode übernommen oder zuvor editiert werden, falls sie in einem speziellen Fall geändert werden müssen.

Sämtliche weitere Angaben und Klassifikationen, die den Methoden zugeordnet werden, sind ebenfalls editierbar, so daß eine Anpassung an spezielle Bedürfnisse der verschiedenen Benutzer leicht möglich ist. Die Programmierung mit VBA gestattet die Erstellung einer optimierten Benutzungsoberfläche, die alle Funktionen direkt zugänglich macht, ohne daß erweiterte Kenntnisse in MS Access nötig sind.

5.3.4   Abschließende Betrachtung der Optimierungspotentiale

Mit den hier vorgestellten Software-Prototypen wurde gezeigt, daß mit verhältnismäßig einfachen Werkzeugen, wie sie Datenbanken aus dem Bereich der gängigen Office-Anwendungen darstellen, eine methodische Umsetzung von Tätigkeiten und Aktivitäten des Variantenmanagements generell möglich ist.

Im Vordergrund der Entwicklung der beiden vorgestellten Software-Prototypen stand das methodische Vorgehen bei der Ermittlung und Selektion geeigneter Methoden zur Variantenreduzierung bzw. -beherrschung unter Berücksichtigung problemspezifischer Ziele und Restriktionen.

Ein Vorteil der Beschränkung auf die vorhandene Basis von Office-Anwendungen besteht in dem geringen Aufwand für die Implementierung, sowie der Wartung und Pflege der Programme sowie der hohen Verfügbarkeit.

Das Optimierungspotential der Software liegt bei diesem Ansatz in der Vernetzung der einzelnen Anwendungen untereinander. Die bisher noch als Stand-alone-Datenbankmodule konzipierten Anwendungen für das Strategietool und Methodenauswahlsystem mit den einzelnen, voneinander unabhängigen Datensätzen für Randbedingungen und Ziele, z.B. bei der Methodenauswahl, können zentral verwaltet werden. Damit kann ein zentraler Zugriff auf das erarbeitete Know-how über die einzelnen Datenbankmodule erfolgen. Der Vorteil einer zentralen Erfassung liegt auch in der damit bestehenden Möglichkeit einer Vereinfachung der methodischen Aufbereitung für die unterschiedlichen Anwendungsbereiche und dem reduzierten Pflegeaufwand sowie einer durchgängigen Datenkonsistenz.

6 Variantenmanagement im Sondermaschinenbau

Christian Decker

6.1 Das Unternehmen

Die Firma Klöckner DESMA beschäftigt 256 Mitarbeiter und erwirtschaftet einen Jahresumsatz von ca. 35 Mio. EURO. Produkte sind Spritzgießmaschinen, Formen, Roboter sowie Automatisierungstechnik für die Schuhindustrie. Aufgrund des Rückgangs der Schuhproduktion in Deutschland konzentriert sich der Umsatz auf den weltweiten Export. **Bild 6.1-1** zeigt eine Maschine für die zweischichtige Direktansohlung von Sohlen aus Polyurethan.

Bild 6.1-1: Beispiel einer Direktansohlmaschine

DESMA hat 1997 SAP R/3 als durchgängiges ERP-System eingeführt. Im Jahr 1999 wurde der Umstieg des CAD System Applicon/Bravo 2D auf das System Unigraphics 3D vorgenommen.

Die Fertigungstiefe wurde in den letzten Jahren zunehmend reduziert und liegt bei etwa 30%. Dies setzt eine intensive Zusammenarbeit mit Lieferanten und Dienstleistern voraus.

6.2 Die wirtschaftliche Ausgangssituation

DESMA hat eine gravierende Entwicklung vom Produzenten- zum Käufer- beziehungsweise Kundenmarkt durchlaufen. Im Gegensatz zur Vergangenheit bestimmt heute der Kunde den Inhalt des Produktes, woraus sich eine zunehmende Variantenvielfalt entwickelt. Allein durch den globalen Vertrieb ergeben sich vertraglich sehr viele Grundvarianten der Produkte aufgrund differierender Sprachen, Netzspannungen, Richtlinien, Abnahmeverfahren und einiger weiterer Eigenschaften.

Die Produkte besitzen eine hohe Lebensdauer (15 bis 30 Jahre), was in einer entsprechenden Vorhaltung von Ersatzteilen resultiert.

Aufgrund wirtschaftlicher Aspekte ist es zweckmäßig, die Produkte nur mit den notwendigen, nicht aber mit den möglichen Funktionen auszustatten. **Bild 6.2-1** soll verdeutlichen, wo die optimalen Bereiche des Leistungsangebotes im Verhältnis zu den dem Kunden nutzenbringenden Leistungen liegen.

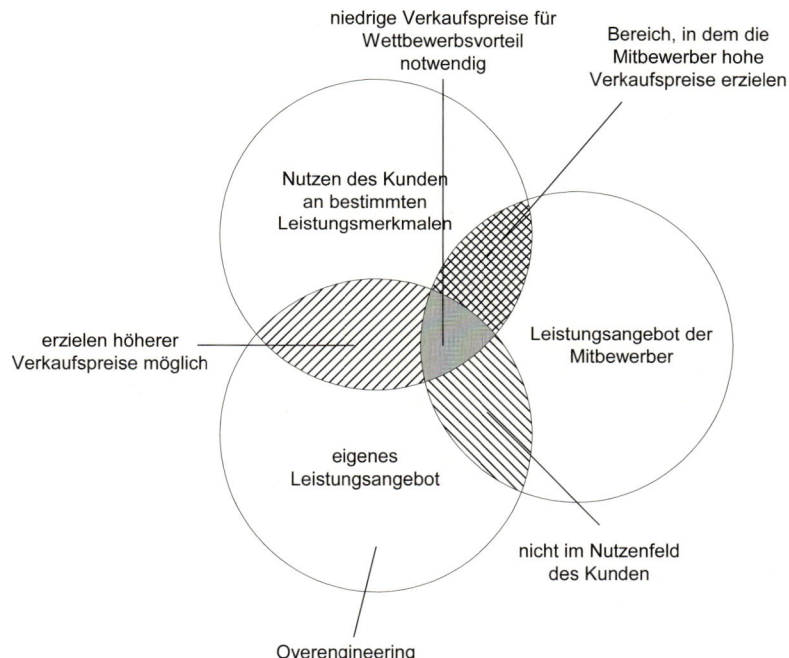

Bild 6.2-1: Mehr Varianten bringen nicht in jedem Fall mehr Kundennutzen

Die „eierlegende Wollmilchsau" ist in wohl keinem Produktbereich eine wirtschaftlich sinnvolle Alternative. Es haben sich aus diesem Grund verschiedene Strategien entwickelt, die einzeln oder in Kombination sinnvolle Ansätze zu wirtschaftlichen Kompromissen darstellen, wie Modularisierung oder Clusterbildung. Interessanterweise bezieht sich die geschilderte Situation nicht nur auf Hardwareprodukte sondern insbesondere auch auf Software. Nur durch den Ansatz, Standardsoftware mit den grundsätzlich notwendigen Funktionen anzubieten, sind Firmen wie Microsoft, Oracle und SAP groß geworden. Auch hier existieren durch vordefinierte Schnittstellen koppelbare Module, wobei gerade bei SAP durch die intensivere Konzentration auf den industriellen Mittelstand vermehrt Bereichslösungen angeboten werden. Der Standard wird also angepaßt und in bestimmten Konfigurationen als „customized Solution" angeboten. Die Einführungszeit für ein solches System reduziert sich dadurch erheblich, setzt aber voraus, daß der Nutzer sich weitgehend an das Produkt anpaßt und nicht umgekehrt. Dies erscheint allerdings nur sinnvoll, da es automatisch zu einem Reengineering der Prozesse im Unternehmen führt und nicht zur Abbildung alter Strukturen in einem System mit neuem Namen und neuer Hardware. Ein solches zyklisches Umdenken in bestimmten Intervallen tut jedem Unternehmen gut, sofern die Einführung professionell durchgeführt wird und das ausgewählte Produkt grundsätzlich zum charakteristischen Profil des Unternehmens paßt.

Auf Hardwareprodukte wie im Fall DESMA bezogen, lassen sich die Betrachtungen über Software nicht direkt übertragen. Vorkonfigurierte Maschinen für bestimmte Kundenmärkte sind bestimmt möglich, bedürfen allerdings einem adäquaten Marketing. Wichtig ist hierbei der Vergleich des eigenen Unternehmens sowie des Wettbewerbs im Verhältnis zu den Kundenanforderungen. Im Bereich der Schuhmaschinen ist es dabei zunehmend sinnvoll, den modebezogenen Markt des Kunden, also den Absatzmarkt des Schuhherstellers, zu betrachten. Beispielsweise werden häufiger neue Materialien vorgestellt, zu denen teilweise keine zweckmäßigen Fertigungsverfahren existieren, folglich Marktlücken vorliegen, die mit neuer Technik wirtschaftlich vorteilhaft und eventuell patentrechtlich abgesichert für das eigene Unternehmen geschlossen werden können. Wichtig sind hierbei Schnelligkeit und Flexibilität, was die Grundattribute kleiner und mittelständischer Unternehmen sein sollten. Die Abdeckung solcher Nischen, aber auch der spezifischen Kundenwünsche, bedarf einer Expansion des Produktspektrums. Vielfach ist die Erfüllung der Anforderungen nur mit Neu- oder Anpassungskonstruktionen möglich. Diese verursachen Entwicklungskosten, welche wiederum nicht direkt diesen Aufträgen zugerechnet werden, da noch weitere Aufträge gleicher Spezifikation erwartet werden. Folgende Aufträge sehen zwar ähnlich aus, besitzen im Detail aber häufig abweichende Eigenschaften, was erneut zur Steigerung des Produktspektrums beiträgt und die kumulierten Entwicklungskosten erhöht.

Es ergibt sich innerhalb kürzester Zeit die Situation, daß keine grundsätzliche Entwicklung mehr möglich ist, da sämtliche Ressourcen belegt sind mit Auftragskonstruktionen. Überstunden häufen sich und das Klima innerhalb der überbelasteten Abteilungen verschlechtert sich zunehmend. Aus diesem Kreis kommt das Unternehmen nur wieder heraus, wenn zufällig aus den Auftragskonstruktionen eine Basisinnovation wird. Dies ist aber nur dann möglich, wenn Neukonstruktionen auf wirtschaftlich geprüften Grundlagen basieren. Ist dies nicht der Fall, werden sich die Eigenschaften der Konstruktionen nur iterativ den vom Markt vorgegebenen Anforderungen nähern, was wiederum Auftragskonstruktionen entspricht. Der Prozeß zum marktorientierten Produkt wird bei dieser Vorgehensweise allerdings erheblich länger dauern und den Wettbewerbern die Gelegenheit der Produktkopie geben, da bei solchem Vorgehen nur selten die Möglichkeit der patentrechtlichen Absicherung besteht. Um schnell Produkte marktreif zu bekommen, bedarf es folglich einer intensiven Recherche der Anforderungen sowie fundierter Definitionen der Eigenschaften der Produkte. Dies bedingt ein marketing- sowie technikbezogenes Innovationsmanagement, welches die Informationen für die internen Fachabteilungen zur Umsetzung der Anforderungen in konkrete Produkte liefert.

6.3   Diskrepanzen zwischen Vertrieb und Konstruktion

Eines der größten Probleme, welches vermutlich nicht nur bei DESMA vorhanden ist, bezieht sich auf die Zusammenarbeit zwischen Vertrieb und der Entwicklung/Konstruktion. Der Vertrieb verkauft aus Sicht der Konstruktion zumeist Produkte, die in dieser Form nicht vorhanden sind. Umgekehrt erfüllen die Konstruktionen funktionell nicht die Anforderungen der Kunden. Somit werden ständig Auftragskonstruktionen durchgeführt, wodurch die Konstruktionsabteilung so sehr belastet ist, daß Lieferzeiten sich erhöhen und die neue Maschine einen Prototypen darstellt, der beim Kunden erst fertigentwickelt werden kann, da während der Entwicklung und Produktion keine ausreichende Möglichkeit bestand, die Maschine durchgängig zu testen. Diese sogenannten „Bananenprodukte" (Produkt reift beim Kunden) binden sehr viele Ressourcen bei Entwicklung, Fertigung und vor allem dem After-Sales-Bereich und dies oftmals auf Gewährleistungskosten. Sofern ein solches Produkt nicht grundlegend Funktionsanforderungen von weiteren Kunden erfüllt, bleibt es bei diesem Unikat und sämtliche entstandene Kosten müßten auf dieses Einzelstück umgelegt werden, was in den seltensten Fällen erfolgt.

Um zu verhindern, daß diese Situation zum Alltagsprozeß wird, existieren verschiedene Methoden. Sinnvoll ist die Vorgehensweise aus zwei Richtungen. Einerseits sollte vom Vertrieb ein entsprechendes Marketing durchgeführt werden, welches die Informationen über die Anforderungen sowie die zukünftige Entwicklung des Marktes liefert. Andererseits sollte von der Konstruktion das vorhandene Produktprogramm in einer dem Kunden vertrauten Form dargestellt werden, was ohne Logik in Listen oder Tabellen erfolgen kann oder aber mit Logik, welche in einem Konfigurationssystem umgesetzt wird.

6.3.1   Verkaufskatalog zur Verminderung der Anzahl exotischer Kundenvarianten

Ein sinnvolles Hilfsmittel zur Reduktion der vom Produktprogrammstandard abweichenden Varianten ist ein Verkaufskatalog. Dieser sollte gemeinsam vom Vertrieb sowie der Entwicklung/Konstruktion erarbeitet werden, wobei beide Parteien die Definition der verkaufbaren Komponenten durchführen sollten. Zusätzlich sollten dem Vertrieb beispielhafte Komplettkonfigurationen gelieferter Anlagen an die Hand gegeben werden, da potentielle Käufer sich von solchen schon installierten Anlagen vor allem mit Daten über deren Wirtschaftlichkeit im Produktionsalltag sehr gut überzeugen lassen. Für das Unternehmen ergibt sich bei Verkauf einer identischen Anlage ein Lerneffekt, der grundsätzlich mit vermindertem Aufwand sowie verminderten Kosten für Vertrieb, Konstruktion, Planung und Disposition sowie Fertigung und After-Sales-Service verbunden ist. Hierdurch ergibt sich direkt die Möglichkeit höherer Deckungsbeiträge.

6.3.2   Konfigurationssystem zur Vertriebsunterstützung

Ein vorhandener Verkaufskatalog kann als Basis für ein Konfigurationssystem dienen. Abhängig von der Komplexität des Produktes ist die rechnerunterstützte Produktkonfiguration eine weitere Möglichkeit der Vertriebsunterstützung, wobei gerade bei komplexen Produkten sowohl die Erstellung eines rechnerunterstützten
Konfigurators sowie die anschließende kontinuierliche Pflege des Systems einen
sehr hohen personellen Aufwand erfordert. Dieser ist abzuwägen mit dem Nutzen,
den ein solches System liefern kann. Vor allem die Vermeidung von unsinnigen
Konfigurationen kann hierdurch frühzeitig abgefangen werden. Es existieren am
Markt einige Anbieter für Konfigurationssysteme, die auf verschiedenen informati-
onstechnischen Plattformen basieren. Vielfach handelt es sich um Datenbanken, in
die die grundlegende Datenstruktur eines Konfigurators bereits integriert ist. Bei
diesen Systemen müssen die spezifischen Produktdaten noch eingebracht werden.
Konkret bezogen auf die Produkte von DESMA wird der Aufwand für den ersten
Aufbau eines solchen Konfigurationssystems auf etwa 20 Personenmonate geschätzt. Anschließend muß die stetige Pflege sowohl aus technischer als auch aus
kaufmännischer Sicht erfolgen. Hierfür wird ein Personalaufwand von etwa einer
halben Vollzeitarbeitskraft geschätzt.

Wichtige Anforderungen an diese Systeme sind aus der Sicht von DESMA einerseits die autarke Konfiguration ohne Anbindung an ein Rechnernetzwerk und zum
zweiten die elektronische Weitergabe der Konfigurationsdaten an das ERP-System.
Das Konfigurationssystem sollte möglichst graphisch unterstützt sein, so daß die
Konfiguration schnell und für alle Seiten verständlich durchgeführt werden kann.
Als Ergebnis muß nach der Konfiguration ein druckbares Angebot erstellt werden
können. Ebenfalls soll die elektronische Weitergabe der Daten an den Vertriebsin-
nendienst sowie das ERP-System möglich sein. Umgekehrt muß auch sichergestellt
werden, daß die aktuellen Informationen des Konfigurationssystems an den Außen-
dienstmitarbeiter geliefert und in seine Datenbank auf einem mobilen Rechner ein-
gespielt werden.

6.4   Die Systemstrukturen bei DESMA

Zu Beginn des Projektes der Einführung des EDM/PDM-Systems war der Grund-
gedanke die Ankopplung sämtlicher datenerzeugender Systeme an ein zentrales
Verwaltungssystem, wodurch der schnelle Zugriff auf möglichst alle Produktdaten
sichergestellt werden sollte. Die zu verwaltenden Daten waren insbesondere Informationen über Produkte, deren Entwicklungshistorie, die sich dahinter verbergende
Vertriebsdatenstruktur sowie sämtliche Daten des After-Sales-Bereiches. In
Bild 6.4-1 ist die für DESMA optimale Datenstruktur schematisch dargestellt.

Zu den grundsätzlichen Richtlinien der Einführung der Systeme gehörte neben
möglichst unangepaßten Standardsystem, daß der Benutzer nur wenige Systeme be-

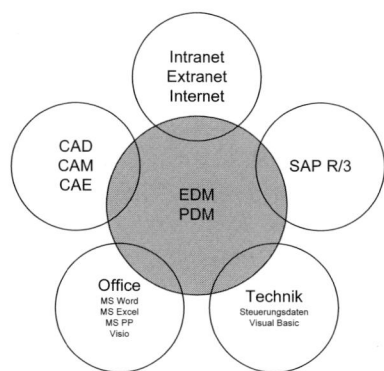

Bild 6.4-1: Die für DESMA optimale Datenstruktur

dienen sollte. Ziel war es, die Funktionen des ERP-Systems für den gesamten Engineering Bereich in das PDM-System zu legen. Voraussetzung hierfür war die Schaffung der notwendigen ERP-Funktionen im PDM sowie des sicheren Datenabgleichs über Workflow-Mechanismen. Dieser Punkt erforderte die größten Aufwendungen des Projektes, da die grundsätzliche Arbeitsweise vom ERP-System erst im PDM abgebildet werden mußte.

6.4.1 Der Informationsfluß

Wie schon erwähnt wurde in der mechanischen Konstruktion bei DESMA ein neues CAD-System eingeführt. Sämtliche Neukonstruktionen werden dreidimensional erstellt, wovon zur Zeit noch zweidimensionale Zeichnungen für die Fertigung sowie Kontrolle abgeleitet werden. Das alte CAD-System wird ausschließlich für geringfügige Anpassungen an vorhandenen zweidimensionalen Konstruktionen verwendet, wobei hierfür nur noch ein Arbeitsplatz zur Verfügung steht. Ebenfalls ist in der Arbeitsvorbereitung und NC-Programmierung ein sehr schneller Umstieg auf das neue System erfolgt. Die Infrastruktur innerhalb der Fertigung hat sich verändert und wird zur Zeit weiter optimiert. Es wurden neue Werkzeugmaschinen installiert, wobei hierfür ebenfalls neue Postprozessoren für das neue CAD-System bezogen wurden. Hierdurch hat sich die Situation ergeben, daß selbst für alte Fertigungsteile Programme für die neuen Maschinen erzeugt werden mußten, da die Maschinen auf denen bisher die Produktion lief, ausgemustert wurden. Auf der einen Seite besteht hierdurch zwar der Zwang, die Programme neu zu erzeugen, auf der anderen Seite liegen anschließend die 3D-Geometrien vor. Zeichnungen für diese Teile werden allerdings erst bei der nächsten Version beziehungsweise Revision erstellt, da die bisherige Zeichnung dem Bearbeitungszustand entspricht. Die Bearbeitung dieser Konstruktionen im 2D-Altsystem wird allerdings gesperrt, so daß diese nur noch im neuen System weiterleben.

Aufgrund der Langlebigkeit sowie Komplexität der Produkte ist die Dokumentation über den gesamten Produktlebenszyklus sehr wichtig. Dabei steht die Datensicherheit sowie die historische Verfolgbarkeit sämtlicher Dokumente und Informationen

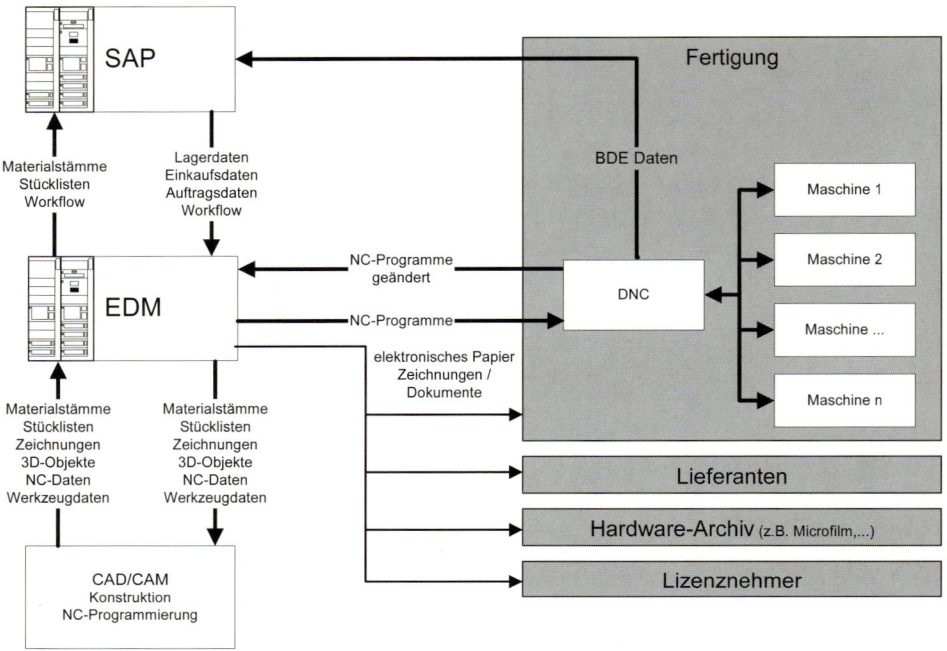

Bild 6.4-2: Struktur der Datensysteme bei DESMA

im Vordergrund. Diese beiden Punkte greifen direkt ineinander. Die Sicherheit der Dokumente wird über Freigabeprozeduren gesteuert. Es findet bei jedem Freigabeprozeß die Überführung eines Objekts von einem Status in einen anderen statt. Jeder Status setzt am Objekt bestimmte Attribute, die es dem Benutzer, abhängig von seiner Berechtigung, erlauben oder verbieten, bestimmte Aktionen mit dem Objekt vorzunehmen. Bei entsprechender Definition der Stati, Attribute sowie Berechtigungen ist es gleichzeitig möglich die Objekthistorie zu verfolgen, sofern ein entsprechender Änderungsdienst mit Versionierung eingerichtet wird.

In **Bild 6.4-2** ist der grundsätzliche Datenfluß zwischen den einzelnen Systemen dargestellt.

6.4.1.1 Übernahme von 2D-Daten in das neue 3D-System

Ein immer wiederkehrender Punkt bei der Systemumstellung ist die Verwendung von Daten aus Altsystemen innerhalb neuer Anwendungen. Diese Anforderung ist nur logisch, da in wohl keinem Fall die Kapazitäten vorhanden sind, sämtliche aktiven Daten innerhalb einer akzeptablen Zeitspanne, manuell in ein neues System zu überführen.

Da bei DESMA bisher ausschließlich zweidimensional gearbeitet wurde und keine komplexen Strukturen im alten System vorlagen, entschied man sich, sämtliche 2D-

Zeichnungsdaten in einem neutralen 2D-Format herauszuschreiben. Hierfür wurden alle Fertigungszeichnungen in separate Dateien geplottet, so daß diese nun ein digitales Zeichnungsarchiv darstellten. Es wurden nicht die originalen 2D-Konstruktionen in ein anderes Format konvertiert, da nicht sichergestellt werden konnte, daß sämtliche notwendigen Daten korrekt übertragen werden. Die Plotdateien stellten den sichersten Weg dar und lassen im Notfall Änderungen mit Standard Vektor-Zeichenprogrammen zu. Ebenfalls existieren kostengünstige Anzeigeprogramme, so daß allen Anwendern das digitale Zeichnungsarchiv auf einfache Weise zugänglich gemacht werden konnte.

6.4.1.2 Norm- und Katalogteile sowie Features

Zusammen mit dem neuen CAD-System wurde ein 3D-Paket mit Normteilen sowie 3D-Features eingeführt, welches die Konstruktionszeit gerade bei Einsatz von Normteilen und Standardgeometrien reduziert. Täglich zunehmend wird 3D-Geometrie von Zulieferteilen in Konstruktionen eingebaut, die entweder direkt vom Hersteller oder über Internetportale bezogen wird. Aufgrund der geringen Fertigungstiefe wird dieser Punkt sehr intensiv betrachtet und birgt große Rationalisierungspotentiale bei reinen Kaufteilen. Bei Bauteilen, die nach DESMA-Vorgaben extern gefertigt werden, existieren Einsparungspotentiale vor allem in der gemeinsamen Entwicklung sowie direkten Verarbeitung der digitalen Daten. Aus diesem Grund ist DESMA auf einen intensiven Datenaustausch mit Lieferanten und Dienstleistern angewiesen.

6.4.1.3 Anlagendokumentation

Einen vielfach unterschätzten Bereich, gerade im Sondermaschinen- und Anlagenbau, stellt die gesamte Dokumentation dar. Zu jedem Auftrag von Maschinen wird bei DESMA eine spezifische Dokumentation in entsprechender Sprache erstellt. Diese besteht aus Ersatzteilkatalog, Betriebsanleitung, Schaltplänen für Hydraulik, Pneumatik und Elektrik, Softwarebeschreibungen sowie weiteren Dokumenten.

Dieser Bereich ist ebenso von der Variantenvielfalt der Produkte geprägt wie die Produktstruktur selbst.

Ersatzteildokumentation

Die Ersatzteildokumentation läuft weitestgehend automatisiert, abhängig von einer Strukturstückliste, die aus dem ERP-System entnommen wird. Die zu den Baugruppen zuzuordnenden Grafiken werden von einem Programm aus einer Dateistruktur zusammengestellt wodurch der komplette Ersatzteilkatalog entsteht. Voraussetzung ist allerdings die vorherige Erstellung der Ersatzteilgrafiken zu den einzelnen Baugruppen, die bei DESMA nach der Erzeugung der Fertigungszeichnung durch den Konstrukteur als Ableitung hiervon erfolgt. Sofern keine Fertigungszeichnung vorliegt werden Digitalphotos angefertigt und mit den zur Stückliste gehörenden Positionsnummern versehen.

Betriebsanleitung

Der größte Aufwand der Dokumentation besteht im Verfassen der Betriebsanleitung, was zur Zeit in Microsoft Word geschieht. Hierfür wurden innerhalb von Word relativ komplexe Makrostrukturen erzeugt, die auf der Basis von Modullisten die Betriebsanleitung zusammenstellen, wobei die Funktionalitäten „Zentral- und Filialdokument" den Kern darstellen. Die Modullisten können als Stücklisten aller Textmodule angesehen werden, aus denen eine Betriebsanleitung sich zusammensetzt. Anfänglich werden alle Betriebsanleitungen in deutscher Sprache verfaßt. Nach den Ergänzungen und Korrekturen durch die Fachabteilungen erfolgt das Layout innerhalb von Word. Anschließend wird durch eine weitere Prozedur ein Modulabgleich in allen vorhanden Sprachen durchgeführt, wobei nicht vorhandene Module in die Dateistrukturen der anderen Sprachen kopiert werden. Nach erfolgtem Abgleich wird die Zielsprache der Betriebsanleitung gewählt, woraufhin wiederum die Modulliste für das Laden der Einzelmodule herangezogen wird, nur daß der Startpunkt diesmal in einem anderen Verzeichnispfad liegt. Da die in der Modulliste aufgeführten Dateien in allen Sprachen den gleichen Namen tragen, kann die Betriebsanleitung in sämtlichen Sprachen neu angelegt werden. Nun fehlen nach dem Laden die Übersetzungen für neu eingebrachte Module. Die gesamte Betriebsanleitung wird dem Übersetzungsbüro gesandt, welches nur die in deutscher Sprache vorliegenden Textabschnitte abarbeitet. DESMA erhält das komplette Word Dokument zurück und spielt es durch eine weitere Prozedur in die Dateistruktur ein.

Der Vorteil dieser Arbeitsweise liegt in den sehr geminderten Übersetzungskosten gegenüber einer Übersetzung einer kompletten Betriebsanleitung. Die vorhandenen Module werden möglichst immer wiederverwendet, wodurch die Wahrscheinlichkeit für nachfolgende Anleitungen steigt, daß viele Module schon in der Zielsprache vorliegen.

In diesem Prozeß wurde standardisiert, um aus einer möglichst geringen Zahl von Modulen ein Maximum an verschiedenen Endprodukten zusammenstellen zu können. Insofern ist es ein gutes Beispiel für ein praxisorientiertes Variantenmanagement.

Zukünftig soll in diesem Bereich die Verwaltung der Module durch die Einführung von Datenbanktechniken erleichtert werden. Es wurde auf dem Markt nach entsprechenden Lösungen gesucht, allerdings konnte bisher keine praktikable Applikation gefunden werden. Es gibt einige Softwareunternehmen, die sich für das Thema interessieren, da es für viele Unternehmen große Einsparungseffekte erwirken könnte, allerdings wäre DESMA der Pilotkunde, der nach bisheriger Erkenntnis auch die Entwicklungskosten zu tragen hätte. Aus diesem Grund wird zur Zeit der Aufwand für eine Eigenentwicklung geprüft.

Fremddokumentation

Einen wesentlichen Punkt innerhalb der Dokumentation stellen die von Zulieferern zur Verfügung gestellten Betriebsanleitungen und Ersatzteilkataloge dar. Das

Handhaben dieser Dokumente bei DESMA ist noch nicht vollständig geklärt, da es hierbei vor allem rechtliche Aspekte zu berücksichtigen gibt. Die Lieferantendokumente dürfen nicht vollständig in die DESMA Dokumentation integriert werden, sie müssen der Maschine aber beigefügt sein. Dies führt dazu, daß sämtliche auch noch so kleinen Dokumente zusammengestellt werden. Jeder Schütz, jedes Relais, jede Schaltuhr, Thermowiderstände, Sensoren, Motoren, Behälter und viele weitere Teile liefern diese Dokumente sowie vielfach noch Prüfbescheinigungen, die auf individuelle Teile bezogen sind. Nach Zusammenstellung dieser Papiere füllen sie etwa einen Umzugskarton, der aufgrund seiner Unübersichtlichkeit kaum eine sinnvolle Dokumentation darstellen kann.

Um hier dem Kunden sowie dem After-Sales-Bereich eine bessere Transparenz des Produktes zu liefern, ist es angedacht, die Dokumente zu digitalisieren und nach dem Beispiel des Ersatzteilkatalogs handzuhaben. Die Dokumente würden in einem digitalen Hauptdokument aufgeführt werden und es wäre möglich, nach dem Beispiel von Internetstrukturen durch die Dokumente hindurch zu navigieren.

Da derzeit keine einheitlich Meinung bezüglich der rechtlichen Voraussetzungen existiert, müssen entsprechende Verträge mit den Lieferanten geschlossen werden. Ebenfalls müssen eventuell weiterhin die Prüfprotokolle mitgeliefert werden, was ergänzend erfolgen würde.

6.5 Optimierung der Produktstruktur

Durch die Optimierung einer bestehenden Produktstruktur sind erhebliche Einspareffekte zu erzielen. Diese teilen sich auf in direkte und indirekte Effekte. Die direkten Effekte können durch die Verwaltung einer geringeren Anzahl von Datensätzen sowie der verminderten Aufwände innerhalb der Logistikkette konkret ermittelt werden als Kosten der Teileverwaltung. Die indirekt eingesparten Kosten ergeben sich zum Beispiel durch eine bessere Auslastung vorhandener Fertigungshilfsmittel und Werkzeugmaschinen oder aber einer einfacheren Dokumentation verbunden mit geringeren Übersetzungskosten.

Für die Optimierung der Produktstruktur sowie Reduktion der Teilevielfalt bietet sich die Anwendung effektiver Methoden, wie beispielsweise der Klassifizierung, an (siehe Kap 3).

6.5.1 Kosten der Teileverwaltung

Die Kosten einer Neukonstruktion gegenüber der Wiederverwendung eines existierenden Teiles sollen hier kurz dargestellt werden. Es entstehen selbst für einfache Teile durch die Neukonstruktion erhebliche Mehrkosten, die etwa beim Fünffachen der Kosten bei Wiederverwendung liegen [rat93]. In **Bild 6.5-1** wird dies beispielhaft verdeutlicht.

Neukonstruktion		Verwendung Gleichteil oder Teil gleicher Funktion	
Konstruktion		**Konstruktion**	
- Zeichnung des Teiles - Erstellung Stückliste	Zeitbedarf : 10-20 Minuten Kosten : < 30 DM	- Suche in Teilekatalogen/dateien - Abstimmung mit Normenstelle	Zeitbedarf : 45-60 Minuten Kosten : ca. 100 DM
Produktion		**Produktion**	

- Neuanfertigung Arbeitsplan
- Neuanfertigung Vorrichtungen
- Einplanung in Produktion
    Materialbereitstellung
    Fertigungsauftrag
	Zeitbedarf :
	Kosten : > 1000 DM
		- Veränderung der Stückzahl
		eines bestehenden
		Produktionsauftrages
			Zeitbedarf :
			Kosten : < 100 DM

Gesamtkosten	**> 1000 DM**	**Gesamtkosten**	**< 200 DM**

Bild 6.5-1: Kostenvergleich Neukonstruktion gegenüber Wiederverwendung [rat93]

Die grundsätzlichen Kosten pro Teil innerhalb der Produktstruktur belaufen sich für die reine Verwaltung von Artikeln auf etwa DM 2400,- pro Jahr ohne die einmaligen Kosten zur Anlage des Teilestammes [cci94]. Dies ergab eine Analyse der Literatur der letzten 20 Jahre. Die Kosten wurden auf heutige Verhältnisse mit einer jährlichen Kostensteigerung von 4% hochgerechnet. **Bild 7.5-2** stellt diese Angaben zusammenfassend dar. Die Firma BMW z.B. hat Kosten in Höhe von DM 600,- für die einmalige Anlage eines Teiles sowie etwa DM 900,- für das Löschen eines Teiles angegeben.

Es ergibt sich aus diesen Daten die logische Folge, die Mehrfachverwendung von sämtlichen Teilen zu forcieren beziehungsweise die Teilevielfalt zu verringern, um die Kosten zu minimieren. Ein erster sinnvoller Schritt hierfür ist die Klassifizierung.

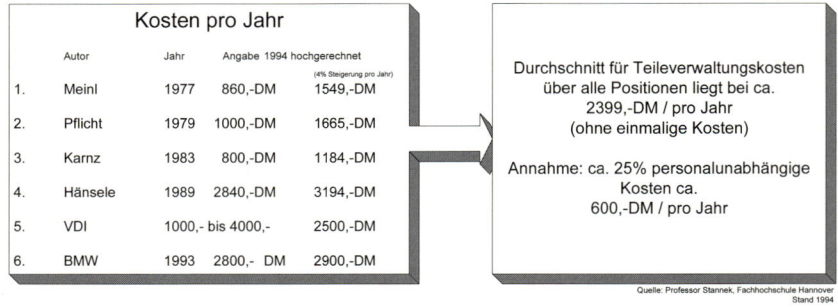

Bild 6.5-2: Kosten für die Artikelverwaltung [cci94]

6.5.2 Klassifizierung

Konkrete Rechnerunterstützung existiert zur Zeit vornehmlich für die Verhinderung der Expansion eines vorhandenen Produktspektrums anhand von Klassifizierung und der damit verbundenen Erhöhung der Suchgeschwindigkeit vorhandener Teile und Baugruppen. Hierbei liegen verschiedene Ansätze den Rechnersystemen zugrunde. Viele Systeme beziehen sich auf das in der DIN 4000 [din4000] festgehaltene System. Allerdings widerspricht dieses System der einheitlichen Logik relationaler Datenbanken. Aus diesem Grund differiert wahrscheinlich auch die Klassifizierung innerhalb von z.B. SAP R/3 von diesem System [sap01]. Im PDM-System CADIM der Firma Eigner&Partner z.B. hat man sich hingegen sehr an der DIN 4000 orientiert [eig01].

Wichtig bei der Klassifizierung ist die Logik des Klassensystemaufbaus. Merkmale sollten eindeutig sein, was einerseits eine entsprechende Abstimmung bei der Merkmalsdefinition fordert, aber andererseits die Daten vereinheitlicht und damit die Benutzerfreundlichkeit erhöht. Die Merkmale werden hierfür bei Verwendung in mehreren Klassen auf einen Nenner gebracht.

Sachmerkmalleisten oder Klassifikationssysteme, die sich wesentlich an der DIN 4000/4001 orientieren, besitzen von der grundlegenden Handhabung ein nicht zu unterschätzendes Problem: die nicht eindeutige Zuordnung von Merkmalen und Kennbuchstaben. Wie in dem **Bild 6.5-3** dargestellt, findet sich schon in den ersten Sachmerkmalleisten der DIN 4000 das Problem der Zweideutigkeit. Das Merkmal Breite wird beispielsweise beim Sonderflachzeug mit dem Kennbuchstaben „B",

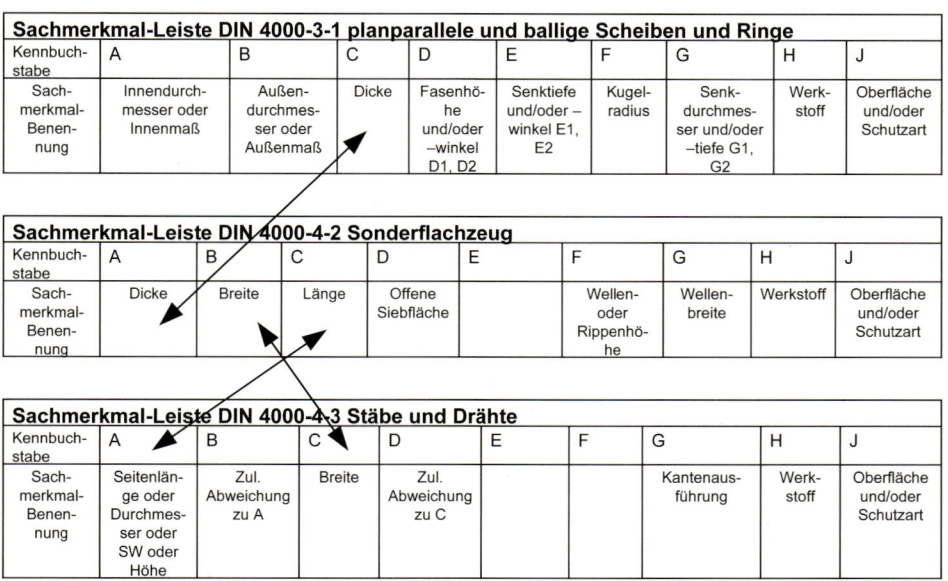

Sachmerkmal-Leiste DIN 4000-3-1 planparallele und ballige Scheiben und Ringe

Kennbuch-stabe	A	B	C	D	E	F	G	H	J
Sach-merkmal-Benen-nung	Innendurch-messer oder Innenmaß	Außen-durchmes-ser oder Außenmaß	Dicke	Fasenhö-he und/oder –winkel D1, D2	Senktiefe und/oder – winkel E1, E2	Kugel-radius	Senk-durchmes-ser und/oder –tiefe G1, G2	Werk-stoff	Oberfläche und/oder Schutzart

Sachmerkmal-Leiste DIN 4000-4-2 Sonderflachzeug

Kennbuch-stabe	A	B	C	D	E	F	G	H	J
Sach-merkmal-Benen-nung	Dicke	Breite	Länge	Offene Siebfläche		Wellen-oder Rippenhö-he	Wellen-breite	Werkstoff	Oberfläche und/oder Schutzart

Sachmerkmal-Leiste DIN 4000-4-3 Stäbe und Drähte

Kennbuch-stabe	A	B	C	D	E	F	G	H	J
Sach-merkmal-Benen-nung	Seitenlän-ge oder Durchmes-ser oder SW oder Höhe	Zul. Abweichung zu A	Breite	Zul. Abweichung zu C			Kantenaus-führung	Werk-stoff	Oberfläche und/oder Schutzart

Bild 6.5-3: Beispiele für Sachmerkmalleisten nach DIN 4000 [din4000]

bei Stäben und Drähten hingegen mit dem Buchstaben „C" kombiniert. Diese Vorgehensweise kann gerade bei Einsatz einer relationalen Datenbank zu Problemen führen und hat als zusätzlichen Effekt die Erschwernis der Anwendung des Sachmerkmalleistensystems für den Benutzer. Die Benutzerfreundlichkeit des Systems steht gerade bei diesen Systemen im Vordergrund, da hiermit die Anwendung des Systems steht oder fällt. Sofern der Benutzer sich mit unverständlichen oder zweideutigen Ausdrücken auseinandersetzen muß, sinkt die Akzeptanz für das System wesentlich ab.

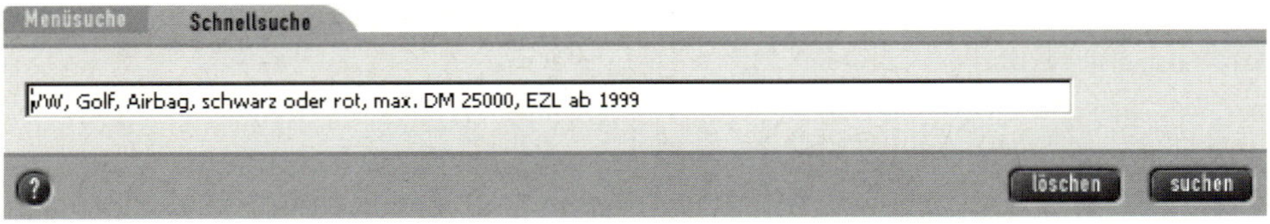

Bild 6.5-4: Beispiel für intelligente Freitextsuche [fai01]

Ein Beispiel für eine sehr benutzerfreundliche Sucheingabe stellt das Suchsystem der Web-Site von z.B. Faircar dar, wie sie in **Bild 6.5-4** dargestellt ist [fai01]. Hier können Angaben in individueller Form als Suchkriterien definiert werden, die intern vom Suchsystem in die entsprechende Syntax umgewandelt werden. Das System verarbeitet in diesem Beispiel die Information „max. DM 25000" und sucht Fahrzeuge zwischen 0 und 25000 DM aus der Datenbank.

Zum Vergleich ist in **Bild 6.5-5** die Darstellung der Ergebnisliste einer Materialsuche innerhalb von SAP R/3 aufgeführt. Ein wesentlicher Nachteil ist die eingeschränkte Sicht auf die Merkmale. Auch heute noch ist der SAP Bildschirm auf eine Darstellung von 640x480 Punkten optimiert. Hierdurch muß der Anwender aufwendig in der Merkmalauflistung spaltenweise weiterblättern um Stück für Stück die Ausprägungen der weiteren Merkmale lesen zu können.

Dieser entscheidende Punkt für die Benutzerfreundlichkeit ist z.B. im PDM-System CADIM wesentlich besser gelöst [eig01]. Dem Anwender wird graphische Unterstützung geboten und die Merkmalübersicht läßt sich schnell und einfach über Schiebebalken bedienen. Zu ersehen ist dies in **Bild 6.5-6**.

Ein wesentlicher Punkt eines Systems, welches Daten direkt für ein CAD-System bereitstellt, ist die vollkommene geometrische Beschreibung der Teile. Dies ist notwendig, um aus einem parametrischen Grundmodell die gewählte Variante zu erzeugen. Allerdings unterscheidet sich diese Beschreibung von den vorher genannten reinen Klassensystemen insofern, daß hier nicht sämtliche geometrischen Informationen interessant sind, sondern zusätzliche Attribute wie Werkstoff beziehungsweise Festigkeit. Für den normalen Anwender ist die Beschreibung, wie sie in

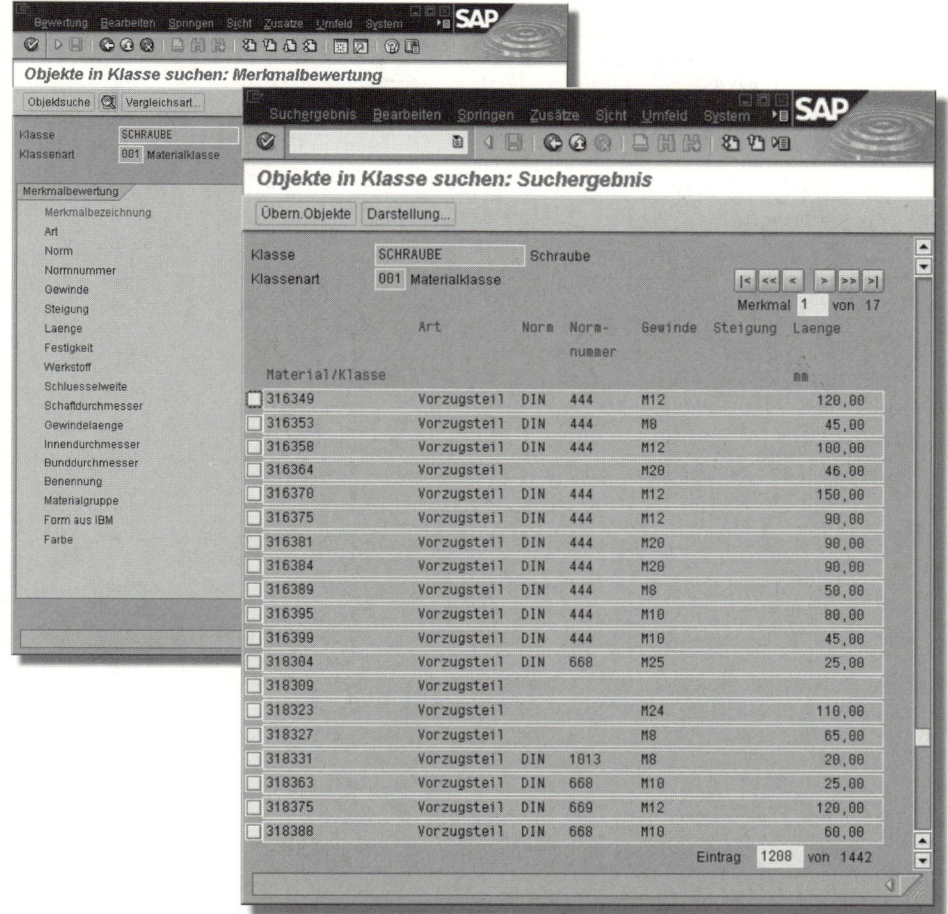

Bild 6.5-5: Klassifizierung innerhalb von SAP R/3 [sap01]

Bild 6.5-7 beispielhaft für das System BCT dargestellt ist, überbestimmt, aber es fehlen weitere Daten. Ebenfalls erfolgt bei diesem System eine zusätzliche Klassifizierung über den Teilenamen, in dem sich bestimmte Attribute wiederholen, die schon in der Klassifizierung dargestellt sind. Viele CAD-Systeme sind heute noch nicht vollkommen durchgängig bezüglich des Konstruktionsprozesses. So fehlt vielfach die Kopplung wichtiger Modellparameter zwischen CAD und PDM. Ein Beispiel hierfür ist die Bestimmung des Werkstoffes von der PDM-Seite, welcher beispielsweise elementar ist bei FEM-Analysen.

6.5.2.1 Klassenarten

Klassenarten werden zur Gliederung der Klassen in übergeordneter Stufe verwendet. Innerhalb von SAP R/3 ist die Unterscheidung der Klassenarten notwendig, da

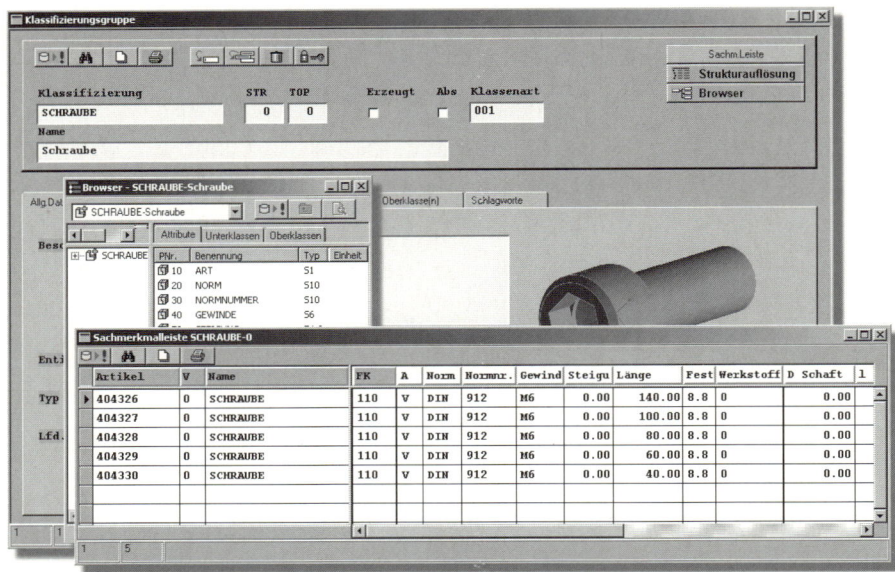

Bild 6.5-6: Klassifizierung innerhalb des PDM Systems CADIM [eig01]

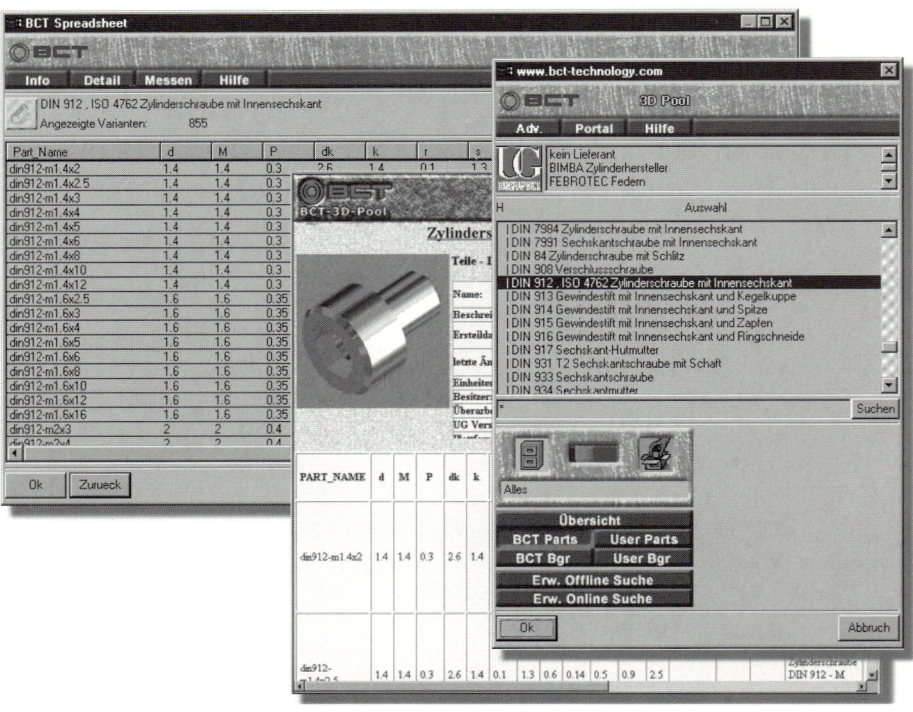

Bild 6.5-7: Normteilsystem BCT für das CAD-System Unigraphics [bct01, ugs01]

verschiedene Objekte innerhalb des Systems klassifiziert werden können. So ist es nicht nur möglich Materialstämme, sondern ebenfalls Lieferanten, Kunden, Arbeitsplätze und weiteres zu klassifizieren.

Die Zahl der Klassen für die Materialstammverwaltung bei DESMA beträgt 150. Die Anzahl der verschiedenen Merkmale liegt bei 290.

Die Klassifizierung der Materialstämme innerhalb von SAP erfolgt bei DESMA in den Klassenarten 001 sowie 200.

In der Klassenart 001 werden alle Teilestämme nach technischen Merkmalen strukturiert. Die Klassenart 200 wird verwendet für die Ordnung von Materialstämmen der obersten Strukturstufen mittels vertriebsorientierter Merkmale.

Der Klassenart 200 werden die Klassen zugeordnet, die für die Konfiguration von Auftragsmaterialstücklisten notwendig sind. Die Materialstämme werden dabei nach verschiedenen Kriterien festgelegt. Beim Aufbau des Systems bestanden zwei Alternativen.

Die erste Alternative sah den Aufbau nach technologischer Gruppierung und der Quelle der Daten vor und ist in **Tabelle 6-5.1** als Beispiel dargestellt. Als Quelle wird die Abteilung beziehungsweise das System verstanden, das die Daten liefert. Der Vorteil dieser Lösung ist die sauber getrennte Abteilungszugehörigkeit der einzelnen Materialstämme. Als Nachteil entsteht dagegen eine hohe Anzahl von Stücklisten.

Klassen	Quelle	Merkmale					
Mech. Ausrüstung	CAD	Art	Einheit	Maschinentyp	Stellenzahl	–	–
Wechselteile Antrieb	CAD	Art	Einheit	Maschinentyp	Stellenzahl	Spannung	Frequenz
Pneu. Ausrüstung	EICAD	Art	Einheit	Maschinentyp	Stellenzahl	–	–
Pneu. Ausrüstung	EICAD	Art	Einheit	Maschinentyp	Stellenzahl	Spannung	Frequenz
Elektr. Ausrüstung	EICAD	Art	Einheit	Maschinentyp	Stellenzahl	–	–
Elektr. Ausrüstung	EICAD	Art	Einheit	Maschinentyp	Stellenzahl	Spannung	Frequenz
Schilder	PDM	Art	Einheit	Maschinentyp	Stellenzahl	Sprache	–
TÜV	PDM	Art	Einheit	Maschinentyp	Stellenzahl	Prüf-verfahren	–

Tabelle 6-5.1: Beispiel für den Maschinenunterbau, 1. Alternative

Beispiele für die verwendeten Merkmalsausprägungen dieses Systems sind nachfolgend aufgeführt:

Art	A (Auslaufteil), V (Vorzugsteil),
Einheit	MUS, RGE,... (Gruppenzuordnung des Materials),
Maschinentyp	Baureihe 611,
Stellenzahl	12/18/24/30 Formenträger,
Spannung	220V,
Frequenz	50Hz,
Sprache	deutsch,
Prüfverfahren	TÜV Deutschland.

Die zweite Alternative richtet sich nach Bezeichnung der Variantentreiber, worunter die Merkmale zu verstehen sind, die die Variantenvielfalt eines Teiles erheblich erhöhen. Der Vorteil dieser Lösung ist eine geringe Anzahl an Listen. Ein entscheidender Nachteil ist die fehlende Zuordnungsmöglichkeit der Gruppen zu bestimmten Abteilungen. Ein Beispiel, das für viele Baugruppen verwendet werden kann, zeigt **Tabelle 6-5.2**.

Klassen	Merkmale					
Standard	Art	Einheit	Maschinentyp	Stellenzahl		
Spannung/Frequenz	Art	Einheit	Maschinentyp	Stellenzahl	Spannung	Frequenz
Sprache	Art	Einheit	Maschinentyp	Stellenzahl	Sprache	
Prüfverfahren	Art	Einheit	Maschinentyp	Stellenzahl	Prüfverfahren	

Tabelle 6-5.2: Beispiel mit Gültigkeit für viele Baugruppen, 2. Alternative

Die Entscheidung bei DESMA fiel für die erste Alternative aus, da zukünftig die Stücklistenerzeugung innerhalb der CAD- und Engineering-Systeme erfolgen soll und die sorgfältige Trennung innerhalb der zweiten Alternative nicht möglich ist. Die Stücklistenanzahl erhöht sich damit etwas, der manuelle Aufwand bezogen auf die Zuordnung der Stücklisten reduziert sich dagegen erheblich.

6.5.2.2 Klassifizierungsstrategien

Es existieren verschiedene Grundstrategien zum Aufbau eines Klassifizierungssystems. Eine Möglichkeit ist es, große Klassen zu bilden wobei jeder Klasse viele Teile zugeordnet sind. Die Anzahl der Merkmale ist dabei höher als bei der zweiten Alternative. Diese Möglichkeit beinhaltet die Ordnung der Teile in viele Klassen mit entsprechend weniger Merkmalen. Bei der dritten Möglichkeit handelt es sich um den Aufbau einer sogenannten Klassenhierarchie wobei die Klassen selbst geordnet werden. Die Zahl der Merkmale entspricht dabei annähernd der der zweiten Alternative. **Bild 6.5-8** verdeutlicht die Unterschiede der Klassifizierungsstrategien.

Innerhalb der Strategie mit wenigen Klassen wird eine Zylinderkopfschraube einer Klasse Schraube zugeordnet, in der sich ebenfalls Sechskant-, Linsenkopf- und andere Schraubentypen befinden und deren Unterscheidung durch ein Merkmal DIN oder Schraubentyp erfolgt. Bei der zweiten Alternative würde jeder Schraube eine eigene Klasse zugewiesen, wobei dann ein Unterscheidungsmerkmal nicht notwendig wäre. Der Aufbau der Klassenhierarchie beinhaltet ergänzend noch eine Gliederung nach Art des Teils. So könnte sich die Zylinderkopfschraube in der vierten Hierarchiestufe befinden unter Klassifizierung-Befestigungselement-Schraube-Zylinderkopfschraube. Dieses vorgehen wirkt sehr logisch, ist allerdings zeitintensiver als das Suchen innerhalb eines eindimensionalen Klassensystems wie der ersten Alternative. Sofern die Schraubenart uninteressant ist und nur eine Schraube mit den Ausprägungen Gewinde M10 und Länge 40mm gesucht wird, ist die erste Möglichkeit den beiden anderen Methoden überlegen und wird als Ergebnis alle Schraubentypen mit den entsprechenden Ausprägungen anzeigen.

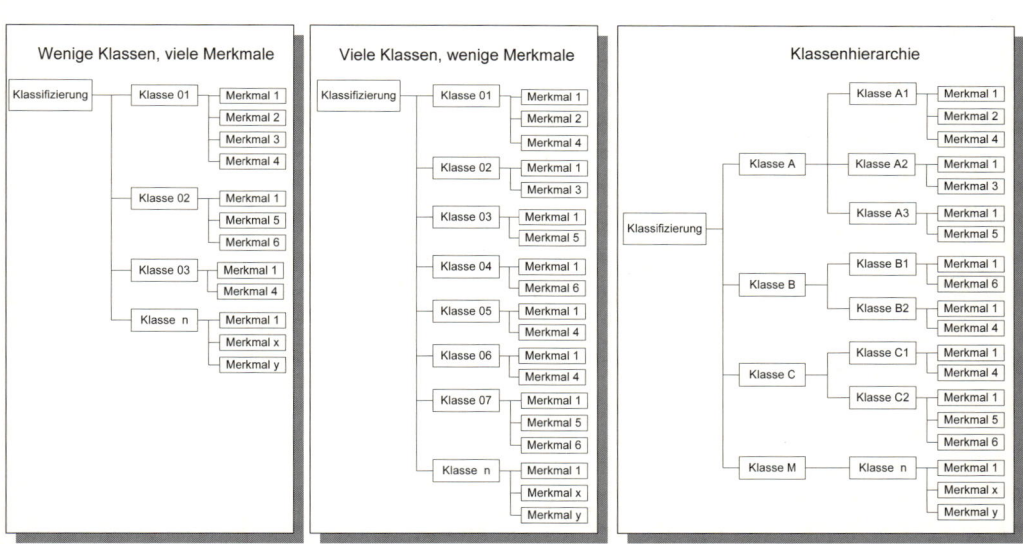

Bild 6.5-8: Klassifizierungsstrategien

Die Ordnung der Teile geschieht bei der allgemeinen Klassifizierung nicht ausschließlich nach funktionellen, sondern vielmehr nach allgemeingültigen Eigenschaften, wodurch die Teile ein breiteres Einsatzspektrum erlangen können. So wird ein Bolzen mit bestimmten Abmessungen nicht einer übergeordneten Klasse Bolzen sondern der Klasse Rotationsteile zugeordnet. Als Gruppe wird somit ein geometrisches Merkmal, nämlich die Geometrie Rotationsteil, verwendet. Dieses Merkmal ist so allgemeingültig, daß in der Gruppe neben dem Bolzen beispielsweise auch Rohre, Stifte, Stangen, Rundstäbe, Achsen, Rundwellen und andere Drehteile zu finden sind. Wird ein Teil mit der geometrischen Ausprägung eines Rotationsteils gesucht, kann es in der genannten Klasse gefunden werden, sofern es existiert.

In Ordnungssystemen, die sich auf die Benennung oder die Funktion beziehen, werden die entsprechenden Teile nicht gefunden und ein neuer Teilestamm würde erzeugt werden, obwohl das Teil in der gewünschten Form im Unternehmen existiert. Ein Beispiel ist der schon erwähnte Bolzen, ein rundes Bauteil von 50mm Länge und einem Durchmesser von 8mm mit gefasten Enden. Sofern dieses Bauteil funktionsbezogen abgelegt wird, gibt es die Möglichkeiten als Bolzen, Stift, Zentrierung, Distanzstück, Achse, Welle, Anschlag und vielen weiteren. Wird ein Bauteil mit dieser Geometrie gesucht, benötigt der Vorgang entsprechend viel Zeit. Der einfachere Weg ist also die Neukonstruktion, da sie auf heutigen CAD-Systemen mit den vorhandenen Symbolbibliotheken gerade mal fünf Minuten, die Suche nach einem eventuell vorhandenen Teil dagegen ca. 10 bis 15 Minuten in Anspruch nehmen würde. Der vom Konstrukteur gewählte Weg wird hierdurch verständlich. Das Verhältnis der Zeitaufwände muß folglich aneinander angepaßt werden, um Doppel- oder Mehrfachverschlüsselungen zu vermeiden.

6.5.3   Änderungswesen

Ein wesentlicher Faktor für die Variantenentstehung ist das Änderungswesen. Grundsätzlich sollte jede Konstruktionsabteilung bestrebt sein, Variantenbildung zu vermeiden. Dies ist aber gerade bei Teilen in tieferen Strukturstufen vielfach mit erheblichem Aufwand verbunden, da sich zum Beispiel Brennteile geometrisch nach der Struktur der Baugruppe richten, in der sie verbaut werden. Soll nun ein Brennteil mehrfach verwendet werden und ist es hierzu notwendig seine Geometrie nur geringfügig zu ändern, muß dies in Abstimmung mit allen Baugruppen getan werden, in denen das Teil vorkommt. Diese Vorgehensweise ist grundsätzlich logisch aber in modernen CAD-Systemen wird die Geometrie der Rohteile der Strukturstufen darunter vielfach abgeleitet von der Geometrie der oberen Baugruppen. Dies hat zur Folge, daß bezogen auf das Brennteil die Baugruppe geändert werden muß, von der dieses Teil abgeleitet wurde und nicht wie bei unabhängigen Einzelteilen in der direkten CAD-Datei, die zu diesem Teil gehört.

Diese relativ komplizierte Arbeitsweise führt vielfach dazu, daß Konstrukteure Neuteile erzeugen, da es offensichtlich weniger zeitaufwendig erscheint. Hierdurch erhöht sich allerdings wieder die Variantenvielfalt, ausgehend von den untersten Strukturstufen.

6.6   Anlagenkonfiguration mit Hilfe des Klassensystems

Bei DESMA ist es angedacht, die Konfiguration kompletter Anlagen mit Hilfe des Klassensystems durchzuführen. Als Basis muß eine Optimierung des Produktspektrums durchgeführt werden, was wiederum zu einem geringeren Aufwand der Kalkulation sowie der Fertigungssteuerung führt.

6.6.1 Aufbau

Die zukünftige Struktur einer Anlage basiert auf einer Maximalstückliste, die, wie die Bezeichnung schon sagt, die maximale Ausprägung dieser Strukturstufe enthält. Die Stückliste wird kopiert und stellt nach ihrer Konfiguration den Fertigungsauftrag (Materialart FERT) dar. Die Einheiten als zweithöchste Strukturstufe werden als sogenannte spezifische Auftragsmaterialien (Materialart AMAT) definiert und ebenso wie ein FERT generiert. Der Aufbau der darunterliegenden Ebenen ist abhängig von der Feinstruktur des Ablaufes, der nachfolgend erläutert wird. Grundsätzlich wird davon abgesehen, eine AMAT-Hierarchie aufzubauen. Somit enthält ein AMAT niemals ein AMAT.

Innerhalb von SAP-Stücklisten existieren verschiedene Arten von Positionsbezeichnungen, welche innerhalb der unternehmensspezifischen Systemanpassung definiert werden [sap01]. Die bei DESMA in Abstimmung mit dem Ablauf festgelegten Positionstypen sind in **Tabelle 6-5.3** aufgeführt.

Kürzel	Bezeichnung	Erläuterung
T	Textposition	als Überschriften oder zur Erläuterung
L	Lagerposition	zum direkten Eintrag von Materialnummern
R	Rohmaßposition	zum direkten Eintrag von Materialnummern
X	Platzhalterposition	muß durch Materialnummer ersetzt werden

Tabelle 6.5-3: Positionstypen innerhalb von SAP [sap01]

In den Maximalstücklisten werden die Stücklistenpositionen mit dem Positionstyp „X" eingetragen. X entspricht in diesem Fall einer Textposition als Platzhalter für eine konkrete Materialnummer. Die Suche über die Strukturstückliste nach allen X-Positionen kann jederzeit durchgeführt werden. Hierdurch ist es möglich, jede noch nicht konfigurierte X-Position innerhalb eines Auftrages herauszufinden. Ein komplett ausgelöster und freigegebener Auftrag, darf keine X-Positionen enthalten.

Die Vorgehensweise zur Erstellung von Fertigungsaufträgen und Auftragsmaterialien mit enthaltenen Komponenten wird durch die Klassifizierung unterstützt. Die Komponenten werden innerhalb einer bestimmten Klassenart klassifiziert, wobei die Klassenbezeichnung der Komponentenbenennung der X-Position entspricht. Hierdurch ist die eindeutige Zuordnung möglich.

Zusätzlich zur Klassifizierung der Komponenten werden die AMAT klassifiziert in der Klasse mit der Bezeichnung des AMAT. Das heißt, zum „STA" muß eine Klasse STA angelegt werden, der sämtliche konfigurierte STA mit der Materialart AMAT zugeordnet werden. Der Vorteil besteht in der dann bestehenden Suchmöglichkeit schon einmal konfigurierter AMAT. Das für Kunde A konfigurierte „SLE" kann ebenfalls für Kunde B genommen werden, sofern die Ausprägungen der

Merkmale identisch sind. Es ist allerdings notwendig, eine neue Einheit SLE als AMAT über die Kopie der Vorlage anzulegen, da die direkte Verwendung von Einheiten für andere Aufträge Risiken, beispielsweise bei Änderungen von Komponenten, mit sich bringen kann.

Für die Vorplanung von sogenannten Langläuferteilen mit hohen Fertigungs- beziehungsweise Lieferzeiten ist eine spezielle Lösung notwendig. Bei DESMA werden diese Teile zur Zeit auf der Basis der Jahresvorplanung neutral disponiert, was sich bewährt hat. Daher wird die Generierung des Fertigungsauftrages innerhalb der Disposition als sinnvoll erachtet, welche anschließend die entsprechenden Teile in den Auftrag an definierte Positionen stellt und die Stückliste eingeschränkt freigibt.

Voraussetzung für den fehlerfreien Ablauf ist, daß in die Maximalstücklisten keine L- Positionen eingetragen wurden, da ansonsten Verwechslungen mit den Langläuferteilen auftreten können und sofort nach Erstellung des Fertigungsauftrages eine Disposition auf die L-Positionen durchgeführt werden würde. Da der Fertigungsauftrag ohne konkreten Kundenauftrag angelegt wird, wäre die Disposition fehlerhaft.

6.6.2 Konfiguration

Auf der Basis der bisher beschriebenen Aspekte wurde der Ablauf der Konfiguration des Fertigungsauftrages in Verbindung mit der Struktur festgehalten. Das Ergebnis ist in **Bild 6.5-9** dargestellt.

Zu einem konkreten Auftrag wird ein neues Material mit der Materialart FERT angelegt. Dem Material wird vom Bearbeiter eine Nummer nach bisher verwendetem DESMA-Schlüssel zugewiesen. Die Auftragsstückliste wird aus einer Maximalstückliste eines Maschinentyps über die Vorlagenkopie erzeugt. Um einen konkreten Auftrag zu erstellen werden die entsprechenden Positionen markiert und in das FERT kopiert. In die neue Stückliste werden die AMAT der Einheiten beziehungsweise Baugruppen eingetragen, das heißt, die X-Positionen werden durch die vorher konfigurierten AMAT ersetzt.

Die sich hieraus ergebende Stücklistenstruktur ist in **Bild 6.5-10** angedeutet.

Für den Stücklistenaufbau werden drei Arten von Positionstypen erlaubt. Die T-Position stellt eine reine Textposition ohne Verknüpfung zu anderen Daten dar. Sie kann für Bemerkungen verwendet werden.

Bei den L- oder Lagerpositionen handelt es sich um konkrete Materialnummern.

In der Maximalliste sind Materialpositionen enthalten, die auftragsbezogen ausgewählt werden müssen, wie zum Beispiel Ablagekasten mit Absaugung oder ohne Absaugung. Diese Materialien können ausgewählt werden, indem die Maximalliste alle wählbaren Materialien zu einer Position enthält und das entsprechende bei Vorlagenkopie markiert wird. Die Positionsnummer ist dabei identisch.

| z.B. | 150 | Ablagekasten mit Absaugung | L | halb |
| | 150 | Ablagekasten ohne Absaugung | L | halb |

Es darf nur eine oder keine Position ausgewählt werden (Wahlposition).

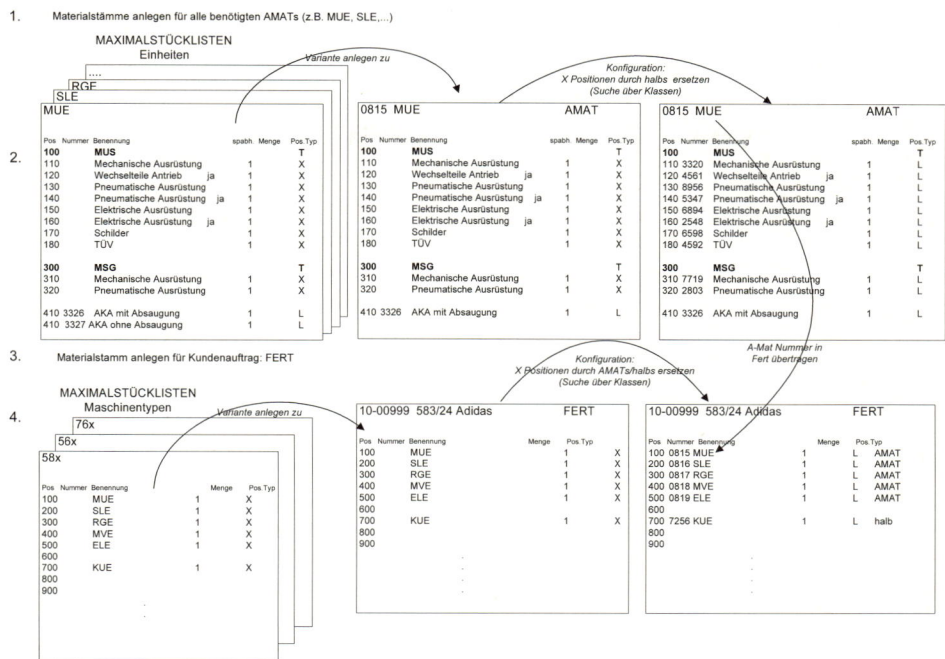

Bild 6.5-9: Aufbau und Ablauf der Konfiguration

Bei optionalen Zusatzausrüstungen werden die Lagerpositionen nacheinander aufgeführt.

z.B.   Pos.   70   Distanzstück 50 mm   L-Position   halb
        Pos.   80   Distanzstück 100 mm   L-Position   halb

Es ist möglich keine, nur eine oder beide Positionen auszuwählen (optionale Position).

Die Platzhalterpositionen, gekennzeichnet mit dem Positionstyp X, müssen bei der Konfiguration durch Materialnummern ersetzt werden (Pflichtpositionen).

Alle konfigurierbaren Stücklistenpositionen werden als X- Positionen in die Maximalstückliste eingetragen. Hierzu gehören beispielsweise die Maschinenunterbaueinheit MUE und Schließeinheit SLE aber auch die in der Strukturstufe darunter befindlichen, wie Maschinenablaufsteuerung MSG, Ablagekasten AKA oder Leistendreher intern LDI. Die X- Positionen im FERT werden durch die vorher konfigurierten AMAT ersetzt. Die X-Positionen im AMAT werden durch konkrete Materialnummern (Materialart halb) ersetzt.

Ebenfalls kann in der Maximalstückliste zum Beispiel eine Position Kühleinheit KUE mit dem Positionstyp X vorhanden sein. Hierdurch ist es eindeutig, daß an dieser Stelle ein Material aus der Klasse KUE ausgewählt werden muß, das heißt,

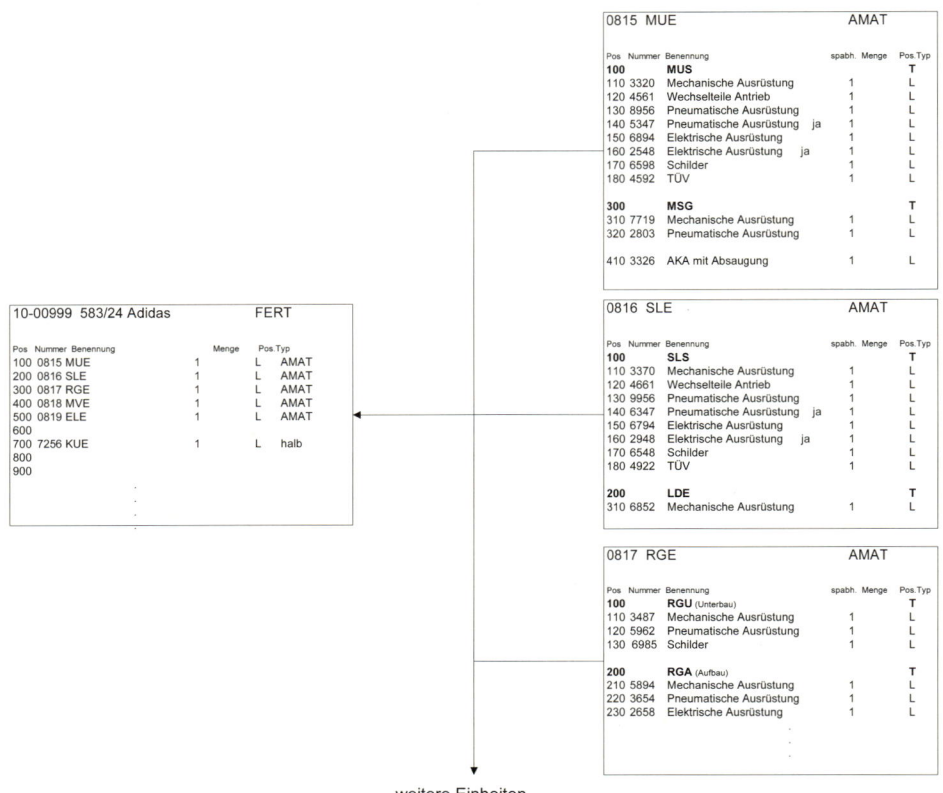

weiter Einheiten

Bild 6.5-10: Die Stücklistenstruktur 1.Stufe - 2.Stufe des Fertigungsauftrages

eine X-Position wird wie im AMAT durch eine Materialnummer mit der Materialart halb ersetzt. Da ein KUE sich aus verschiedenen Materialien mit unterschiedlichen Merkmalen zusammensetzt, muß in diesem Fall für jede Kombination der Materialien eine Stückliste angelegt werden, um ein KUE direkt in der Klasse KUE bestimmen zu können. Alternativ müßte das KUE als AMAT konfiguriert werden.

6.6.3   Die Verknüpfung der Vertriebsdaten mit der Konfiguration der Auftragsstücklisten

Die Übergabe der Vertriebsinformationen geschieht in Papierform. Für die Verknüpfung der Auftragsdaten aus dem Vertrieb mit den entsprechenden Stücklisten innerhalb der Konstruktion müssen die Stammsätze der Vertriebsmaterialien speziell gekennzeichnet werden. Hierfür bietet sich die Verwendung der in den Stücklisten aufgeführten Klassennamen an. In der Benennung der im Auftrag festgehaltenen Positionen kann der entsprechende Klassenname rechtsbündig festgehalten werden. Es ist damit für den Bearbeiter in der Konstruktionsabteilung möglich, die

Stückliste mit den betreffenden Komponenten über die Suche durch die Klasse auszufüllen.

Die zugehörigen Ausprägungen der Merkmale zur Auswahl der Komponenten müssen dafür allerdings in den Auftragspapieren festgehalten sein. Ein sinnvolles Instrument ist der Anlagefragebogen, der die notwendigen Daten enthalten soll. Hierzu gehören zum Beispiel die Baureihe, Stellenzahl, Spritzaggregattypen, die spezielle Ausführung der Position, die für die Anlage geltenden Netzspannungswerte, die Sprache sowie das Abnahmeverfahren und weitere. Diese Merkmale können dann für alle Komponenten zur Auswahl dienen. Die Übergabe eines vollständig ausgefüllten Anlagefragebogens sollte Rückfragen der Konstruktion an den Vertrieb überflüssig machen. Insofern stellt sich als zukünftige Aufgabe die Erstellung eines Fragebogens mit der Beantwortung aller notwendigen Merkmale.

6.7 Fazit

Die Notwendigkeit der Reduktion bestehender Produktstrukturen im Zusammenhang mit einem effektiven Wirtschaften besteht generell bei vielen Unternehmen. Allerdings existieren bei der Umsetzung im Alltag Probleme, die erst verzögert zum Vorscheinen kommen. Grundsätzlich muß unterschieden werden zwischen einer Ausgangsbasis mit bestehenden Strukturen sowie einer neu zu generierenden Struktur, die strategisch vorgeplant werden kann. Bei DESMA liegt der erste Fall vor, was vornehmlich auf die langfristige Ersatzteilsicherung zurückzuführen ist, die dazu zwingt, bestimmte Baugruppen über viele Jahre weiterlaufen zu lassen, um sie kurzfristig liefern zu können.

Die in der Automobilindustrie bekannt gewordene Plattformstrategie gehört bei Sondermaschinenbauern seit viel längerer Zeit zur alltäglichen Methode, Kosten einzusparen, Lieferzeiten zu verkürzen und hierdurch langfristige Existenzsicherung zu betreiben. Die Anwendung eines effektiven Variantenmanagements mit der Unterstützung durch entsprechende Methoden und Werkzeuge verstärkt die Effekte in erheblichem Maße. Allerdings arbeiten diese Werkzeuge nur so gut, wie sie im Alltag angewandt und die darin enthaltenen Daten gepflegt werden. Die Einführung beispielsweise eines Klassensystems ist noch keine Garantie dafür, daß die Produktstrukturen reduziert und somit Kosten gespart werden. Die Anwendung dieser Systeme muß einfach und übersichtlich sein, ansonsten verursacht sie zusätzliche Kosten, ohne einen Nutzen zu bringen.

Der Einsatz eines Konfigurationssystems mit der Integration von Beziehungswissen zwischen den zu konfigurierenden Objekten ist bei DESMA bisher aufgrund des sehr hoch eingeschätzten Implementierungsaufwands noch nicht erfolgt. Dies wird aber mit der Einführung eines neuen Releasestandes des ERP-Systems erneut geprüft.

7 Baureihen-/Baukastensystem für Prozeßanlagen der Getränkeindustrie

Manfred Mette

7.1 Vorwort

Intention des Verbundprojektes „Methoden und Werkzeuge zur Kostenreduktion variantenreicher Produktspektren in der Einzel- und Kleinserienfertigung (EVA-PRO)" war es, einen Beitrag zur Variantenbeherrschung und damit zur Senkung der „Komplexitätskosten" zu liefern, die variantenreiche Produkt- und Teilespektren technischer Erzeugnisse in den Bereichen Konstruktion, Produktion, Dokumentation, Vertrieb und Auftragsabwicklung auslösen. Insbesondere in der Einzel- und Kleinserienfertigung stellte sich dabei die Aufgabe, die Variantenentstehung bereits auf der Produktebene auf ein marktakzeptables Maß zu begrenzen. Gleichzeitig sollte eine strategisch langfristige und zukunftsorientierte Planung des Produktspektrums unterstützt werden, durch die sich innovative technische Lösungen bei der permanenten Weiterentwicklung von Produkten und deren Anpassung an unterschiedliche Kundenanforderungen in wechselnde Produktstrukturen einbinden lassen.

7.2 Der Beitrag der METTE Beverage Processing GmbH

Die Zielsetzungen der METTE Beverage Processing GmbH orientierten sich an ihrer spezifischen Unternehmenssituation. Von der Ausrichtung her konzentrieren sich die Aktivitäten des Unternehmens auf reine Dienstleistungen (Entwicklungs- und Konstruktionstätigkeiten, Planung, Vertrieb und Inbetriebnahmen von Prozeßanlagen zur Getränkeherstellung sowie Maschinen zur Getränkeabfüllung in Flaschen oder Dosen). Es werden keine Fertigungsstätten unterhalten; die Produktion von Prozeßanlagen und Füllmaschinen erfolgt bei Kooperationspartnern im In- und Ausland.

Vor diesem Hintergrund kommt der Beherrschung der Variantenvielfalt der angebotenen Produkte im Vorfeld der Produktion der höchste Stellenwert zu. Unternehmensspezifische Kosten bei Prozeßanlagen lassen sich nur durch eine hohe Verfügbarkeit (Vorhalten) potentiell vom Markt geforderter („vorgedachter") Systemkonfigurationen und deren vorbereiteter Dokumentation beeinflussen. Wobei ein schnelles Reagieren auf Angebotsanfragen und eine zügige Auftragsbearbeitung zwingende Notwendigkeiten für eine erfolgreiche Auftragsakquisition sind. Diese Aspekte waren bei allen Maßnahmen zur Kostenreduktion variantenreicher Produkte zusätzlich zu beachten. Beherrschung der Variantenvielfalt der vertriebenen Erzeugnisse heißt auch Bereitstellung verkaufsunterstützender Werkzeuge für den Vertrieb (Vertriebs-Software) sowie für die Auftragsabwicklung.

Ein Mittel zur Beeinflussung der Gesamtheit aller Kosten variantenreicher Produkte stellt u.a. die möglichst weitgehende Standardisierung von Maschinen- bzw. Anlagenkonfigurationen und deren Komponenten sowie die Festlegung von Baureihen-/ Baukastensystemen dar. Im Rahmen des Verbundprojekts EVAPRO sollte dieses Instrumentarium an einem Beispiel aus der Praxis angewandt werden. Das ausgewählte Objekt: Prozeßanlagen zur Herstellung von alkoholfreien Erfrischungsgetränken (AFG), entwickelt von der METTE Beverage Processing GmbH.

7.3 Allgemeine und konkrete Zielsetzungen, Erwartungen

Eine sinnvolle Standardisierung technischer Erzeugnisse ist im Hinblick auf eine langfristig angelegte Produktstrategie anzugehen. Die allgemeinen Zielsetzungen sahen daher die Entwicklung eines zukunftsorientierten Baukastensystems für Prozeßanlagen, bestehend aus Reaktoren, Pumpen, Rahmen, Verrohrungen, Ventilen, Meßeinrichtungen und Steuerungen zur wahlweisen Konfigurierung verfahrenstechnischer Systeme nach Kundenspezifikationen vor. Und dies unter der Nebenbedingung, kurze Lieferzeiten der Anlagen zu sichern (Wettbewerbsvorteil).

Konkret verfolgte die Realisierung eines Baukastensystems das Ziel, durch Bereitstellung der gesamten Produktpalette anzubietender Anlagenvarianten gegenüber einer im wesentlichen auftragsbezogenen Projektabwicklung eine Reihe positiver Synergieeffekte zu erreichen. Im einzelnen:

- Minimierung des Konstruktions- und Dokumentationsaufwandes. Geschätzte Kosteneinsparungen: über 50%,
- Senkung der variablen Herstellkosten der Anlagen durch Wiederholteilverwendung (komplette Baugruppen wie Reaktoren, Pumpen und Einzelteile). Kosteneinsparungspotential: 5 bis 10%,
- Kostenreduzierung (geringe Kapitalbindung) bei der Lagerhaltung von Ersatzteilen, die auch bei fehlender Eigenproduktion unumgänglich ist.

Ferner sind nicht spezifizierbare Vorteile der Standardisierung für das Angebotswesen, die Auftragsakquisition und die Lieferbereitschaft zu erwarten. Diese lassen sich jedoch nicht in „Geld" bewerten. Obwohl hier die größten Effekte zu vermuten sind. Ein eventuell verlorener Auftrag infolge zu langer Bearbeitungszeiten bis zur Angebotsabgabe oder nicht akzeptierter Lieferzeiten ist in Kosten nicht mehr zu erfassen und als „Schaden" einzustufen.

Zusammengefaßt:

> **Aus einer konsequenten Standardisierung der Prozeßanlagen ist nicht nur eine signifikante *Reduzierung der produktbezogenen „Komplexitätskosten"* zu erwarten, sondern infolge einer höheren Flexibilität beim Agieren am Markt insgesamt eine Verbesserung der *Wettbewerbssituation* des Unternehmens.**

7.4   Die Varianz der Systeme

Die Varianz von Prozeßanlagen für die Herstellung alkoholfreier Erfrischungsgetränke leitet sich aus wenigen verfahrenstechnischen Grundfunktionen ab, die in unterschiedlichen Kombinationen, abhängig vom zu erzeugenden Getränk, spezifischen Kundenanforderungen an dessen Qualität und teils vorgegeben Technologie-
details die Anzahl denkbarer Anlagenkonfigurationen festschreiben.

Zu berücksichtigende verfahrenstechnische Teilprozesse sind (**Bild 7.4-1**):

- Entgasen („Entlüften") von Flüssigkeiten, primär zur Begrenzung des in ihnen
  physikalisch gelösten Sauerstoffanteils,
- Gemischbildung: Dosieren von Wasser und Getränkegrundstoffen in wählbaren
  Mischungsverhältnissen nach Rezepturvorgaben,
- Homogenisieren des Gemisches,
- Versetzen des Getränks mit Kohlendioxid (Karbonisieren).

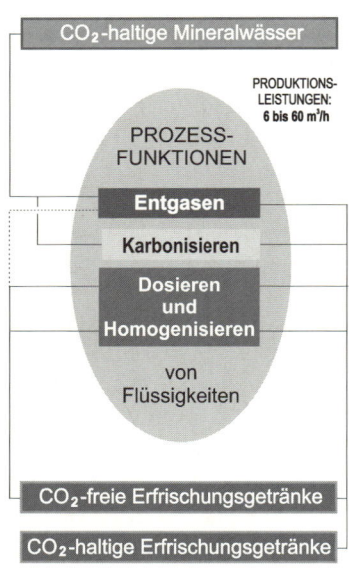

Bild 7.4-1: Herstellung alkoholfreier Erfrischungsgetränke –
             Prozeßfunktionen

Für die Gemischaufbereitung kommen zum Einsatz (**Bild 7.4-2**):

- Zwei-Komponenten-Systeme (Dosieren von Getränkewasser und Fertigsirup) in
  3- oder 2-Reaktorausführung (Low-cost-Versionen),
- Mehr-Komponenten-Anlagen (Online-Dosierung aller flüssigen Getränkeinhalts-
  stoffe).

Die relevanten Produktionsleistung liegen zwischen **6 und 60 m^3/h**.

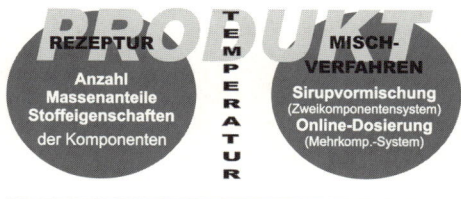

Bild 7.4-2: Prozeßanlagen – Produkteinfluß-
größen und Systemkomponenten

Aus den mechanischen Komponenten wie Tanks, Rahmen, Armaturen usw. ist die Anlagenhardware für die Realisation der technologischen Prozesse bei der Getränkeherstellung zu konfigurieren. Diese Aufgabe macht jedoch nur etwa 50 bis 70% des Gesamtaufwandes zur Erstellung eines funktionsfähigen Systems aus. Mit zunehmendem Automatisierungsgrad steigt der Softwareanteil auf 30 bis 50%. Insbesondere für Mehrkomponenten-Anlagen, die als flexible Lösungen im Zuge einer wachsenden Getränkevielfalt immer mehr an Bedeutung gewinnen, sind integrale Softwarebausteine unabdingbar.

7.5   Die Ausgangssituation

Die Situation für die Standardisierungsmaßnahmen stellte sich bei Projektbeginn wie folgt dar:

Die verfahrenstechnische Konzeption eines 3-Reaktorsystems für die Herstellung von Getränken aus Wasser und Fertigsirup (Zweikomponenten-Dosierung, die bei der Produktion von Mineralwasser entfällt) lag vor. Ferner existierten die Konfiguration sowie die konstruktive Ausführung einer praxiserprobten Anlage für eine Produktionsleistung (Ausbringung) von 6 m³/h (**Bild 7.5-1**).

Die Maxime:
Grundsätzliche Prozeßabläufe sollten für zukünftige Versionen von Entgasungs-, Misch- und Karbonisiersysteme nicht in Frage gestellt werden. Sofern diese Forderung mit der Aufgabenstellung in Einklang zu bringen war (Verträglichkeitsbedingung).

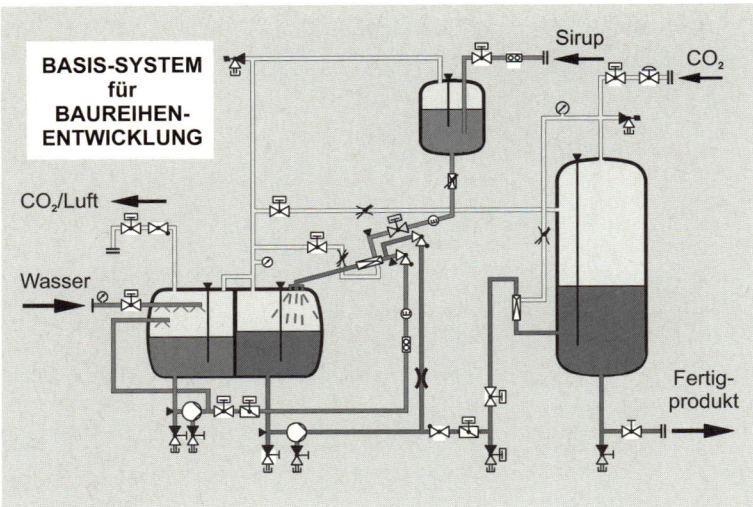

Bild 7.5-1: Prozeßanlage MPS PREMIX SDI2-06 – 3-Reaktor-Entgasungs-, Misch- und Karbonisieranlage zur kontinuierlichen Herstellung CO2-haltiger Mineralwässer oder Getränken
aus Wasser, Fertigsirup und Kohlendioxid für eine Produktionsleistung von 6 (m^3 FG)/h

Auf technologische Details ist an dieser Stelle daher nur insoweit einzugehen, wie
sie für die Entwicklung eines „Anlagen-Baukastens" im Hinblick auf eventuelle,
zulässige Modifikationen wesentlich sind. Hierzu gehören als relevante Merkmale:

1. Gas-Desorption

3-stufige Flüssigkeitsentgasung nach dem Verfahren der *„Druckentlüftung" im
Gegenstromverfahren* mittels CO_2 im Gegensatz zur branchenüblichen Entgasung
unter *Vakuum*.

Kohlendioxid durchsetzt entgegen der Strömungsrichtung des Getränkewassers
und des Gemisches durch die Anlage nacheinander die System-Reaktoren (R3,
R2 und R1; 1-stufige Wasserentgasung mit nachgeschalteter 2-stufiger Gemischentgasung).

Das Prinzip erlaubt den Entzug von Luftanteilen aus den Flüssigkeitskomponenten bei Reaktordrücken über 1 bar (absolut).

Der Vorteil: Für die Gas-Desorption sind Treibstrahldüsen (Injektoren) einsetzbar, die ein CO_2/Luft-Gemisch ansaugen. Die in **Bild 7.5-1** schematisch dargestellte Wasserentgasung mittels Dispersion der Flüssigkeit in das Gasgemisch des
Reaktor-Gasraumes kann auch durch den Stoffaustausch zwischen den Fluiden in
Injektoren erfolgen. Ein Prozeß, der in einem Vakuumraum nicht möglich wäre.

2. Gemischbildung

Kontinuierliches, geregeltes Mischen von Wasser und Sirup in Treibstrahldüse
I1, zusätzliche Produkt-Homogenisierung durch permanente Umwälzung der zu-

sammengeführten Flüssigkeitsmengen im Reaktor R2 („Flüssigkeitsrührwerk")
mit gleichzeitiger Gemischentgasung in I1.

3. Karbonisierung

Gemisch-Imprägnierung (Karbonisierung) in Treibstrahldüse I2 mit Flüssigkeits-
nachentgasung bei Erzeugung eines definierten untersättigten Lösungszustandes
des Kohlendioxids im Fertiggetränk.

Die prozeßtechnischen Kriterien 1. bis 3. legten die Grenzen fest, an denen sich alle
Maßnahmen beim Aufbau eines Baukastensystems neu zu konfigurierender Anlagen zu orientieren hatten. Für die Verfahrensstandards von 3-Reaktor-Anlagen waren keine Kompromisse zugelassen, die eine Veränderung der Getränkequalität be-
fürchten ließen. Lediglich für die Low-cost-Versionen von 2-Reaktor-Ausführun-
gen mußten Abstriche in der erreichbaren Genauigkeit der Flüssigkeitendosierung
sowie dem Entgasungseffekt (Garantiewerte) als unvermeid- und tolerierbar einge-
plant werden.

7.6 Die Projektbearbeitung – Vorgehensweise, Arbeitspakete, Teilaufgaben

Die Abwicklung des Projekts erfolgte in mehreren Phasen mit vordefinierten Arbeitspaketen (**Bild 7.6-1**). Teilaufgaben wurden dabei in Zusammenarbeit mit dem
*Institut für Konstruktionslehre, Maschinen- und Feinwerkelemente der TU Braun-
schweig* abgehandelt.

Die im Sinne der Aufgabenstellung günstigen Gegebenheiten bei Projektstart: Ein
„historisch gewachsenes" umfangreiches Produktspektrum zu pflegender Varianten
existierte nicht. Auf die Einbindung verfügbarer Anlagenkonfigurationen in die beabsichtigten Standardisierungsmaßnahmen konnte (und sollte) daher völlig verzichtet werden.

Ein weiterer Vorteil: Infolge der Ausrichtung der METTE Beverage Processing
GmbH als Engineering/Dienstleistungs-Unternehmen, das die Herstellung seiner
Produkte mit Kooperationspartnern abwickelt, entfiel der Aufgabenteil, der in ei-
nem Produktionsbetrieb die interne Fertigungsorganisation zu berücksichtigen hat.

7.6.1 Analysen

Der erste Schritt der Projektbearbeitung sah eine Analyse der Produktstruktur der
Prozeßanlagen vor. Sie ist mit den Darstellungen der **Bilder 7.4-1, 7.4-2** und **7.5-1**
bereits vorweggenommen und bedarf keiner weiteren Erläuterungen. Ihre Bedeutung erlangt sie in ihrer kostenmäßigen Abbildung im Hinblick auf die Leistungsabstufung (Baureihenfixierung) der zu standardisierenden Systeme. Als Kriterium für
die kostenmäßige Bewertung von Baugrößen und den aus den Ergebnissen abzulei-
tenden Schlußfolgerungen bezüglich der Festlegung einer sinnvollen Baureihe diente

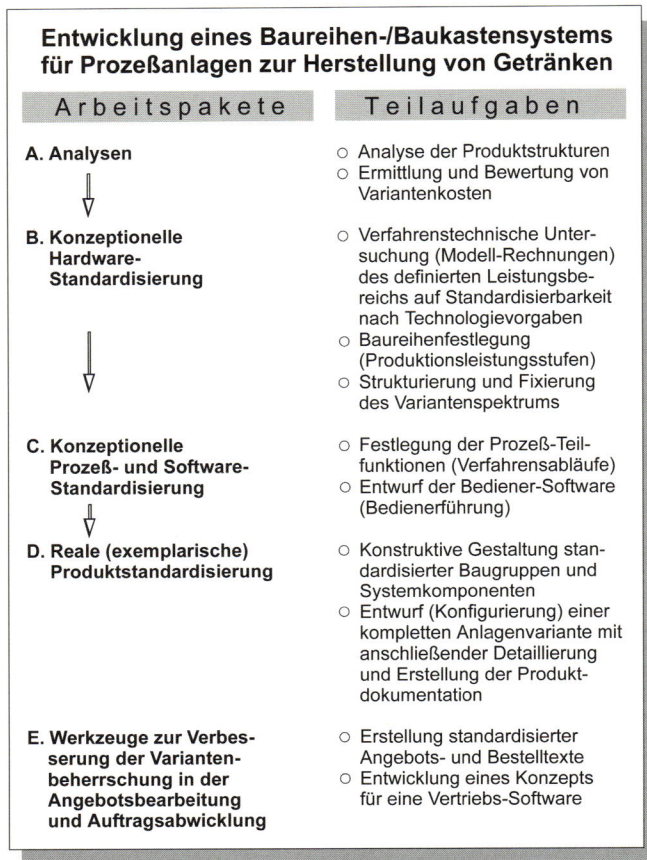

Entwicklung eines Baureihen-/Baukastensystems für Prozeßanlagen zur Herstellung von Getränken

Arbeitspakete	Teilaufgaben
A. Analysen	○ Analyse der Produktstrukturen ○ Ermittlung und Bewertung von Variantenkosten
B. Konzeptionelle Hardware-Standardisierung	○ Verfahrenstechnische Untersuchung (Modell-Rechnungen) des definierten Leistungsbereichs auf Standardisierbarkeit nach Technologievorgaben ○ Baureihenfestlegung (Produktionsleistungsstufen) ○ Strukturierung und Fixierung des Variantenspektrums
C. Konzeptionelle Prozeß- und Software-Standardisierung	○ Festlegung der Prozeß-Teilfunktionen (Verfahrensabläufe) ○ Entwurf der Bediener-Software (Bedienerführung)
D. Reale (exemplarische) Produktstandardisierung	○ Konstruktive Gestaltung standardisierter Baugruppen und Systemkomponenten ○ Entwurf (Konfigurierung) einer kompletten Anlagenvariante mit anschließender Detaillierung und Erstellung der Produktdokumentation
E. Werkzeuge zur Verbesserung der Variantenbeherrschung in der Angebotsbearbeitung und Auftragsabwicklung	○ Erstellung standardisierter Angebots- und Bestelltexte ○ Entwicklung eines Konzepts für eine Vertriebs-Software

Bild 7.6-1: Vorgehensweise bei der Standardisierung von Prozeßanlagen zur Herstellung alkoholfreier Getränke – Arbeitspakete und Teilaufgaben

zunächst die wertanalytische Untersuchung der Herstellkosten der Anlage MPS PREMIX SDI2-06 nach **Bild 7.5-1**. Danach war der Kostenanstieg mit wachsender Anlagengröße vergleichbarer Systemkonfigurationen kalkulatorisch abzuschätzen.

Für die Aufgabe, Produktionsleistungen von Prozeßanlagen unter Kostenaspekten abzugrenzen, genügte es, relative Vergleichswerte einer aussagefähigen Kostenart über die allgemeine Kostenabhängigkeit von der Anlagenbaugröße heranzuziehen. Denn das eigentliche Ziel der Standardisierungsmaßnahmen hieß *„So viele Varianten wie nötig!"*, aber auch *„So wenige wie möglich!"*. Es kann postuliert werden, das die Minimierung der Variantenzahl unter Herstellkostengesichtspunkten eine Reduzierung aller produktinitiierten Kosten nach sich zieht. Die Berücksichtigung zusätzlicher Kostenfaktoren war daher für die gestellte Aufgabe irrelevant.

Herstellkosten des MPS PREMIX SDI2-06 – Kostenstruktur und Kostenfunktion

Die wertanalytische Aufschlüsselung der Herstellkosten der Prozeßanlage MPS PREMIX SDI2-06 (Produktionsleistung 6 m³/h) zeigt **Bild 7.6-2**.

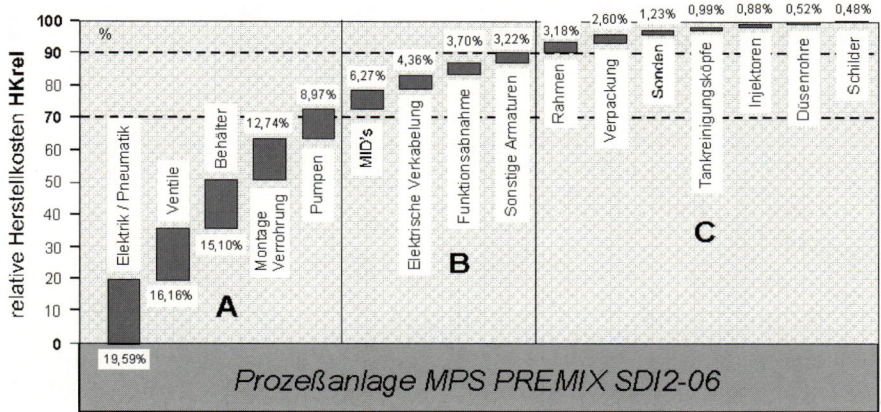

Bild 7.6-2: Prozeßanlage MPS PREMIX SDI2-06 – wertanalytische Kostenstruktur auf Basis der Herstellkosten

Die Kostenstruktur ist repräsentativ für 3-Reaktorsysteme, die nach dem Verfahren gemäß **Bild 7.5-1** arbeiten. Der Grund dafür ist einleuchtend:

Etwa 60% der Gesamtherstellkosten werden von verfahrensbedingt vorgegebenen Komponenten verursacht, die durch konstruktive Maßnahmen nicht beeinflußbar sind (Elektrik/Pneumatik, Pumpen, Ventile, Durchflußmesser, sonstige Armaturen). Und der verbleibende Kostenanteil ist nur in geringem Umfang konstruktions- und fertigungsabhängig (Behälterausführung, Montage, Verrohrung, elektrische Verkabelung). Was bei unveränderter Technologie der Getränkeherstellung eine Kostenreduktion durch rein konstruktive Änderungen an bestehenden Systemvarianten ausschließt.

Bild 7.6-3 läßt darüber hinaus bereits eine Aussage über das Anwachsen der Herstellkosten mit der Produktionsleistung zu. Zumindest eine qualitative. Der größte Kostenanteil entfällt auf die Elektrik/Pneumatik. Die absoluten Beträge dafür sind als nahezu konstant für alle Baugrößen anzusetzen, weisen also einen degressiven Kostenverlauf bezüglich der Gesamtherstellkosten mit wachsender Leistung auf. Ähnliches gilt für fast alle übrigen Kosten, wenn auch nicht so stark ausgeprägt. Daraus leitet sich ab, daß ein sehr flacher Anstieg der Herstellkosten mit der Baugröße verfahrenstechnisch ähnlicher Systemversionen zu erwarten ist. Eine Vorkalkulation der Herstellkosten für 3 fiktive Baugrößen (Produktionsleistungen: 15, 35, 60 m³/h) bestätigte dies dann auch (**Bild 7.6-3**):

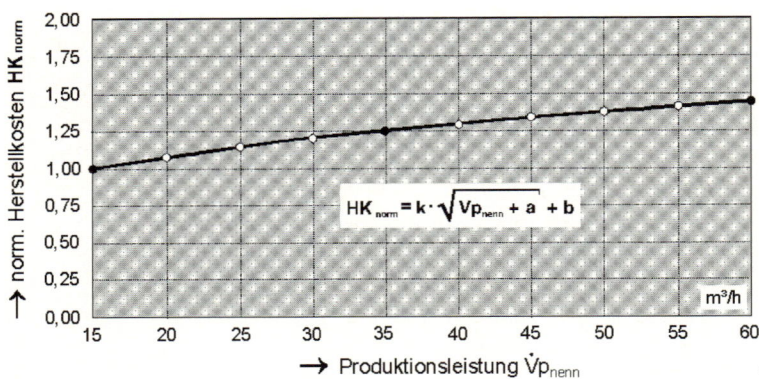

Bild 7.6-3: Prozeßanlage MPS PREMIX 3T – nominierte Herstellkosten als Funktion der Produktionsleistung

Der Zusammenhang zwischen den Herstellkosten und der Anlagengröße ist in normierter Form mathematisch beschreibbar durch die algebraische Funktion

$$HK_{norm} = k \cdot \sqrt{Vp_{nenn} + a} + b$$

HK_{norm} Herstellkosten bezogen auf eine Bezugs-Baugröße
Vp_{nenn} Anlagen-Nennproduktionsleistung
k, a, b Koeffizienten.

In der Darstellung nach **Bild 7.6-3** wurde als Bezugsgröße für die dimensionslose Darstellung der Herstellkosten die Anlagengröße mit der Produktionsleistung von 15 m³/h gewählt [$HK_{rel}(Vp_{nenn} = 15) = 1,0$]. Die neue Anlagenbezeichnung PREMIX 3T kennzeichnet dabei allgemein ein 3-Reaktorsystem.

Das entscheidende Ergebnis der Kostenkurve für den weiteren Projektfortschritt:

> **Die Verdoppelung der Produktionsleistung verfahrenstechnisch gleichwertiger Prozeßanlagen von 15 auf 30 m³/h führt nur zu einer Kostensteigerung von etwa 20%. Die Vervierfachung von 15 auf 60 m³/h von angenähert 43%.**

Das Resultat beinhaltet bereits eine entscheidende Aussage für die beabsichtigten Standardisierungsmaßnahmen:

Eine feine Aufteilung von Baugrößen ist unter reinen Kostengesichtspunkten sinnlos. Sie spart kaum Herstellkosten, bewirkt aber mit Sicherheit Mehraufwand im Fixkostenbereich. Das Problem verschärft sich noch für Mehrkomponenten-Systeme, bei denen der Elektronik- und Softwareanteil 50% und mehr der Gesamtherstellkosten ausmacht.

NORMIERTE HERSTELLKOSTEN **HKnorm**
als FUNKTION der
ANLAGENGRÖSSE (PRODUKTIONSNENNLEISTUNG **Vpnenn**)

$$HK_{norm} = k \cdot \sqrt{Vp_{nenn} + a} + b \qquad qHK = \frac{HK_{norm(n+1)}}{HK_{norm(n)}}$$

n —	Vpnenn m³/h	HKnorm —	qHK —	n —	Vpnenn m³/h	HKnorm —	qHK —
1	15,0	1,000		1	18,0	1,000	
2	20,0	1,079	1,079	2	22,6	1,058	1,058
3	25,0	1,140	1,056	3	28,5	1,121	1,060
4	30,0	1,940	1,048	4	35,9	1,191	1,062
5	35,0	1,242	1,041	5	45,2	1,266	1,063
6	40,0	1,285	1,034	6	56,9	1,347	1,064
7	45,0	1,327	1,033				
8	50,0	1,364	1,028				
9	55,0	1,400	1,027				
10	60,0	1,430	1,022				

LÖSUNG

ARITHMETISCHE REIHE	GEOMETRISCHE REIHE R10
Vpnenn(n+1) = Vpnenn + dVp dVp = 5 m³/h	Vpnenn(n+1) = qV · Vpnenn qV = 10^{0,1}

Bild 7.6-4: Prozeßanlage MPS PREMIX 3T – Normreihen für Produktionsleistungsstufen

Den Sachverhalt verdeutlichen die Zahlenwerte nach **Bild 7.6-4**. Verglichen sind die Zuwächse der Herstellkosten mit der Produktionsleistung eines 3-Reaktor-Systems bei Stufensprüngen dVp = const = 5 m³/h (arithmetische Reihe) und bei der gröberen Unterteilung nach der geometrischen Normreihe R10.

Das Problem kleiner, konstanter Stufen dVp liegt darin, daß mit der Baugröße einer Anlage der Herstellkostenquotient qHK stark abnimmt. Beispiel: Ein System mit der Produktionsleistung von Vp_{nenn} = 15 m³/h verteuert sich noch signifikant um 7,9%, wenn man Vp_{nenn} auf Vp_{nenn} = 20 m³/h anhebt. Für Vp_{nenn} = 55 m³/h und dVp = 5 m³/h ergibt sich dagegen dHK = 2,7%, ein Wert der bereits im Bereich kalkulatorischer Unsicherheiten liegt. Dieser Nachteil entfällt bei der Baugrößenfestlegung nach der geometrischen Reihe R10. Hier steigt qHK mit der Produktionsleistung an.

Fazit: Für die Variantenbegrenzung in Bezug auf eine Baureihenentwicklung hieß die erste Maxime in abgewandelter Form: *„So viele Baugrößen wie nötig!"*, aber *„So wenige wie möglich!"*. Und die zweite: *Baureihendeterminierung mit wachsenden Leistungssprüngen bei höheren Produktionsleistungen.*

7.6.2 Die konzeptionelle Hardware-Standardisierung

Die Untersuchung der Kostenstruktur und die vorkalkulierten Herstellkosten der Prozeßanlage PREMIX 3T als Funktion der Anlagengröße lieferten die Schlußfolgerungen für die allgemeine Zielsetzung der einzuleitenden Standardisierungsmaßnahmen – die Minimierung der Anzahl konstruktiv vorzuhaltender Systemvarianten. Aus den Kostenanalysen lassen sich jedoch keine Aussagen über die *nötigen* Baugrößen ableiten. Um diese festzulegen, bedurfte es der Berücksichtigung *technologischer* Kriterien und zulässiger Kompromisse bei der verfahrenstechnischen Systemauslegung unter Beachtung der Belange der Anlagenbetreiber. Außerdem war im Vorfeld der konzeptionellen Hardware-Standardisierung zu verifizieren, inwieweit eine durchgängige Baureihen-/Baukastensystematik im fixierten Produktionsleistungsbereich überhaupt realisierbar bzw. sinnvoll war.

Das wesentliche Ergebnis vorweg: Simulatorische Modellrechnungen ergaben, daß seitens der Prozeßabläufe im System für *alle relevanten* Produktionsleistungen keine Restriktionen in Bezug auf spätere Anlagenkonfigurierungen im Detail zu erwarten waren. Das machte den Weg frei, die Baureihen-/Baukasten-Entwicklung gezielt anzugehen.

7.6.2.1 Anlagenleistungen unter Berücksichtigung von Nebenbedingungen

Prozeßanlagen zur Herstellung von Fertiggetränken beschicken in der Regel eine Maschine zur Befüllung von Flaschen oder Dosen. Füllaggregat und Prozeßanlage bilden systemtechnisch eine Einheit, sind daher leistungsmäßig aufeinander abzustimmen, die Ausbringungen der Getränkeherstellanlagen somit füllerangepaßt zu konzipieren.

Von den Anlagenkomponenten kommt der Auslegung des Karbonisier-Reaktors R3 (**Bild 7.5-1**) eine besondere Bedeutung zu. Sein Inhalt ist nach verfahrenstechnischen Kriterien (mittlere Verweilzeit des Produkts, zulässige Schwankungen des Behälterdrucks) zu bestimmen.

Für die optimale Größe VKT_{opt} des Reaktorvolumens VKT kann man setzen:

$$VKT_{opt} = KZKT_{opt} \cdot Vp_{nenn}$$

Dabei ist $KZKT_{opt}$ die Tankauslegungskennzahl zur Ermittlung der günstigsten Behältergröße. Im Hinblick auf die Beschränkung der konstruktiven Reaktorvarianten ist es zweckmäßig, Toleranzen für VKT vorzugeben. Die weiteren Betrachtungen lassen folgende Abweichungen vom Optimalwert zu (auf die Begründung sei an dieser Stelle verzichtet):

maximales Reaktorvolumen: $VKT_{max}/VKT_{opt} = 1{,}15$

minimales Reaktorvolumen: $VKT_{min}/VKT_{opt} = 0{,}90$.

Unter Beachtung der Fülleistung branchenüblicher Rundläufer-Flaschenfüllmaschinen, abhängig von deren an einem Produktspeicher am Umfang angeordneten Anzahl NF von Füllstellen, und den Restriktionen bezüglich des Karbonisiertank-Volumens wurden drei Anlagen-Basisgrößen BI, BII, BIII für die Entwicklung eines Baureihen-/Baukastensystems festgelegt. Der Produktionsleistungsbereich unter 15 m³/h blieb dabei unberücksichtigt. Zielgruppe von Systemen dieser Ausbringung sind „kleine" Getränkeabfüllbetriebe mit geringen Ansprüchen an Bedienungskomfort und Automatisierungsgrad von Prozeßanlagen. Sie bedürfen daher einer gesonderten Betrachtung.

ANLAGENLEISTUNGEN **Vpnenn**
UNTER
BERÜCKSICHTIGUNG
VON NEBENBEDINGUNGEN

- Fülleistung **VpNF** zu beschickender Füllmaschinen der Füllstellenzahl **NF**
- Minimierung der Anzahl von Reaktoren unter Beachtung prozeßrelevanter Kriterien (Tankvolumina **VKT**, Prozeßkennzahl **KZKT** des Karbonisiertanks)
- verfügbare Pumpenleistungen **P1** (Wasserdosierpumpe) und **P2** (Karbonisierpumpe)

FÜLLMASCHINE		PROZESSANLAGE MPS PREMIX 3T						
NF	VpNF	Vpnenn	Vpnenn^{R10}	Volumen Karbonisiertank	Abweichung vom optimalen Volumen VKTopt	P1	P2	Baureihe
—	m³/h	m³/h	m³/h	VKT	VKT/VKTopt	kW		
40	16,0	**17,0**	18,0	VKT I	1,1470	4,0	11,0	I/1 B I
50	20,0	**21,0**	22,7		0,9290	5,5	15,0	I/2
60	24,0	**29,0**	28,5	VKT II	1,1470	7,5	15,0	II/1 B II
(70)	(28,0)							
80	32,0	**36,0**	35,9		0,9240	11,0	18,5	II/2
(90)	(36,0)							
100	40,0	**45,0**	45,2	VKT III	1,1450	15,0	22,0	III/1 B III
120	48,0	**56,0**	56,9		0,9200	18,5	30,0	III/2
140	56,0							

Vpnenn^{R10} ... geometrische Normreihe R10

KZKTopt ... optimale Tankauslegungskennzahl

VKTopt = KZKTopt · Vpnenn

Bild 7.6-5: Baureihendeterminierung der MPS-Prozeßanlagen

Aus reinen Kostengründen wären für drei Baugrößen auch drei Produktionsleistungen ausreichend gewesen mit der Grobabstufung 20 m³/h, 35 m³/h, 55 m³/h. Dies hätte allerdings die Belange der Anlagenbetreiber unzureichend gewichtet. Für diese sind neben den Investitionskosten die späteren Betriebskosten der Anlage ein Kriterium für die Kaufentscheidung. Und das heißt: Keine Überdimensionierung der eingesetzten Pumpen (Energiebedarf für den Produktionsbetrieb) und möglichst kleine Reaktoren (Minimierung des Wasser-, Energie- und Reinigungsmittelverbrauchs für die Anlagensanitation).

Eine Entscheidung darüber, ob eine feinere Unterteilung der Anlagenausbringung Sinn machte, setzte voraus, verfügbare, geeignete Pumpen für die Wasserdosierung (Pumpe P1) und die Fertiggetränkekarbonisierung (Pumpe P2) und deren Motorleistungen in weitere Analysen einzubeziehen. Dies wiederum bedingte eine iterative Systemoptimierung über die zu installierende elektrische Gesamtleistungen einer Anlage, die letztlich zu dem Ergebnis nach **Bild 7.6-5** führte.

Die gewählte Lösung stellt einen Kompromiß zwischen einer kosten- und einer funktionsoptimierten Leistungsabstufung dar. Er begrenzt die Baugruppenvarianz der Systeme indirekt über die Beschränkung auf nur 3 Ausführungen des Karbonisier-Reaktors, bietet aber noch Spielraum für kundenspezifische Anpassungen.

7.6.2.2 Strukturierung des Variantenspektrums

Baureihendetermination und Produktionsleistungsabstufungen (**Bild 7.6-5**) in Verbindung mit den Anforderungen an die unterschiedlichen Einsatzfälle von Prozeßanlagen zur Getränkeherstellung (**Bilder 7.4-1, 7.4-2, 7.5-1**) definieren die Anzahl der

Ausführungsversionen der zu standardisierenden Systeme (**Bild 7.6-6**). Die bildhafte Matrix weist bereits daraufhin, daß die als Vorbild dienende Konstruktion nach **Bild 7.5-1** für die Strukturierung des Variantenspektrums in Frage zu stellen war.

Konfigurationsbestimmende Anlagenkomponenten sind als größte Bauteile die Reaktoren R. Um sie herum sind die sonstigen Elemente anzuordnen. Die Zielrichtung, nicht nur die Vielfalt der Systeme zu begrenzen, sondern auch die Baugruppen für die Zusammenstellung kundenspezifischer Lösungen zu vereinheitlichen, legte den Einsatz *gleicher* Druckbehälter für die Funktionen *Entgasen, Mischen, Karbonisieren* nahe. Die vorrangige Aufgabe für die Standardisierungsmaßnahmen im Detail bestand somit in der Auslegung von *Einheitsreaktoren*, ohne die vorgegebene Verfahrenstechnik im Prinzip anzutasten.

Die Berücksichtigung „billiger" 2-Reaktor-Systeme bedingt die Entwicklung unterschiedlicher Dosierstationen (DOS1, DOS2) für 2-Komponenten-Mischanlagen, die Mehrkomponenten-Lösung erfordert angepaßte Dosiereinheiten (DOS3, DOS4) für die Zuführung hochviskosen Flüssigzuckers und Kleinstmengen von Additiven. Damit resultieren aus 6 Leistungsstufen 30 prophylaktisch vorzuhaltende Anlagenkonstruktionen.

Die Strukturierung des Variantenspektrums baute auf einer neu konzipierten Systemkonfiguration des Hauptanwendungsfalles einer 2-Komponenten-Prozeßanlage in 3-Reaktorbauweise mit identischen Druckbehältern R1, R2, R3 auf (**Bild 7.6-6**). Aus ihr waren durch Austausch bzw. Elimination der Dosiereinheiten und eines Reaktors die übrigen Anlagenvarianten abzuleiten.

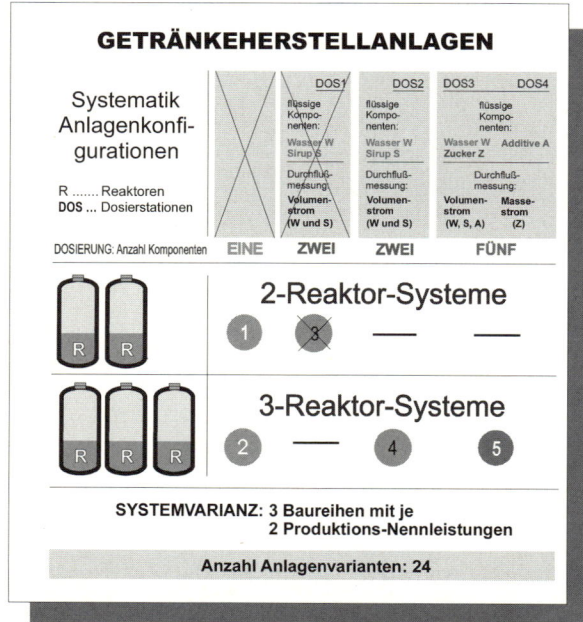

Bild 7.6-6: Systemvarianz der MPS-Prozeßanlagen

Im Zuge einer Produktbereinigung wurde während der Projektbearbeitung beschlossen, die 2-Reaktor-Mischanlagen (3) ersatzlos aus dem Lieferprogramm zu streichen. Kostenanalysen im Zusammenhang mit der technischen Detailauslegung dieser Konfigurationen erbrachten, daß die technologischen Kompromisse, die bezüglich der Qualität des mit ihnen hergestellten Fertiggetränks unter Beibehaltung der festgeschriebenen Basis-Technologie einzugehen waren, in keinem akzeptablen Verhältnis zu den erwarteten Kosteneinsparungen standen. Zumal die Verringerung der Varianten selbst eine Reduktion der Kosten bewirkt, die sie allein durch ihre Existenz verursachen.

Die Entscheidung war jedoch im nachhinein wieder zu revidieren. Die Konkurrenzsituation in der Branche und der Bedarf an kostengünstigen, einfachen Prozeßanlagen vorrangig für den Export und den Einsatz in mittelständischen Produktionsbetrieben erforderte zwingend die Entwicklung einer Low-cost-Ausführung. Die dann auch für eine 2-Reaktor-Version gefunden wurde, sich allerdings in die geplante Baureihen-/Baukastensystematik nicht einfügen ließ. Ein „Quantensprung" in den Herstellkosten bedingte eine vereinfachte Mischtechnik und die Aufhebung der Funktionstrennung zwischen „Dosieren" und „Karbonisieren" (**Bild 7.6-7**). Mit der Konsequenz, Abstriche bei der Produktqualität (Dosiergenauigkeit, Entgasungseffekt) in Kauf zu nehmen, aber auch mit dem Ergebnis einer Senkung der Herstellkosten im Vergleich zum 3-Reaktor-System von über 30%.

An dieser Stelle werden – und deshalb ist die 2-Reaktor-Lösung hier erwähnt, obwohl sie bei der weiteren Projektbearbeitung unberücksichtigt bleibt – die Grenzen und auch die Gefahren einer kompromißlosen Standardisierung von Systemen sichtbar.

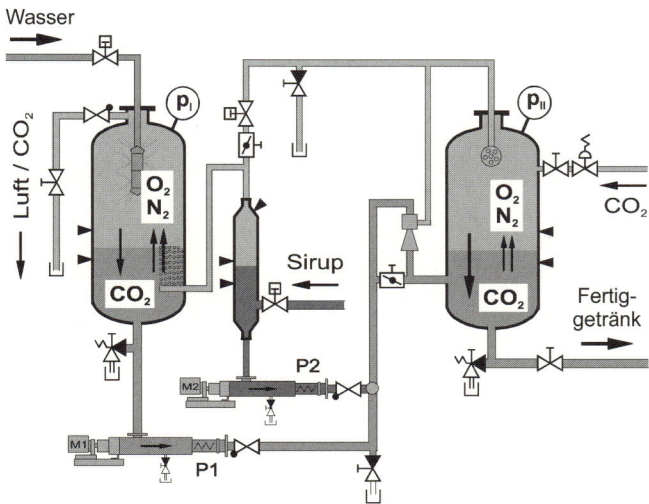

Bild 7.6-7: 2-Reaktor MPS-Prozeßanlage MPS PREMIX 2TN – 2-Komponentensystem, Dosierung und Karbonisierung mittels Exzenterschnecken-Pumpen (Doppelfunktion)

Ein unflexibles Festhalten am vorgegebenen technologischen Konzept mit dem Anspruch einer Einbindung von Anlagenvarianten für unterschiedliche Anwendungsfälle (Getränkequalität) in ein starres Baukastenschema hätte zur Folge gehabt, zum Teil am Markt „vorbeizustandardisieren". Die ursprünglich erwünschte Version eines 2-Reaktor-Systems wäre mangels signifikanter Kostenvorteile dem Rotstift zum Opfer gefallen. Diese Situation war bereits eingetreten. Der Markt erzwang hier dann ein Umdenken. Letztlich initiierte das Scheitern des Versuchs, die vorgesehene Einfachkonfiguration zum „Quasi-Standard" zu erheben, eine neue technische Lösung.

Nach Begrenzung der Anzahl der Systemvarianten auf 24 Basisausführungen (**Bild 7.6-6**) mit Einheits-Reaktoren und festgelegten Prozeßabläufen folgte der Aufbau der Anlagenstrukturen einer zwingenden Logik. Er ergab sich praktisch von selbst.

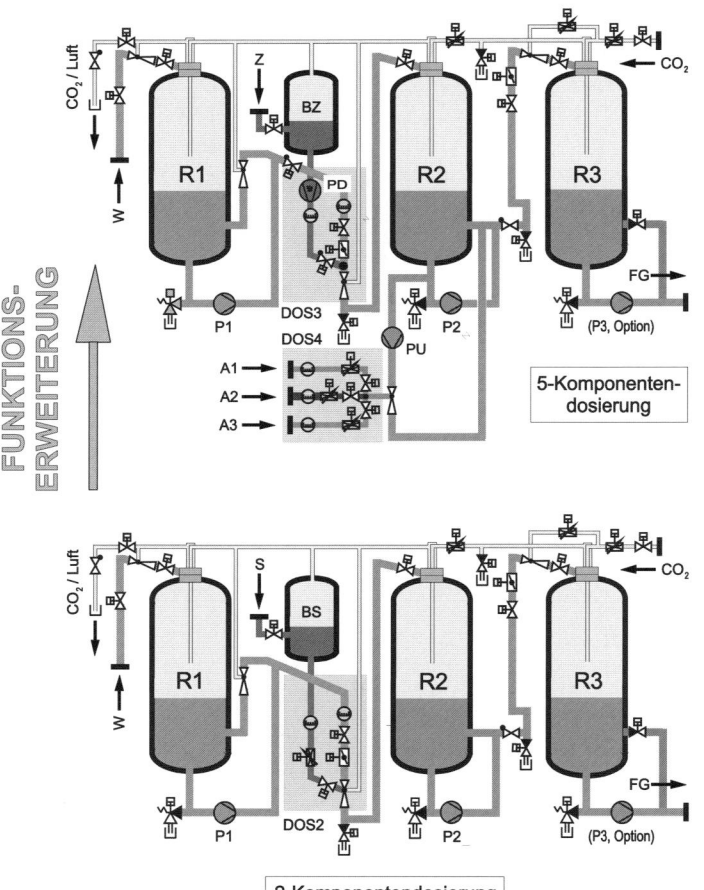

Bild 7.6-8: 3-Reaktor MPS-Prozeßanlagen – 2-Komponenten-System MPS PREMIX 3T und 5-Komponenten-Version MPS MULTIMIX

Aus der Funktionserweiterung des MPS PREMIX 3T für das Mischen von 5 flüssigen Komponenten entstand die Mehrkomponenten-Version MPS MULTIMIX. Zur Dosierung von Flüssigzucker Z und den flüssigen Additiven (A1, A2, A3) war die Dosierstation DOS2 des MPS PREMIX 3T zu modifizieren (DOS3) und durch eine zusätzliche Einheit DOS4 zu ergänzen (**Bild 7.6-8**). Die Beschränkung der Systeme auf reine Entgasungs- und Karbonisierprozesse führte zwangsläufig zu den Lösungen der 2- und 3-Reaktor-Ausführungen MPS SAT 2T und MPS SAT 3T nach **Bild 7.6-9**.

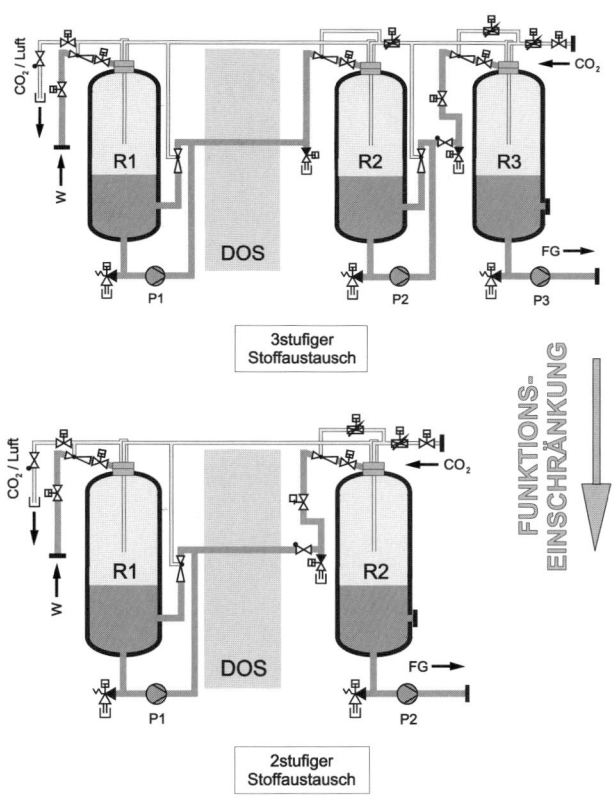

Bild 7.6-9: MPS-Entgasungs- und Karbonisieranlagen – 2-Stufen-System MPS SAT 2T und 3-Stufen-Version MPS SAT 3T

Die konsequente Standardisierung der Anlagenvarianten bedingte ein modifiziertes Verfahren der Wasserentgasung in den Reaktoren R1. Das Prinzip der Flüssigkeitszerstäubung nach **Bild 7.5-1** war aufzugeben, die Gasdesorption in der Wassereingangsstufe durch Ansaugen eines CO_2/Luftgemisches in einer Treibstrahldüse (siehe Kapitel 7.5, Ausgangssituation) zu ersetzen. Dieses machte wiederum eine theoretische Überprüfung der Effizienz des Stoffaustausches erforderlich.

Strukturierung und Fixierung des Variantenspektrums beendeten die Phase der konzeptionellen Hardware-Standardisierung. Die Umsetzung der Arbeitsergebnisse setzte als Folgeschritte der Projektabwicklung die Vereinheitlichung von Software-Bausteinen für die wichtigsten Prozeßfunktionen (**Bild 7.4-2**) voraus. Denn nur wenn die softwaregesteuerten Verfahrensabläufe und die dafür einzusetzenden Hardware-Komponenten der Anlagen definiert waren, konnte mit der konstruktiven Detailauslegung realer Anlagenausführungen begonnen werden.

7.6.3 Die konzeptionelle Software-Standardisierung

Moderne Prozeßanlagen mittlerer und größerer Produktionsleistungen zur Getränkeherstellung sind vollautomatisierte Einheiten. Die Anforderungen an ein Software-Konzept für ihren Betrieb ergeben sich im wesentlichen aus der Auflistung nach **Bild 7.4-2**.

Für die Entwicklung eines Anlagenbaukastens mit eindeutig vorgegebenen Konfigurationen und festgelegten Verfahrensabläufen ist sinnvollerweise auch die Software zu standardisieren. Was bedeutet, für sich wiederholende Teilprozesse universell einsetzbare, voneinander unabhängige Module zu entwickeln, aus denen sich ein Programm-System für die speziellen Anlagenvarianten durch Verknüpfung bedarfsgerecht zusammenstellen läßt. Der Vorteil: Die Software-Bausteine können einzeln erstellt, rückwirkungsfrei im Versuch auf ihre Praxistauglichkeit getestet, optimiert und Dateien – sofern erforderlich – ohne große Probleme geändert werden. Ferner sind Teilprozesse simulierbar, was eine unabdingbare Forderung für eine möglichst weitgehende Funktionsprüfung einer Anlage vor ihrer Auslieferung an den Betreiber darstellt. Denn ein vollständiger Check im Herstellerwerk unter den Praxisbedingungen des späteren Produktionsbetriebes ist nur in seltenen Fällen möglich.

7.6.3.1 Anlagenbetrieb – Bedienungsoberfläche, Bedienerführung

Der Betrieb der MPS-Prozeßanlagen erfolgt über bedienergeführte Befehlseingaben (Tastatur) mit Prozeßvisualisierung auf Farbmonitor (MPS PREMIX 3T, MPS MULTI-MIX) oder Monochrom-Display (MPS SAT 2T, MPS SAT 3T) mit Langtextausgabe.

Bedieneroberfläche und Bedienerführung stellen die sichtbaren Teile der Anlagensoftware dar. In ihnen bilden sich Struktur und Konzeption des Programmsystems ab, das für die Realisierung der verfahrenstechnischen Funktionen zur Verfügung steht. Einen Ausschnitt aus seinem Gesamtumfang für 2-Komponenten-Misch- und Karbonisieranlagen zeigt **Bild 7.6-10**. Dargestellt sind die Anwahl einer Getränkerezeptur und deren Herstellung mit Überwachung des Produktionsablaufes. Angezeigt und kontrolliert werden die für die Qualität des Fertiggetränks relevanten Systemparameter; farblich umschlagende Rohrleitungsstränge und Symbole kennzeichnen Medienflüsse sowie Schalt- und Betriebszustände von Funktionselementen. So zeigen z.B. die Farben „GRÜN" und „WEISS" bei Ventilen die Stellungen „GEÖFFNET" bzw. „GESCHLOSSEN" an; das Aufleuchten von „ROT" signalisiert allgemein den Fall „STÖRUNG".

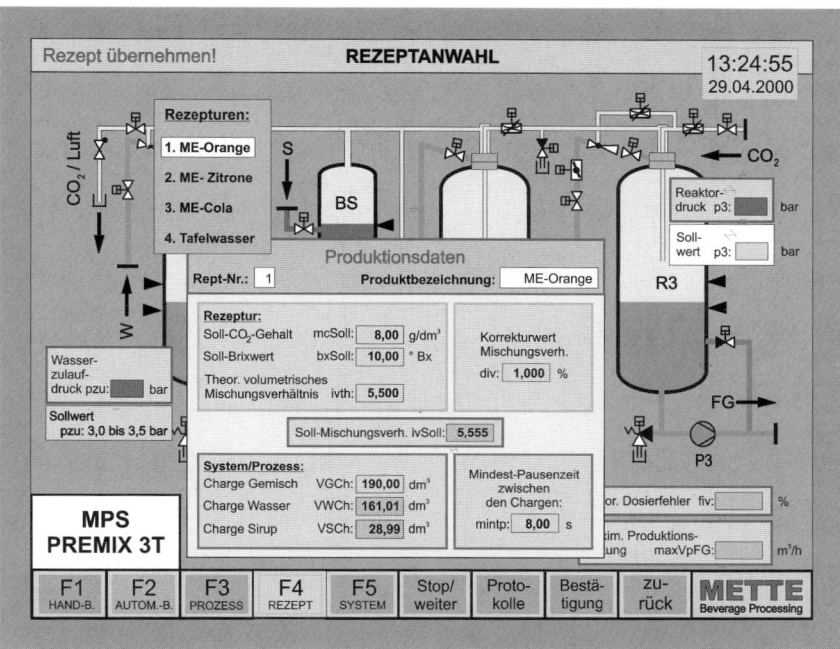

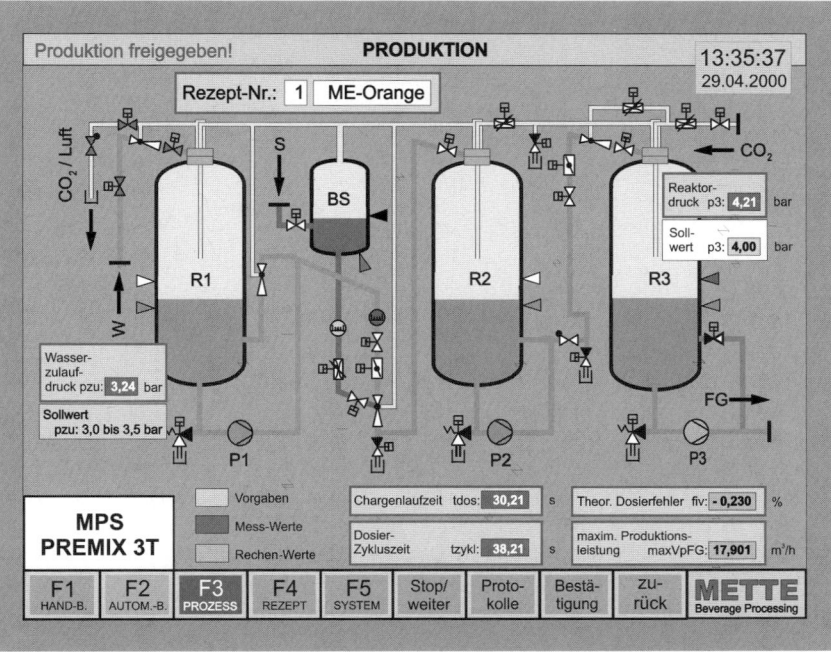

Bild 7.6-10: Software-Bausteine der Prozeßanlage MPS PREMIX 3T – Beispiele aus dem Gesamt-
Programmsystem Anlagenbedienung (Rezeptanwahl, Produktionskontrolle)

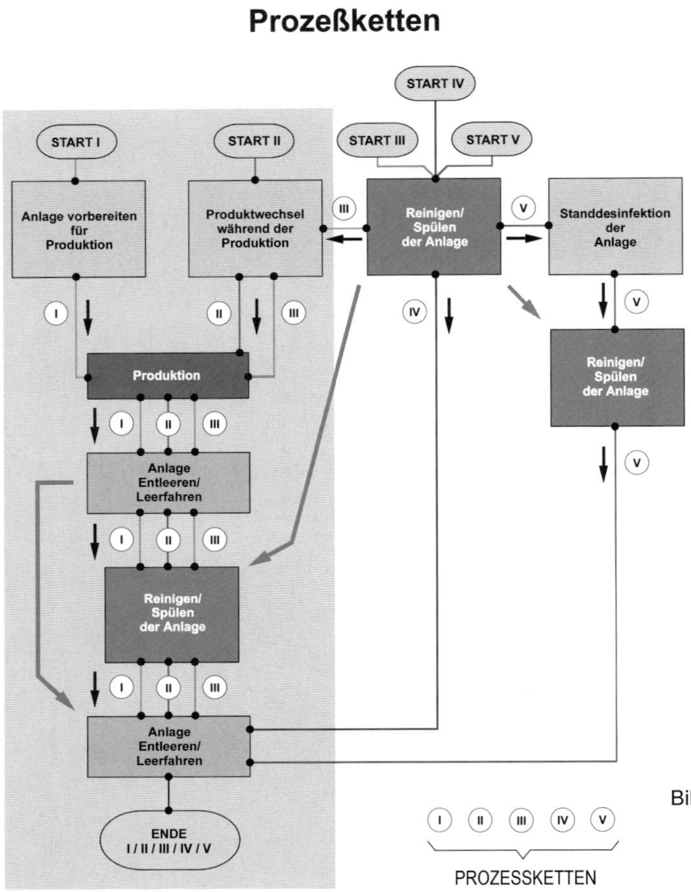

Prozeßketten

Bild 7.6-11: MPS-Prozeßanlagen – Prozeßketten (Grobstruktur)

7.6.3.2 Prozeßketten

Der Aufbau von Software-Standards folgt aus der Verknüpfung verfahrenstechnischer Teilprozesse zu Prozeßketten (**Bild 7.6-11**).

Die Grobstruktur weist bereits auf die Zweckmäßigkeit der Standardisierung einzelner Funktionsabläufe und ihrer modularen Zusammenfassung zur wiederholbaren Verwendung für unterschiedliche Aufgaben hin. Deutlicher wird der Sachverhalt bei einer feineren Gliederung der Prozesse, beispielhaft dargestellt in **Bild 7.6-12** für die Konfigurationen MPS SAT 3T und MPS PREMIX 3T.

Die Ablaufpläne zeigen bereits die Möglichkeiten der Realisierung einer modular strukturierten Anlagensoftware auf. Insbesondere die Funktionen „REAKTOREN FLUTEN/ENTLEEREN" stellen Verfahrensabläufe dar, die in allen Prozeßanlagen bei deren Anfahren aufzurufen und zu kontrollieren sind. Sie wiederholen sich ferner bei der *Anlagen-Standdesinfektion* (Prozeßkette V), nur daß hier das Medium *Getränk* durch ein flüssiges *Desinfektionsmittel* ersetzt ist.

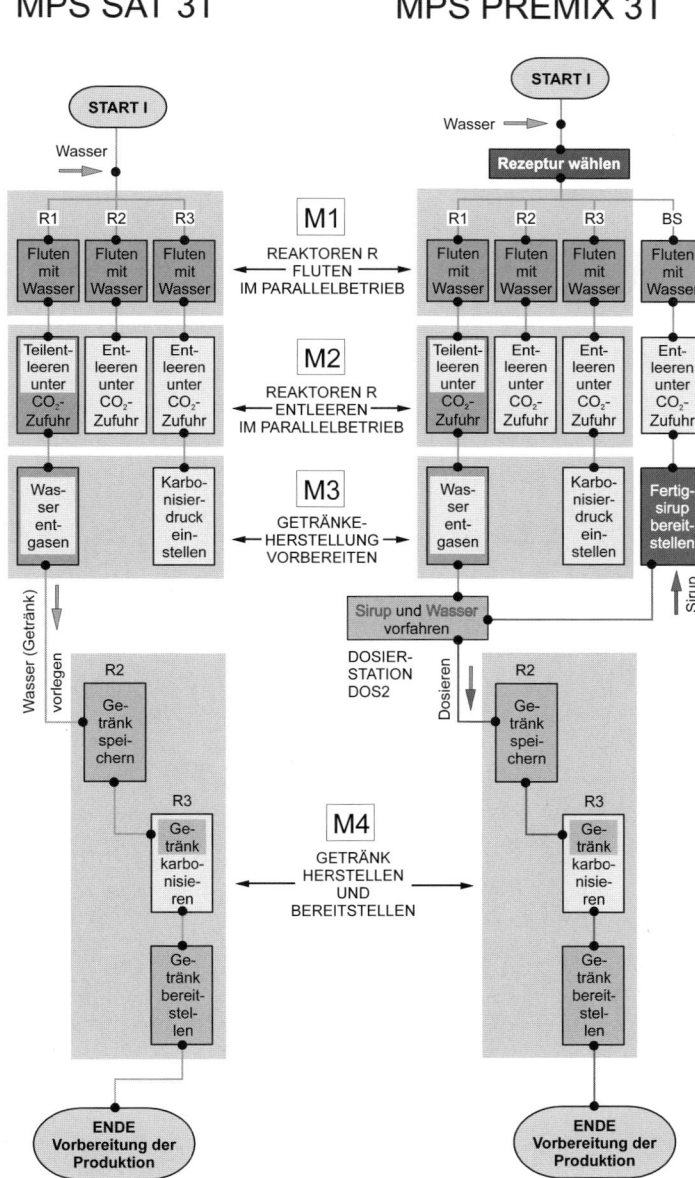

Bild 7.6-12: Prozeßketten MPS SAT 3T und MPS PREMIX 3T – „Vorbereitung der Produktion" (Feinstruktur) mit Fluten/Entleeren der Reaktoren im Parallelbetrieb

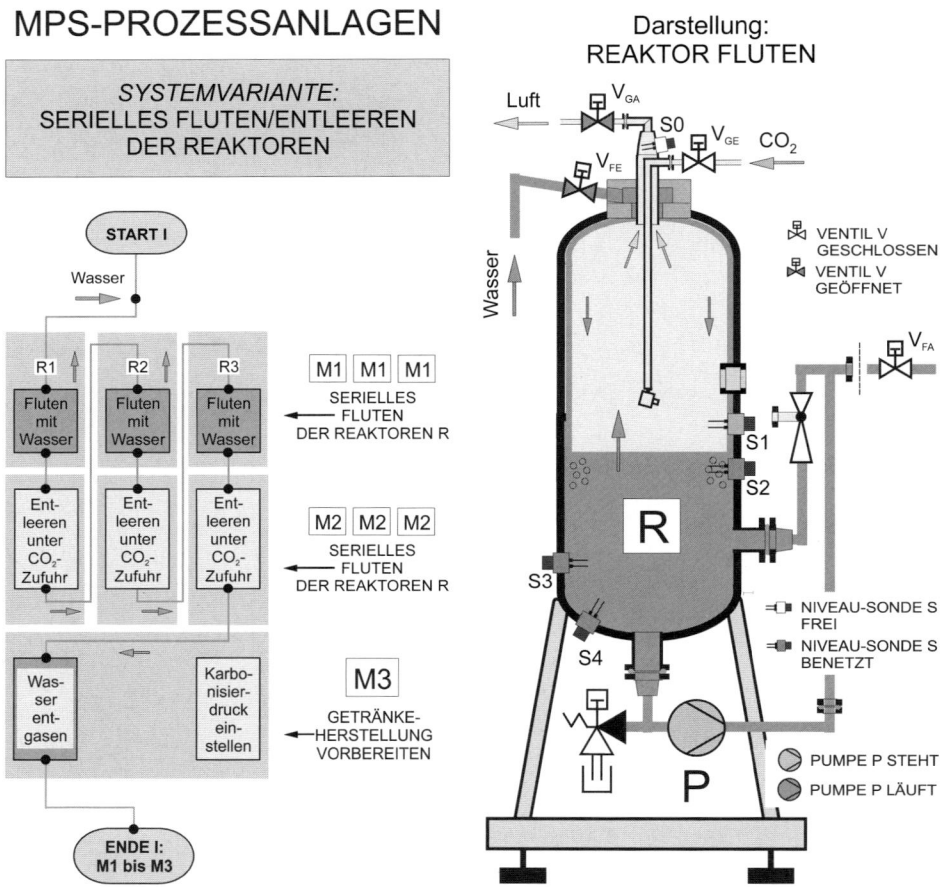

Bild 7.6-13: MPS-Prozeßanlagen – „Getränkeherstellung vorbereiten" (Feinstruktur) mit seriellem Fluten/Entleeren der Reaktoren

Ein Software-Aufbau mit den Bausteinen M1, M2, M3 nach **Bild 7.6-12** ist jedoch kaum als optimale Lösung anzusehen. Das Fluten und Entleeren der Reaktoren im Parallelbetrieb bedingt eine Prozeßsteuerung durch Software-Makros. Die Funktionsabläufe in R1, R2, R3 sind nicht identisch. Darüber hinaus beinhaltet M2 bereits wieder eine Variante (Teilentleeren des Reaktors R1).

Die Nachteile der eingeschränkten Verwendbarkeit von Software-Makros läßt sich vermeiden, wenn die Behälter R1, R2, R3 nacheinander gefüllt oder leergefahren werden (**Bild 7.6-13**). Der serielle Prozeßablauf erlaubt eine Modularisierung der Software auf niedriger Funktions-Ebene.

Und dies ist allgemein als Prinzip der Software-Standardisierung zu postulieren: die Entwicklung elementarer, möglichst universell verwendbarer Bausteine. Der Aufbau komplexer Funktionsketten kann dann durch Verknüpfung mittels übergeordneter Steuerprogramme erfolgen.

Die Verwirklichung eines derartig hierarchisch aufgebautes Programm-System setzt allerdings eine konsequente und kompromißlose Vereinheitlichung von Hardware-Komponenten voraus – im vorliegenden Fall vor allem die identische Ausführung der Baugruppe „Einheits-Reaktor" mit den Schnittstellen zum Umfeld. Hier greift die Software-Konzeption unmittelbar in die Festlegung und Gestaltung der Hardware-Elemente ein und erzwingt deren Standardisierung (**Bild 7.6-13**). Dies geschieht gegebenenfalls zu dem Preis, Komponenten vorsehen zu müssen, die bei einer Individuallösung entbehrlich wären. Ein Beispiel dafür ist das Gasventil V_{GA} am Reaktor R.

7.7   Reale Produktstandardisierung

Für die exemplarische Umsetzung der Standardisierungsmaßnahmen wurde als Basis-System die Zweikomponenten-Misch- und Karbonisieranlage der Baureihe I mit der Produktionsleistung $Vp_{nenn} = 21$ m^3/h (MPS PREMIX 3T-21) ausgewählt.

Zunächst war das Verfahrensschema nach **Bild 7.6-8** zu modifizieren und der angestrebten modularen Software-Struktur anzupassen. Die Zielsetzung, für die Konfigurierung der Mehrkomponenten-Ausführung MPS MULTIMIX weitgehend die Konstruktion der Zweikomponenten-Version zu nutzen, bedingte sodann, die Dosierstationen DOS2, DOS3 zeitgleich zu entwerfen, um ihren Einbau räumlich verträglich (substituierbar) sowie anforderungsgerecht zu gewährleisten. Die Erledigung dieser Teilaufgabe verursachte den Hauptaufwand der konstruktiven Tätigkeit. Der Grund: Die Lösung des Problems erforderte eine zeitintensive iterative Vorgehensweise bei der Detailauslegung und Anordnung der Funktionselemente. Womit zwei wesentliche Faktoren für die Entwicklung standardisierter technischer Erzeugnisse angesprochen sind: *Zeitaufwand* und *Kosten*. Hierzu werden zum Abschluß noch einige Anmerkungen nötig sein. Zunächst jedoch das konkrete Arbeitsergebnis in vereinfachter Darstellung (siehe **Bild 7.7-1**).

Die Reaktoren R, der Elektro-Schaltschrank ES mit Bedienpult und die Pumpen P sind auf zwei starr verbindbaren Rahmen G1, G2 montiert, die Dosierstationen DOS2, DOS3 zentral im Innenraum der Anlage positioniert und austauschbar gestaltet. Die optional zu liefernde Pumpe P3 ist separat außerhalb der Anlage plaziert. Aus dieser Standardanordnung lassen sich unter Verwendung mehrfach nutzbarer Baugruppen und Bauteile die in das Baureihen-/Baukastensystem aufgenommenen Anlagenvarianten nach **Bild 7.6-6** zusammenstellen.

Aus der Zweikomponenten-Lösung MPS PREMIX 3T entsteht die Mehrkomponentenkonfiguration MPS MULTIMIX durch Integration von Dosierstellen für die Getränke-Additive A1, A2, A3, die den Grundbestandteilen Wasser und Zucker aus

MPS-PROZESSANLAGEN   Beverage Processing

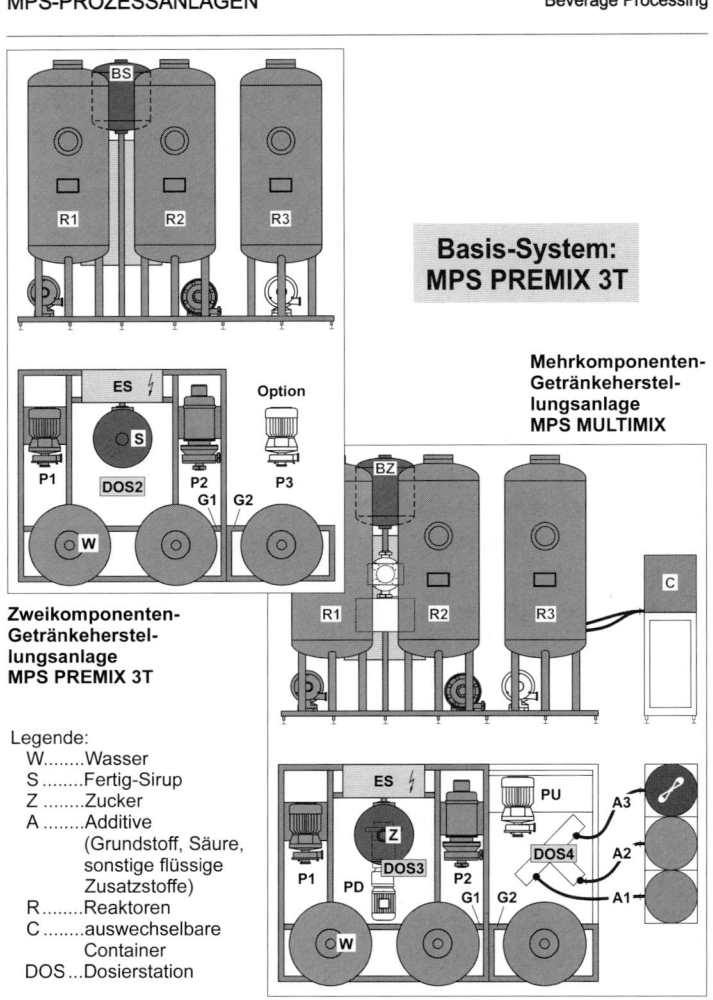

**Standardisierte Anlagenkonfigurationen
Baureihen-/Baukastensystem**

Bild 7.7-1: Realisierte, standardisierte Anlagenkonstruktionen der Systeme MPS PREMIX 3T und MPS MULTIMIX

auswechselbaren Container C beizumischen sind. Dazu ist neben dem Ersatz der Station DOS2 durch DOS3 das Basis-System durch eine Zusatzbaugruppe mit der Einheit DOS4 und der Umwälzpumpe PU zu erweitern.

Bei den Entgasungs- und Karbonisieranlagen entfallen das Sirupvorlaufgefäß BS, die Elemente für die Mischfunktionen und für 2-Reaktor-Ausführungen der Rahmen G2 mit dem Behälter R3 (**Bild 7.7-2**).

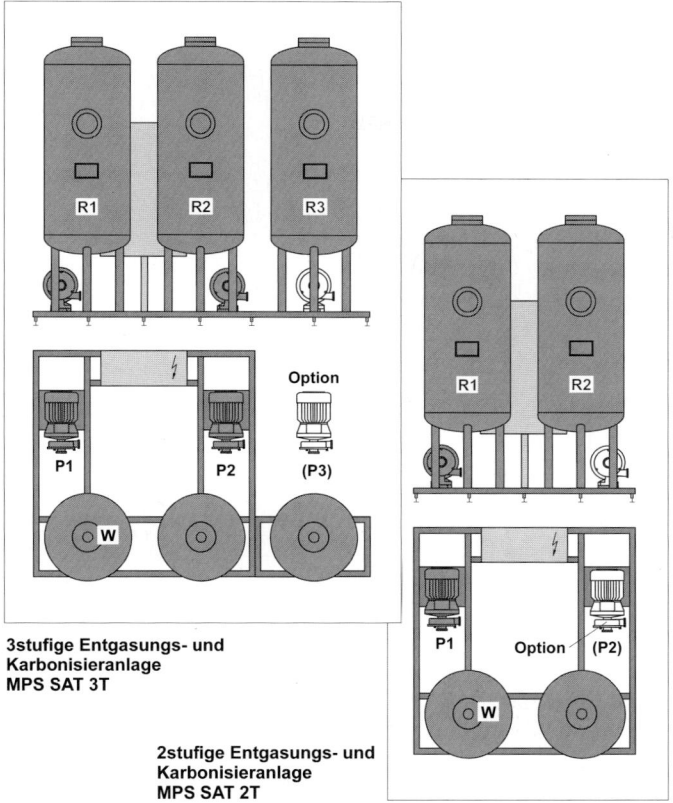

3stufige Entgasungs- und Karbonisieranlage MPS SAT 3T

2stufige Entgasungs- und Karbonisieranlage MPS SAT 2T

Bild 7-7-2: Standardkonstruktionen der Anlagen MPS SAT 3T und MPS SAT 2T, abgeleitet aus dem System MPS PREMIX 3T

7.8 Angebotsbearbeitung, Auftragsabwicklung und Verkaufsunterstützung

Es wurde bereits darauf hingewiesen, daß die Standardisierungsmaßnahmen im Zuge einer Baureihen-/Baukastenentwicklung auch eine bessere Variantenbeherrschung in der Auftragsabwicklung, der Angebotsbearbeitung und der Auftragsakquisition zum Ziel hatten. Dafür geeignete Werkzeuge sind neben der für die Produktdokumentation aufgrund gesetzlicher Vorschriften zu erstellenden Unterlagen:

- Funktionsbeschreibungen der Standard-Systeme mit Verfahrensschema,
- Standard-Angebotstexte für die anbietbaren Anlagenkonfigurationen,
- ergänzende Produktinformationen (hier: allgemeine Theorie des Stoffaustausches in Prozeßanlagen zur Getränkeherstellung; spezielle Produktinformations-Blätter mit Darstellung relevanter Systemeigenschaften; Alleinstellungsmerkmale; sofern vorhanden Fotos ausgeführter und gelieferter Ausführungen; Referenzlisten).

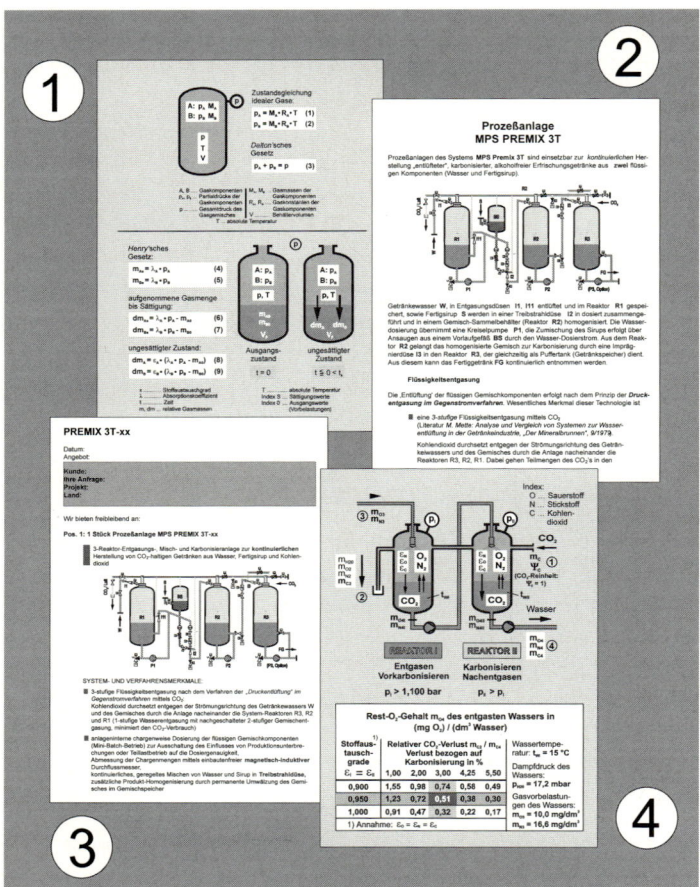

Bild 7.8-1: Werkzeuge für Angebotsbearbeitung, Auftragsabwicklung und Vertriebsunterstützung; (1) Theoretische Grundlagen des Stoffaustausches in MPS-Anlagen, (2) Funktionsbeschreibung MPS PREMIX 3T, (3) Standardangebotstext MPS PREMIX 3T, (4) Produktinformationsblatt (Beispiel MPS SAT 2T)

Die Erstellung derartige Einzelbausteine (**Bild 7.8-1**: Beispiele aus Gesamtumfang) war neben der realen Umsetzung des erarbeiteten Standardisierungs-Konzepts (Anlagen-, Hard- und Software) eine wesentliche Teilaufgabe des Gesamtprojekts.

Vertriebs-Software

Insbesondere zur Unterstützung der Vertriebsaktivitäten und um – beabsichtigter Nebeneffekt – bei der Auftragsakquisition dem leichtfertigen Anbieten unnötiger, nicht existenter Anlagenvarianten vorzubeugen, erschien es aus einschlägiger Erfahrung sinnvoll, ein Produktinformations- und Angebots-Programmsystem für Standardkonfigurationen zu entwickeln ("Vertriebs-Software"). Mit dem zusätzlichen Vorteil, daß ein solches Werkzeug auch für die Schulung von Mitarbeitern nutzbar ist, eine fundierte technische Käuferberatung ermöglicht und eine eindeutige, vollständige Auftragsklärung erzwingt. *(Ein potentieller Kunde kann nur die Fragen beantworten, die ihm auch gestellt werden. Und: Die Mitarbeiter des Vertriebs müssen wissen, welche Fragen zu stellen sind!)*

Konzept und Struktur des gesamten Software-Pakets zeigt **Bild 7.8-2**. Seinen Kern bildet ein Produktauswahl-Modul zur bedienergeführten Abfrage technischen System-Anforderungen und Auswahl einer geeigneten, verfügbaren Standard-Prozeß-Anlage.

Ergänzend hinterlegt sind ferner die Einzeldateien nach **Bild 7.8-1**. Womit dem Vertrieb eine umfassendes Informations-Werkzeug für Angebotsbearbeitung und Beratung von Kunden an die Hand gegeben ist.

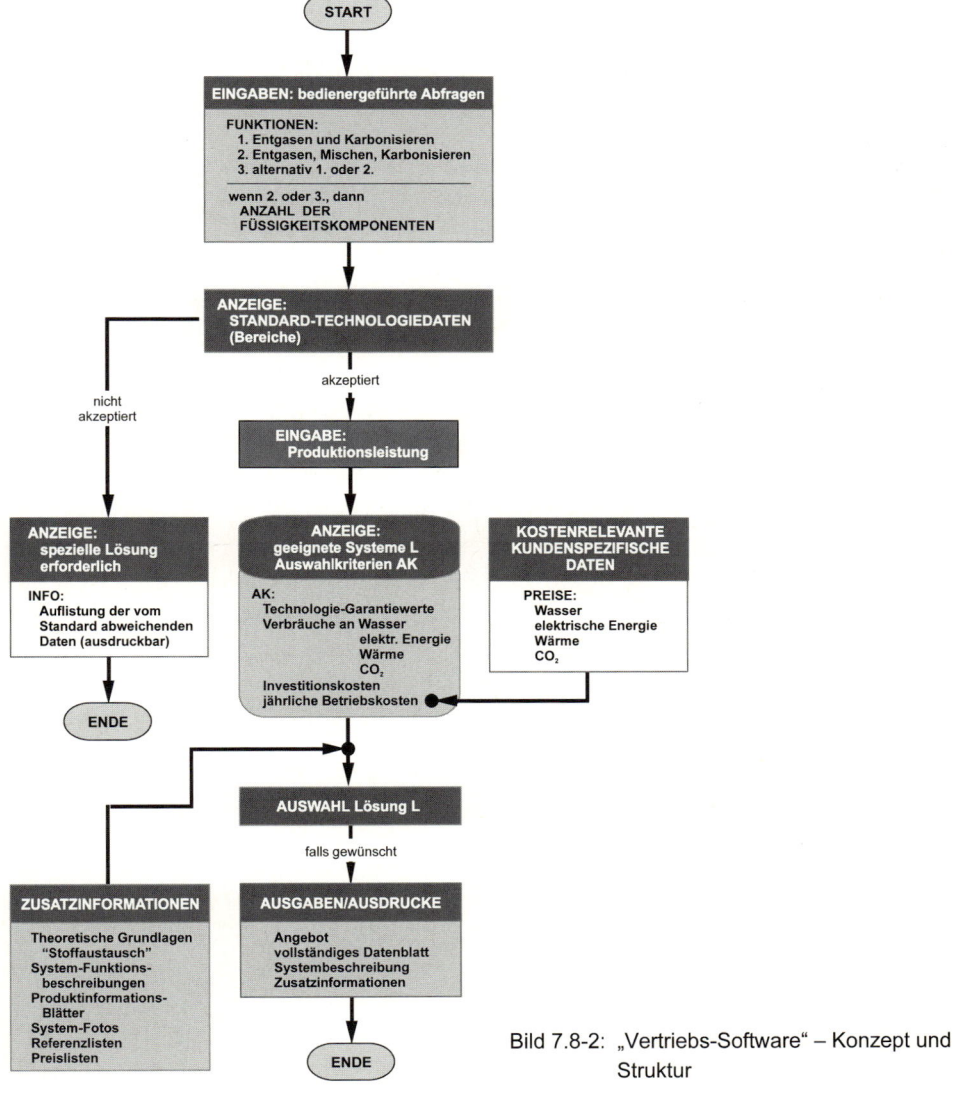

Bild 7.8-2: „Vertriebs-Software" – Konzept und Struktur

Die Merkmale und das Arbeiten mit der „Vertriebs-Software" im Detail:

Nach Definition der grundsätzlichen Aufgabenstellung (verfahrenstechnische Funktionen) zeigt das System die Bereiche der Standard-Technologiedaten an (Mischungsverhältnisse der Flüssigkeitskomponenten, Karbonisierung, Temperaturen und dergl.). Widersprechen diese dem Bedarfsfall, existiert für diesen keine Standard-Version einer Anlage; es ist eine gesonderte technischen Klärung der Realisierbarkeit der Prozeßvorgaben erforderlich. Die vom Standard abweichenden Daten werden aufgelistet und ausgegeben.

```
                                    METTE Beverage Processing GmbH
------------------------------------------------------------------------
Kunde: rm
Projekt: A 00024
Bearbeiter: M. Mette                           Datum: 09-22-2000
------------------------------------------------------------------------
      ZWEIKOMPONENTEN-ENTGASUNGS-, MISCH- UND KARBONISIERANLAGE
                  Verfahrenstechnische Anforderungen
========================================================================
PRODUKT- PROZESSDATEN:

minim. volum. Mischungsverhältnisse W/S :  ivmin  =   2.0
maxim. volum. Mischungsverhältnisse W/S :  ivmax  =   8.0
minimale Karbonisierung                 :  mcmin  =   1.5   gCO2/(dm3FG)
maximale Karbonisierung                 :  mcmax  =  11.0   gCO2/(dm3FG)
minimale WASSER-Temperatur              :  twmin  =  10.0        °C
maximale WASSER-Temperatur              :  twmax  =  10.0        °C
minimale SIRUP-Temperatur               :  tsmin  =  12.0        °C
maximale SIRUP-Temperatur               :  tsmax  =  35.0        °C

maximaler Brix-Wert des SIRUPS             bxsmax =  66.0        °Bx

Reinheit des Kohlendioxids              :  psi   >= 99.90       Vol%
maximale O2-Belastung des WASSERS       :  mo3    =  12.0   mgO2/(dm3W)
maximale O2-Belastung des SIRUPS        :  mo5    =  10.0   mgO2/(dm3S)
maximale O2-Bel. des FERTIGGETRÄNKS     :  mo4max =   0.3   mgO2/(dm3FG)

Anmerkungen:
Die verfahrenstechnischen Anforderungen sind mit den verfügbaren
STANDARD-PROZESSANLAGEN  n i c h t  zu realisieren.
Es bedarf einer gesonderten technischen Klärung, inwieweit die Aufga-
benstellung mit einer SONDERAUSFÜHRUNG erfüllbar ist.

Folgende Prozeßdaten weichen vom STANDARD ab:

     ivmin              Standard:  ivmin  =   3.0
     ivmax              Standard:  ivmax  =   7.0
     mcmin              Standard:  mcmin  =   3.0   gCO2/(dm3FG)
     mcmax              Standard:  mcmax  =   9.0   gCO2/(dm3FG)
     twmax              Standard:  twmax  =  15.0        °C
     tsmin              Standard:  tsmin  =  15.0        °C
     tsmax              Standard:  tsmax  =  27.0        °C
     bxsmax             Standard:  bxsmax =  55.0        °Bx
     psi                Standard:  psi    =  99.95      Vol%
     mo3                Standard:  mo3    =  10.0   mgO2/(dm3W)
     mo5                Standard:  mo5    =   5.0   mgO2/(dm3S)
     mo4max             Standard:  mo4max =   0.5   mgO2/(dm3FG)
*************************************************************************
PRGM: PROZANL                                  Dr.-Ing. M. Mette
```

Bild 7.8-3: Datenblatt Zweikomponenten-System – Verfahrenstechnische Anforderungen

Stimmen Anforderungen und Standard überein, ermittelt das Programm nach Festlegung der benötigten Produktionsleistung geeignete Konfigurationsvarianten L und bietet sie unter Angabe von Entscheidungskriterien AK zur Auswahl an. Falls gewünscht, sind dafür weitere Informationen abrufbar. Die (optionale) Erstellung eines kompletten Angebots mit vollständigem Datenblatt, Systembeschreibung und sonstigen Produktinfos beendet die Sitzung.

7.9 Diskussion der Arbeitsergebnisse, kritische Anmerkungen

Zum Projektende stellen sich die Arbeitsergebnisse wie folgt dar:

Die exemplarische Produktstandardisierung ist, soweit sie sich auf die Umsetzung der konzeptionellen Lösungen bezieht, für eine Baureihe (B I) abgeschlossen. Für diese liegen die Konstruktionen für die Systeme MPS PREMIX 3T, MPS MULTIMIX, MPS SAT 3T einschließlich der zugehörigen Produktdokumentationen für je 2 Produktionsleistungen vor. Die Konfiguration MPS SAT 2T (2-Reaktor-Entgasungs- und Karbonisieranlage) bedarf keiner gesonderten Bearbeitung, sie wird durch die Systemstandardisierung „nebenbei" mit erfaßt. Damit sind 8 Anlagenkonfigurationen von insgesamt 24 determinierten Ausführungen bereits verfügbar.

Unter Kostenaspekten bedeutet dies, daß nach Abschluß der analytischen Projektphase eine wesentliche Teilaufgabe, die Minimierung des Konstruktions- und Dokumentationsaufwandes als Bestandteil der sog. „Komplexitätskosten" für die Projektbearbeitung selbst, aber auch für zukünftige Auftragsabwicklungen und die laufende spätere Produktpflege als erfüllt einzustufen ist – ungeachtet permanenter fertigungsoptimierender Arbeiten nach Projektabschluß. Die technischen Detailauslegungen sowie die Anfertigung der Konstruktions- und Dokumentationsunterlagen erfolgte in einem Zeitraum von weniger als 9 Monaten bei einem effektiven Aufwand für diese Tätigkeiten von etwa 2400 Std. (16,5 MM).

Vorraussetzung dafür waren allerdings eine systematische Vorgehensweise bei der Festlegung der Standard-Anlagenkonfigurationen im Vorfeld ihrer konstruktiven Umsetzung und das zeitgleiche Entwerfen mehrfach verwendbarer Baugruppen der Systeme PREMIX, MULTIMIX und SAT 3T zur Überprüfung räumlicher und technologischer Verträglichkeiten (iterativer Prozeß). Was sich bezüglich des Aufwandes für die Bearbeitung der Baureihen B II und B III – wie sich absehen läßt – nun stark kostenmindernd auswirkt. Bei gleichem Personaleinsatz dürften die Restarbeiten zur Vervollständigung des aufgelegten Baureihen-/Baukastensystems in etwa 6 Monaten zu beenden sein, zumal standardisierte Dokumentations- und Vertriebsunterlagen – bis auf geringfügige Anpassungen baugrößenunabhängig – nur einmal zu erstellen sind.

Damit ist auch ein weiter gestecktes Ziel der Baureihen-/Baukastenentwicklung erreicht: Die Bereitstellung einer nahezu kompletten Produktpalette in Form standardisierter Systeme bei höchstmöglicher Beschränkung vorzuhaltender Varianten für die relevanten verfahrenstechnischen Prozesse bei der Getränkeherstellung gewährleistet kurze Anlagen-Lieferzeiten und eine schnelle Angebotsbearbeitung mit minimiertem Zeit- und Kostenaufwand.

Kritisch anzumerken bleibt, daß der ursprüngliche Ansatz, Low-cost-Ausführungen (2-Reaktor-Versionen) von Getränkemischanlagen in die Standardisierung einzubeziehen, an dem zu geringen Kosteneffekt scheiterte. Der Grund wie schon dargelegt: Um die technologischen Nachteile „einfacher" Varianten akzeptabel zu begrenzen, waren Kompensationsmaßnahmen notwendig, die signifikante Kostenreduzierungen verhinderten. Hier zeigten sich die Grenzen einer systemübergreifenden Standardisierung. Diese war nur solange sinnvoll, wie sie sich auf *homogene* Anlagenkonfigurationen beschränkte. Was wiederum „ähnliche" Prozeßabläufe voraussetzte. Dies ist sicherlich keine neue Erkenntnis, aber als Erfahrung hier trotzdem hervorzuheben. Letztlich führte sie – und dies ist als positives Ergebnis zu vermerken – zu einer völlig neuen technischen Lösung für kostengünstige 2-Reaktor-Entgasungs- und Mischeinrichtungen (siehe „Strukturierung des Variantenspektrums"). Die bedürfen nun allerdings selbst einer Standardisierung.

7.10 Fazit

Zum Abschluß des Projekts sind, um das Thema „Kostenreduktion und Variantenmanagement durch Produktstandardisierung" abzurunden, noch einige Anmerkungen zum Zeit- und Kostenaufwand bei der Projektabwicklung anzufügen:

Wenngleich die Umsetzung der bisherigen Ergebnisse in real verfügbare Anlagen für alle Ausführungsversionen und Baugrößen in der Zukunft mit relativ geringem Aufwand machbar ist, darf nicht übersehen werden, daß es dazu einer systematischen, zeitintensiven Phase der Konzepterarbeitung bedurfte. Die Kosten dafür sind gegen den zukünftigen Nutzen für das Unternehmen aufzurechnen. Die Frage, inwieweit sich der bisherige Aufwand einer Baureihen-/Baukastenentwicklung tatsächlich auszahlt, läßt sich heute nur spekulativ beantworten. Denn dazu müßte man die Marktentwicklung präzise voraussagen.

Eines kann man jedoch als gesichert postulieren: Nur bei einer *restriktiven, systematisch* erarbeiteten Variantenfestlegung dürften Ansätze zur Produktstandardisierung – auch wenn dies unabdingbar erhebliche Vorlaufkosten verursacht – die angestrebten positiven Kosteneffekte auslösen. Und dies auch nur dann, wenn die einzuleitenden Maßnahmen konsequent verwirklicht werden und das gesamte Produktumfeld in ein Gesamtkonzept eingebunden ist.

8 Entwicklung einer neuen Baureihenstruktur für mehrstufige Gliederpumpen

Detlef Prokasky

Die Sterling SIHI GmbH gehört zum internationalen Unternehmensverbund STERLING FLUID SYSTEMS, der auf den Gebieten Entwicklung, Produktion und Vertrieb von Strömungsmaschinen (z.B. Pumpen, Vakuumpumpen und Kompressoren) und verfahrenstechnischen Anlagen und Anlagenteilen aktiv ist. Mit mehr als 3500 Beschäftigten in über 50 Unternehmen und einem Umsatz von 600 Mio. USD ist STERLING FLUID SYSTEMS die Nr. 7 der weltweit größten Pumpenhersteller.

8.1 Ausgangsbasis und Ziele

8.1.1 Produktstraffung (global)

Seit den achtziger Jahren kämpft die Pumpenindustrie mit weltweit vorhandenen Überkapazitäten. Reaktionen sind Konzentration durch Firmenaufkäufe, Aufgabe der Pumpensparten, Rückzug in Marktnischen oder extreme Anstrengungen, um die vom Markt geforderte Variantenvielfalt wirtschaftlich zu beherrschen.

Für die Entwicklung neuer oder die Standardisierung vorhandener Pumpenbaureihen müssen Werkzeuge zur Analyse und Bewertung der Varianten unter Berücksichtigung der Marktanforderungen und Aufwandabschätzungen der internen Abläufe entwickelt und angewandt werden, mit denen eine weitere Reduzierung der Variantenvielfalt um einen nennenswerten Betrag möglich ist. Letztlich sollen die Lagerbestände und Durchlaufzeiten der Produkte und ihrer Varianten mindestens halbiert, die Liefertreue auf über 95% gesteigert werden, bei signifikant gesenkten Fixkosten.

Nach erfolgter Straffung des Gesamtprogramms im gesamten Sterling Konzern, sowie weltweiter Definition von Fertigungsstätten mit Zuständigkeit für spezielle Erzeugnisgruppen, konzentriert man sich in den einzelnen Werken auf eine Straffung der Baureihen- und Variantenvielzahl für die verantworteten Baureihen (**Bild 8.1-1**).

Auch hierbei wird eine ähnliche Verbesserung angestrebt wie bei der Programmstraffung, bei der eine Reduktion der Produktfamilien um 69% sich in einer Reduktion des Umsatzes um nur 16% und des erwirtschafteten Deckungsbeitrages von nur 15% niederschlägt (**Bild 8.1-2**).

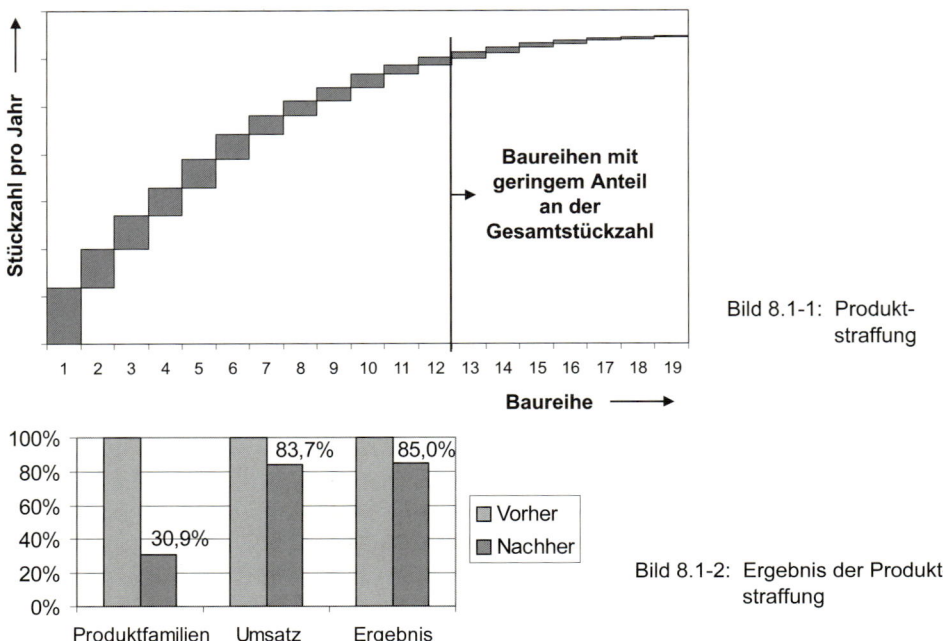

Bild 8.1-1: Produkt-
straffung

Bild 8.1-2: Ergebnis der Produkt-
straffung

8.1.2   Baureihenreduzierung und Baukasten

Als Hauptanwendungsfall wurden bei Sterling SIHI im Rahmen der EVAPRO-Aktivitäten Untersuchungen am Beispiel der Produktfamilie mehrstufige Gliederpumpen durchgeführt. Um sechs alte, über Jahrzehnte historisch gewachsene Baureihen zu ersetzen, wurden ein Gesamtbaukasten für Gliedergehäusepumpen neu gestaltet (**Bild 8.1-3**). Bei dieser kundenorientierten Produktgestaltung sollte mit minimierter Teilezahl die Wettbewerbsfähigkeit hinsichtlich Technik und Kosten deutlich verbessert werden. Gleichzeitig wurde mit dem einheitlichen Baukastensystem die Voraussetzung für einen effizienten Geschäftsablauf von der Offerte bis zur Lieferung durch die Verschlankung und konsequente Standardisierung der Wertschöpfungskette erreicht.

Nach der bereits durchgeführten Programmstraffung umfaßt die bisherige Produktfamilie mehrstufige Gliederpumpen am Standort Ludwigshafen (Halberg) noch sechs Baureihen.

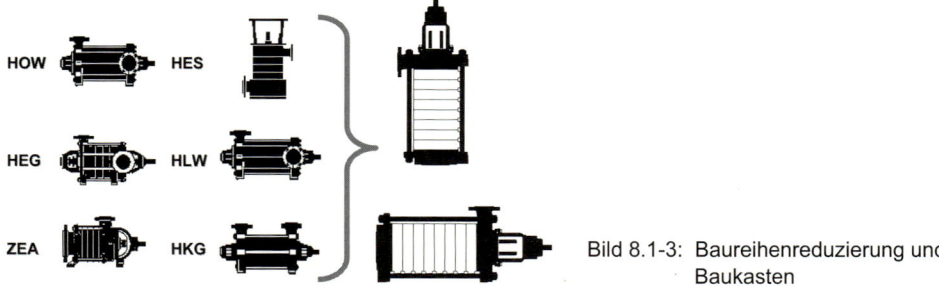

Bild 8.1-3: Baureihenreduzierung und
Baukasten

8.1.3   Voraussetzungen unter denen das Vorhaben durchgeführt wurde

Nach der Bildung der Sterling Gruppe im Jahre 1996 erfolgte zunächst eine weltweite Definition von Fertigungsstätten mit der Zuständigkeit für spezielle Erzeugnisgruppen (ein Produkt nur in einem Werk), sowie eine Straffung des Gesamtprogramms. So wurde z.B. beim Sterling SIHI Werk Ludwigshafen durch Rückzug aus bestimmten Anwendungsgebieten und damit Konzentration auf das Kerngeschäft, die Produktfamilienvielfalt um 60% reduziert (**Bild 8.1-4**).

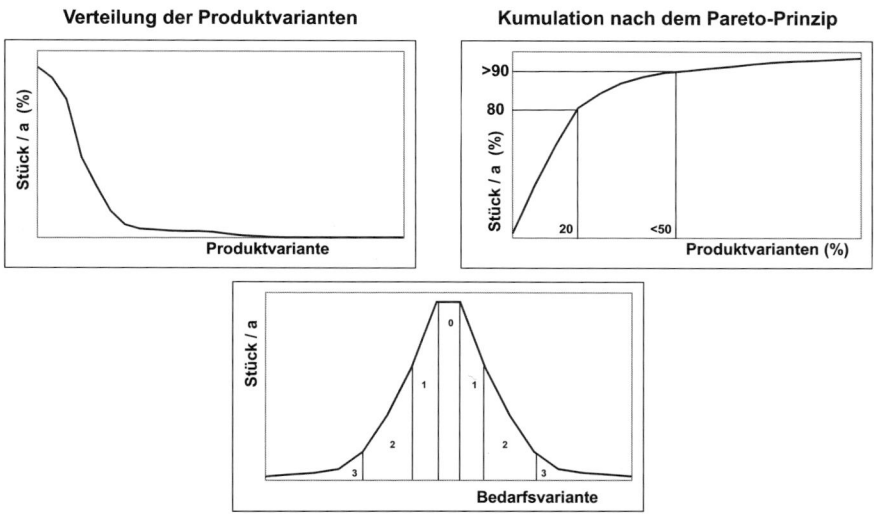

Bild 8.1-4: Klassifikation der Varianten

Im zweiten Schritt konzentrierte man sich in den einzelnen Werken auf eine Straffung der Baureihen- und Variantenvielzahl für die verantwortenden Baureihen. Die verbleibenden Baureihen/Varianten wurden so in Ordnung gebracht, daß die Abarbeitung in der Wertschöpfungskette mit geringstmöglichem Aufwand erreicht und der erforderliche, vom Kunden verlangte Variantenwechsel zum Standard wurde.

Die gewählte Organisation spiegelt die vom Konzernvorstand dem Projekt beigemessene Bedeutung wieder. Unter einem überwachendem Projektausschuß steuerte ein interdisziplinär zusammengesetztes Kernteam die anfallenden Arbeiten. Damit war gewährleistet, daß frühzeitig die Belange aller Bereiche der Wertschöpfungskette, vom Marketing bis zur Montage, berücksichtigt wurden.

Die notwendigen Arbeiten führten Mitarbeiter durch, die aus dem Tagesgeschäft 100% heraus genommen wurden. Daneben waren fallweise zusätzliche Kapazitäten für die Bereiche Marketing, EDV und Fertigung bereitgestellt.

8.2   Analyse der Variantenvielfalt des Produktspektrums

8.2.1   Variantenbestimmende Produktmerkmale

Um eine effektive Reduktion der Komplexität zu erreichen, müssen zu Beginn einer Baureihenentwicklung die variantenbestimmenden Produktmerkmale eindeutig identifiziert werden. Die Einflußgrößen für die mit den mehrstufigen Gliederpumpen (**Bild 8.2-1**) verbundene Varianz lassen sich in drei Hauptgruppen einteilen:

a) Größe (Funktion der Fördermenge/Drehzahl),

b) Druckstufe (Förderhöhe),

c) Ausführungsvarianten (z.B. konstruktive Varianten, Werkstoffe, Qualitätsanforderungen, Anstriche).

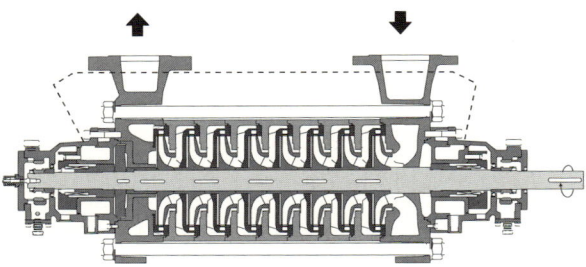

Bild 8.2-1: Schnittbild einer mehrstufigen Pumpe

Diese werden bei Sterling SIHI großteils in der sogenannten Produktkennzeichnung (**Bild 8.2-2**) abgebildet, einem sprechenden Code, der im Detail baureihenspezifisch definiert wird. Er ermöglicht eine Übersicht über die möglichen Standardvarianten und dient gleichzeitig zur eindeutigen Variantenfestlegung zwischen den verschiedenen Unternehmensbereichen, wie z.B. zwischen Vertrieb und Abwicklung.

8.2.2   Vergangenheitsanalyse

Um den Zusammenhang zwischen dokumentierten Produktvarianten und dem real vorhandenen Absatz zu erfassen, wurden während der Analysephase umfangreichen Vergangenheitsanalysen durchgeführt. Es wurden die Lieferlisten mehrerer Jahre nach unterschiedlichen Kriterien ausgewertet. Man muß sich jedoch darüber im Klaren sein, daß dabei nicht der Markt in seiner gesamten Ausprägung erfaßt wird, sondern in erster Linie nur die Reaktion auf das eigene Angebot (Produktpalette, Konditionen). Eine Ergänzung durch verschiedene Marktuntersuchungen zur Ermittlung des auf dem Weltmarkt möglichen Absatzes ist weiterhin dringend notwendig (Kap. 8.3).

Basisausführung: HEG-A-032-06-0-B-B-001-0B-P-0		
	1-3 4 5-7 8-9 10 11 12 13-15 16-17 18 19	

Stelle	Bezeichnung	Code	Erklärung
1-3	Baureihe	HEG	Mehrstufige Kreiselpumpe in Gliedergehäusebauart
4	Konstruktionsstand	A	Siehe technische Unterlagen
5-7	Baugröße	025	Nenndurchmesser des Druckstutzens in mm
		032	
		040	
		050	
		065	
		080	
8-9	Stufenzahl	02-13	Stufenzahl
10	Einbaukennzahl		Anpassung an den Betriebspunkt durch den Einbau von Laufradkombinationen nach Standardkennlinie
		0-4	Baugröße 025, 032, 040
		0-7	Baugröße 050
			Spezifizierung der Laufradkorrektur entsprechend Stücklistendeckblatt
		9	Baugröße 065, 080
11	Hydraulik	A	1. Hydraulik der Baureihe
		B	2. Hydraulik der Baureihe
12	Lagerung/ Schmierung	B	Wälzlager, fettgeschmiert
		C	Wälzlager, ölgeschmiert (Variante 1)
13-15	Wellendichtung	001	Stopfbuchse, ungekühlt
		022	Doppelstopfbuchse, ungekühlt mit Fremdsperrung
		511	Stopfbuchse, gekühlt
		501	Stopfbuchse mit Intensivkühlung (HEG 80)
		BK3	Burgmann GLRD MG1-G60, AQ1EGG (Variante 2)
		BKW	Burgmann GLRD MG1-G60, Q1Q1PGG
		BKS	Burgmann GLRD MG1-G60, Q1Q1VGG
		ZO1	Einzel GLRD nach DIN 24960, gekühlt, AQ1EGG
16-17	Werkstoff- ausführung	0B, 0C, 0D	Grauguß (Variante 3)
		1A	Sphäroguß
		4B	Edelstahl
18	Gehäusedichtung	P	Runddichtringe aus NBR (Perbunan)
		V	Runddichtringe aus FPM (Viton)
19	Stutzenstellung Antrieb Flansch- ausführung		Flansche nach DIN PN16 und DIN PN40 Druckstutzen vertikal aufwärts, Antrieb saugseitig
		0	Saugstutzen horizontal links
		1	Saugstutzen horizontal rechts
		2	Saugstutzen vertikal aufwärts
			Flansche nach DIN PN16 und PN40 Druckstutzen vertikal aufwärts, Antrieb beidseitig
		3	Saugstutzen horizontal rechts
		4	Saugstutzen vertikal aufwärts (ab 3 Stufen)

Bild 8.2-2: Produktkennzeichnung bei Sterling SIHI

Die Ergebnisse der Vergangenheitsanalyse wurden in verschiedenen Diagrammen dargestellt, wie z.B.:

a) Balkendiagramme ⇨ Stückzahlen/Wert als Funktion der Baureihen, -größen (**Bild 8.2-3**)

b) Ringdiagramme ⇨ %-Anteile Stückzahlen/Wert für Werkstoffausführungen,

c) Punktediagramme ⇨ Wert/Stückzahlen für Baureihen/Werkstoffkombinationen.

Gleichzeitig wurden auch die Kostenstrukturen der Pumpen bezogen auf z.B. Bauteile und Werkstoffausführungen analysiert.

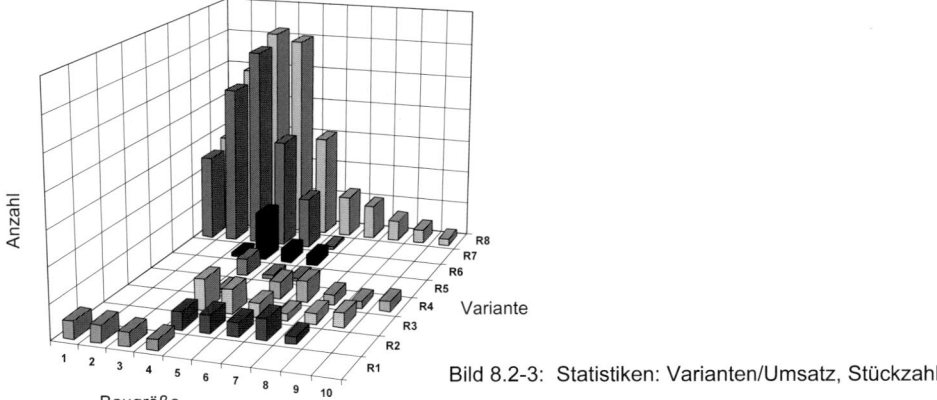

Bild 8.2-3: Statistiken: Varianten/Umsatz, Stückzahl

Weitere Auswertungen zeigten gewünschte Ausführungs- sowie Kostenschwer-punkte und boten später eine Entscheidungsbasis für z.B. Streichentscheidungen während der Strukturierung des neuen Baukastens.

8.2.3   Kennzahlen für die Varianz

Für die Beurteilung von alternativen Ansätzen bei der Baukastenstrukturierung und zur Erfolgsbewertung von Maßnahmen zur Reduktion der Komplexität benötigt man Kennzahlen für die Varianz. Oft werden z.B. die

a)   Zahl der Stücklisten,
b)   Zahl der Zeichnungen,
c)   Zahl der Materialnummern und
d)   Zahl der Arbeitspläne

als Kennzahlen herangezogen [fra98a] [fra98b]. Für den Vergleich mit anderen Un-ternehmen kann noch ein Bezug auf den Umsatz erfolgen.

Bei den untersuchten Pumpenbaureihen bietet sich als eine sehr gut geeignete Kennzahl die Zahl der Gußmodelle an, da nahezu alle Hauptteile aus Guß sind und diese je nach Pumpengröße und Werkstoffausführung zwischen 60 und 80% des eingesetzten Materialwertes bestimmen. Die gleiche Größenordnung gilt auch für die notwendigen Lagerkosten. Gleichzeitig ist damit auch die Zahl der unterschied-lichen Hydrauliken erfaßt, die maßgeblich für den Dokumentations- und Prüfauf-wand verantwortlich sind.

8.2.4   Variantenkosten

Bei der Einzel- und Kleinserienfertigung komplexer Erzeugnisse führen neue, kun-denspezifische Varianten zu einer ständigen Veränderung der entstehenden Kosten und des Ausliefertermins eines Produktes, da sie beim Auftragsdurchlauf gesondert durch das Unternehmen geführt werden müssen [fra98a] [fra98b]. Es ist bekannt, daß diese auftragsspezifischen Varianten häufig zu ungunsten der Standardvarianten mit zu geringen indirekten Kosten belastet werden [scu] [jes98]. Die varianteninduzierten Gemeinkosten, wie z.B.

a) Entwicklungs-/Konstruktionsaufwendungen (z.B. Entwürfe, Zeichnungen, Versuche, Stücklisten),

b) Aufwendungen für die Logistik (z.B. Einkaufsdokumentation, Modellkosten, Lagerhaltungskosten),

c) Aufwendungen für die Produktion (z.B. Arbeitspläne, Programmierungskosten, Vorrichtungen, Werkzeuge) und

d) Dokumentationskosten (z.B. Kataloge, Prospekte, Angebotsprogramm, Qualitätsdokumentation, Betriebsanleitungen)

werden nur selten differenziert genug erfaßt und verrechnet. Bisher mangelt es an einer einfach zu handhabenden Methode zur Bestimmung und damit auch für die mögliche verursachungsgerechte Verrechnung.

Eine exakte Kalkulation dieser Gemeinkosten ließe sich mit Hilfe der Prozeßkostenrechnung erreichen, allerdings mit erheblichem Aufwand [jes98]. In Anlehnung an diese Methode wurde in Zusammenarbeit mit der TU Braunschweig nach einem vereinfachten Schätzverfahren gesucht, um eine genauere Abschätzung dieser Gemeinkosten zu erreichen [scä99].

Der entwickelte Ansatz basiert auf einer Ableitung der Mehraufwendungen der neuen Variante im Vergleich zu der ähnlichsten, voll dokumentierten Standardausführung. Dazu werden in der jeweiligen Kostenstelle der Prozeßablauf mit den zusätzlichen Arbeitsschritten für eine Sondervariante erfaßt und mit Aufwendungen bewertet (siehe Kap.2).

Im Einzelnen beinhaltet dieses Vorgehen die Erstellung einer Einflußmatrix (**Bild 8.2-4**), die das Bindeglied zwischen Basisausführung und der zu bestimmenden Variante ist, sowie daraus resultierende Arbeitsschrittklassifikationen, mit deren Hilfe der Mehraufwand ermittelt werden kann.

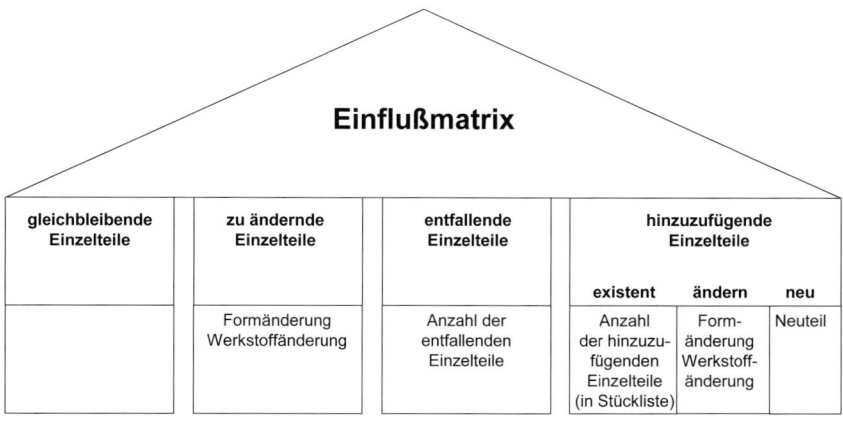

Bild 8.2-4: Säulen der Einflußmatrix

Dieses Vorgehen kann z.B. bei der Erstellung eines Angebotes für eine Sondervariante verwendet werden, um die varianteninduzierten Gemeinkosten in den betroffenen Abteilungen, wie z.B. in der Konstruktion, zu erfassen (ausführliche Beschreibung siehe Kap. 2).

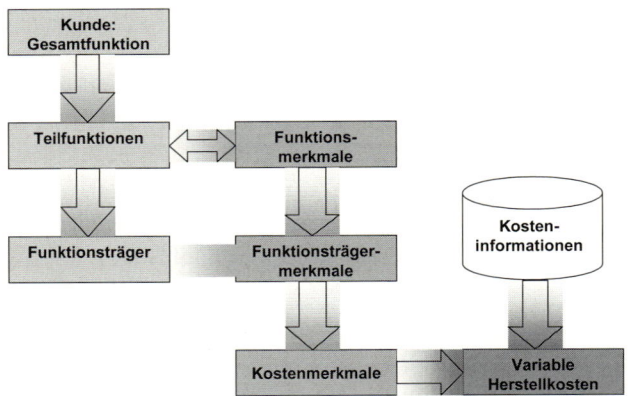

Bild 8.2-5: Konstruktionsbegleitende Kostenschätzung auf Basis variantenbestimmender Merkmale

Ein weiterer Ansatz zur frühzeitigen, konstruktionsbegleitenden Schätzung speziell der variablen Herstellkosten basiert auf der systematischen Betrachtung variantenbestimmender Merkmale (**Bild 8.2-5**). Die für die Kostenschätzung verwendbaren Informationen nehmen im Laufe des Konstruktionsprozesses zu, sowohl hinsichtlich ihres Umfangs als auch hinsichtlich ihrer unmittelbaren Eignung für die Kalkulation. So stehen in frühen Phasen die Funktionsmerkmale zur Verfügung, in späteren Phasen der Konstruktion können konkrete Funktionsträgermerkmale genutzt werden.

Die Kosten eines Produkts werden kalkulatorisch durch Multiplikation eines Mengengerüsts mit einem Wertegerüst festgestellt. Bevor jedoch eine derartige Kalkulation im Rahmen des vorgestellten Kostenschätzverfahrens erfolgen kann, sind zwei Transformationen durchzuführen: Aus den Funktionsmerkmalen eines Produktes werden seine voraussichtlichen späteren kostenintensiven Funktionsträgermerkmale bestimmt. Aus diesen wiederum werden die benötigten Material- und Zeitmengen abgeleitet. Letztere bilden das Mengengerüst der Kalkulation. Das Wertegerüst kann unverändert aus einer (Grenz-) Plankostenrechnung übernommen werden [per01].

8.3   Variantengerechte Gestaltung des Produktspektrums

8.3.1   Produktkonzept

Als Ausgangsbasis für die Neustrukturierung der mehrstufigen Gliederpumpen wurde neben der erläuterten Vergangenheitsanalyse (Kap. 8.2.2) eine umfangreiche Marktanalyse durchgeführt, um den weltweiten Bedarf differenziert nach Marktsegmenten zu erfassen und damit die Kundenforderungen und Schwerpunkte bezüglich der Hauptparameter Förderstrombereich, Druckbereich und Ausführungsvarianten festzulegen.

Die daraus resultierenden Forderungen bezüglich der notwendigen Varianz der zukünftigen Baureihen wurden zusammengefaßt und mit möglichen Alternativen als Auswahlkatalog weltweit allen Vertriebsbereichen zur Auswahl und zur Kommentierung vorgelegt (Befragung). Diese Abstimmung ist unbedingt notwendig, um spätere Diskussionen über zusätzliche zu realisierende Varianten zu minimieren.

Nach Auswertung der Antworten wurde ein Produktkonzept erarbeitet, in dem alle zu realisierenden Ausführungsvarianten festgelegt sind. In Arbeitsgesprächen mit Verkaufsspezialisten dieser Produktfamilie (Expertenrunde) bzw. mit Schlüsselkunden wurde sichergestellt, daß die getroffenen Festlegungen nicht nur die augenblickliche Marktsicht erfassen, sondern auch absehbare zukünftige Marktentwicklungen abdecken.

Für die im nächsten Schritt folgende Strukturierung des Produktkonzepts sind neben den technischen Anforderungen auch die zu realisierenden Anforderungen bezüglich Qualität, Zubehör, Lieferzeiten sowie Absatzprognosen für die unterschiedlichen Anforderungsbereiche im Produktkonzept zu hinterlegen.

8.3.2 Strukturierung des neuen Baukastens

8.3.2.1 Allgemeines

Entscheidend für die Reduktion der Varianz ist die Art der Umsetzung der geforderten und vom Markt honorierten äußeren Varianz in die kostenbestimmende innere Varianz (siehe Kap. 1).

Der erste Schritt bei der Strukturierung eines Baukastens mit darin enthaltenen Baureihen ist die Festlegung der notwendigen Varianten und Größenstufungen. Die Varianten sind in einem mit dem Marketing/Vertrieb gemeinsam getragenem Produktkonzept festgeschrieben (siehe Kap. 8.3.1). Für die Festlegung der Größenstufungen wird in der Literatur vielfach auf geometrisch ähnliche oder halbähnliche Stufungen verwiesen [pabe97, pabe74a, pabe74b].

Die entscheidende Frage ist immer wieder die nach der minimal notwendigen Differenzierung. Wann sind notwendige Differenzierungen vorzunehmen und damit die höhere Variantenvielfalt zu akzeptieren und wann ist es günstiger mit der höherwertigen (größere Maschine/bessere Werkstoffe) und damit bezüglich der direkten Herstellkosten auch teureren Maschine den Markt zu bedienen? Für die Lösung dieses Grundproblems einer Baukastenentwicklung hat sich die Gegenüberstellung und Bewertung der Alternativen mit Abschätzung der Herstellungskosten sowie den indirekt anfallenden Kosten, z.B. nach dem unter Kap. 8.2.4 beschriebenen Verfahren als erfolgreiches Vorgehen mit wirtschaftlich vertretbarem Aufwand erwiesen. Dies muß jedoch in Zusammenarbeit mit allen an der Wertschöpfung beteiligten Bereichen erfolgen. Für die Bewertung bieten die in Kap. 8.2.2 erwähnten Daten eine hervorragende Basis.

Komplexitätsreduzierung heißt jedoch nicht nur eine minimale Zahl von unterschiedlichen Teilen für das gesamte Produktprogramm. Dort, wo unterschiedliche Fertigteile notwendig sind, muß versucht werden, bereits vorhandene Teile nur minimal zu ändern (z. B. durch Nacharbeit). Falls auch dies nicht möglich ist, sind auf jeden Fall gleiche Rohteile anzustreben (z.B. mit gleichen Gußmodellen oder gleichen Rundmaterialien).

8.3.2.2 Größenstufungen

Eine der entscheidenden Weichenstellungen bei der Entwicklung eines Baukasten-/ Baureihensystems ist wie bereits erwähnt die Festlegung der Größenstufungen. Sie kann zu einem späteren Zeitpunkt nur noch mit immensem Aufwand korrigiert werden und ist deshalb besonders sorgsam durchzuführen.

In der Literatur finden sich viele Darstellungen zu geometrisch mit Hilfe der Normzahlreihen gestuften Baureihen, wenn die Ähnlichkeitsgesetze dies zulassen. Andernfalls werden halbähnliche Baureihen vorgesehen [pabe97, pabe74a, pabe74b]. Dabei kann es sinnvoll sein, den Stufensprung über den Baureihenbereich nicht als Konstante zu definieren, sondern nach den Verkaufsprognosen (siehe Kap. 8.2.2 und 8.3.1) des Vertriebes auszurichten. In Bereichen mit größerem Bedarf bzw. erhöhter Anforderung an bestimmte zu erreichende technische Daten, wie z.B. für Arbeitsmaschinen der Wirkungsgrad, muß bereichsweise enger gestuft werden.

Damit ist die geometrische Varianz für die Teile, die für die Hauptfunktion maßgeblich sind, festgelegt. Im Falle einer mehrstufigen Pumpe sind dies die Hydraulikteile (Lauf- und Leiträder). Für andere Einzelteile (z.B. Gehäuse) oder Baugruppen (Dichtungspartien, Lager) kann eine andere Stufung sinnvoll sein. Hier sollte auf jeden Fall versucht werden, weitgehend zusammenzufassen und damit höhere Stückzahlen und wirtschaftlichere Fertigung zu ermöglichen.

8.3.2.3 Integration konstruktiver Varianten

Eine weitere prinzipielle Möglichkeit Varianten einzusparen bietet der Einsatz einer technischen Lösung, die verschiedene andere abdeckt. Ziel ist hierbei die Integration unterschiedlicher konstruktiver Varianten in eine neue Variante (**Bild 8.3-1**).

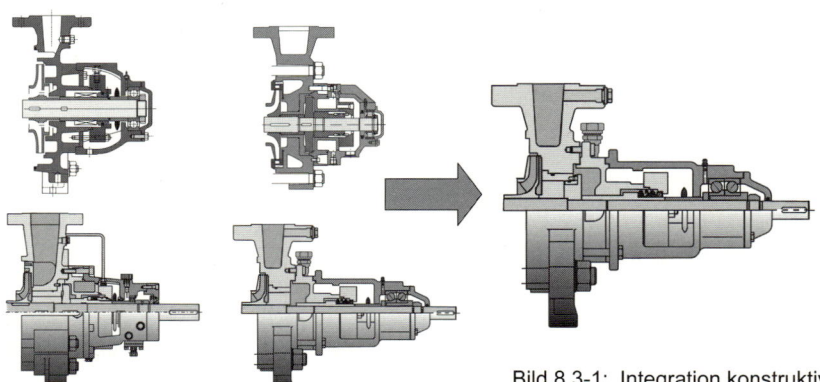

Bild 8.3-1: Integration konstruktiver Varianten

8.3.2.4 Werkstoffvarianz

Die Auswahl der Variante Werkstoff ist zum einen technologisch aufgrund der Beanspruchungen (z.B. chemische Beständigkeit) vom Fördermedium bestimmt. Zum anderen kann über die Werkstoffauswahl die Geometrie bestimmt werden. So kann man fallweise trotz höherer Beanspruchungen gleiche Geometrien, gleiche Zeichnungen, gleiche Bearbeitungsprogramme mit Hilfe höherfester Werkstoffe realisieren. Als Entscheidungsbasis sind hierzu die Stückzahlverteilungen und die Differenzpreise der unterschiedlichen Materialien notwendig.

8.3.3 Dokumentation

Die reduzierte Produktkomplexität hat schon einen ersten Erfolg bei der teilweisen Entlastung des Gemeinkostenbereiches von Dokumentationskosten.

Entsprechend dem Stand der Technik werden alle Zeichnungen mit CAD erstellt, wobei sich für Baureihen/-kästen speziell Tabellen- und Variantenzeichnungen empfehlen (siehe Kap. 8.5.1).

Alle Einzelteile werden auf der Materialnummern-Ebene in sogenannten Bauteillisten erfaßt. Damit ist jederzeit für alle beteiligten Stellen ein schneller Überblick über die gesamte vorhandene Teilevarianz möglich. Der Einkauf sieht die zu den neuen Baureihen gehörigen Rohteile, die Fertigung zusätzlich auch alle Fertigteile. Diese Listen sind auch für die Produktverantwortung bei der späteren Baureihenbetreuung ein hervorragendes Hilfsmittel.

Die vorgesehene Baureihenvarianz wird für den Vertrieb in der Produktkennzeichnung (siehe Kap. 8.2.1) und dem Lieferprogramm dokumentiert. Im Lieferprogramm wird den Ausführungsvarianten die Klassifikation (siehe Kap. 8.3.4) und die Lieferzeit zugeordnet.

Zur Unterstützung der Stücklistenerstellung werden Basisstücklisten erstellt, die schnell der jeweiligen Auftragsvariante angepaßt werden können.

Das definierte Baukastensystem ist nicht geschlossen, sondern kann auch kontrolliert als Basis für auftragsspezifische Anpassungen genommen werden (siehe Kap. 8.3.4).

8.3.4 Klassifikation

Zur besseren Handhabung und Kontrolle der Varianz erfolgte eine Einteilung der definierten Ausführungsvarianten in eine Verkaufsprogramm-Klassifikation (**Tabelle 8.3-1**).

Die in einer Organisationsrichtlinie dokumentierten Regeln definieren die Einstufungen ebenso, wie die notwendigen Genehmigungswege für kundenspezifische Abweichungen vom definierten Standard.

Klassi-fikation	Benennung	Kriterien	Dokumentation	Lieferzeit	Beschaffung, Bevorratung	Bemerkung
S0	Vorzugs-auswahl	festgelegte Baureihe mit fester, kürzest möglicher Lieferzeit und standardisierter Abwicklung	vollständige Konstruktions-unterlagen (CAD, Stück-liste), Preislisten, Liefer-zeitlisten, Arbeitspläne, CNC-Programme, QS-Prüf-pläne, usw.	eindeutig definiert	Fertigteile voll-ständig auf Lager	Standard-Grund-platten, Standard-Zubehör, Standard-Verrohrung, Standard-QS-Plan
S1	strategische Vorzugs-auswahl	festgelegte Baureihe mit kürzer Lieferzeit und standardisierter Abwicklung	wie S0	eindeutig definiert jedoch länger als bei S0	Bezugsquellen fest-gelegt, Beschaffung durchgängig standardisiert, Be-vorratung voll-ständig (Roh- u.o. Fertigteile)	wie S0
S2	Erweiterung zur Vorzugs-auswahl	Wie S1, jedoch nur konzeptionell standardisiertes Programm und standardisierter Abwicklung	Wie S1, jedoch Fertig-stellung der Konstruktions-unterlagen, Arbeitspläne, CNC-Programme, QS-Prüfpläne erst bei Auftrag	eindeutig definiert jedoch länger als bei S1	Bezugsquellen fest-gelegt, Beschaffung standardisiert, Be-vorratung nach Be-darfsplanung Roh-u.o. Fertigteile)	wie S1
S3	Varianten	Nach Kundenwunsch spezielle Variante S1 bis S2	Erstellung bzw. Aktuali-sierung der Dokumentation nur im Auftragsfall	individuell im Einzelfall fest-legen	Einzelbeschaffung im Auftragsfall, keine Bevorratung	Abweichungen vom Standard, nur bear-beiten, wenn reelle Chance zum Auftrag bei guten Vollkosten-preise

Tabelle 8.3-1: Klassifikation des Verkaufsprogramms

Je nach Klassifikationsstufe:

a) S1: Strategische Vorzugsauswahl (Standardisiertes Serienprogramm),
b) S2: Erweiterung zur Vorzugsauswahl (Konzeptionell standardisiertes Programm),
c) S3: Varianten (Auf Kundenwunsch spezielle Variante des Standardprogramms),

liegen die Kriterien zum Umfang der notwendigen Dokumentation, zur Akquisition, zur Art der Kalkulation und der Lieferzeit fest.

Diese an die jeweilige Pumpenausführung gebundene Einteilung wird runtergebrochen bis auf alle enthaltenen Einzelteile und in deren Materialstämmen hinterlegt. Sie ist damit auch die Basis für Lieferzeiten, Lagerdisposition und Bestellvorgänge. Das Einzelteil mit der höchsten Klassifikationsstufe bestimmt den Termin für die Lieferung einer bestimmten Ausführung. Eine notwendige Eigenschaft der Klassifikation ist, daß sie lebt, d.h. in definierten Zeitabständen auf die aktuellen Marktbedingungen angepaßt wird.

Um das „historisch bedingte Anwachsen" der Variantenvielfalt zu kontrollieren, muß vorrangig eine Wiederholung von Baugruppen und/oder Einzelteilen forciert **(Bild 8.3-2)** oder zumindest ein detailliert festgeschriebenes Änderungs- und Erweiterungsverfahren eingeführt werden.

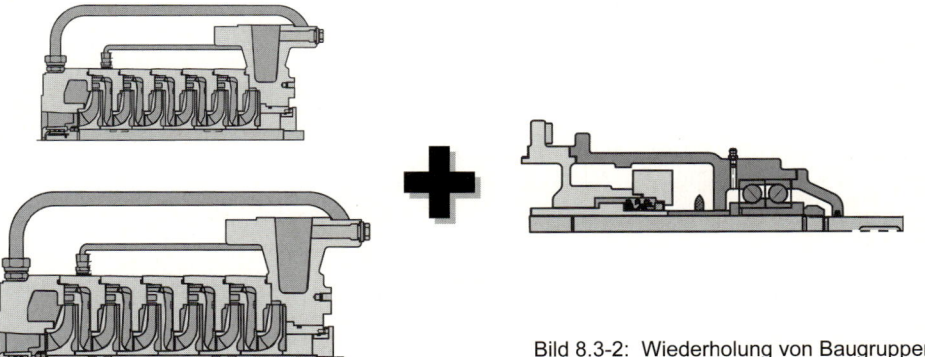

Bild 8.3-2: Wiederholung von Baugruppen

8.4 Variantengerechte Gestaltung der Produktionsstruktur

8.4.1 Ausgangsbasis und Randbedingungen

Mit dem Ziel, die Ablauforganisation zu vereinfachen, um die Variantenvielfalt vor allem in Hinblick auf die geforderten kurzen Lieferzeiten besser zu beherrschen, wurde analog zur Strukturierung des Produktspektrums die Struktur der Produktion untersucht und dem Produktspektrum angepaßt.

Die bei dieser Umgestaltung zu berücksichtigenden Randbedingungen sind sicher typisch für viele kleine und mittelständische Unternehmen (KMU) der Einzel- und Kleinserienfertigung:

- Es ist keine „grüne-Wiese-Planung" möglich (Zahl der Freiheitsgrade gegenüber einer Idealplanung stark eingeschränkt).
- Vorhandene Gelände und Gebäude können gar nicht oder nur geringfügig geändert werden.
- Der vorhandene Maschinenpark muß großteils weiter verwendet werden. Neuinvestitionen müssen wirtschaftlich gerechtfertigt werden.
- Während der Umstellungsphase sollte die Funktionsfähigkeit der Produktion aufrecht gehalten werden.

8.4.2 Maßnahmen

Ausgehend von der vorhandenen Produktion mit nach Funktionen (z.B. Sägerei, Dreherei) getrennten Bereichen erfolgte eine Umwandlung in eine segmentierte Fabrik mit klarer Produktorientierung **(Bild 8.4-1)**. Dazu wurde die Fertigung vollständig, inklusive Arbeitsvorbereitung, Betriebsmittel, Lager und Montage, organisatorisch und räumlich umgestaltet und nach Pumpenbauarten getrennt. Diese auch in der gesamten Firmenorganisation eingeführte Segmentierung nach Produktfamilien ermöglicht die Zusammenfassung ähnlicher Teile mit ähnlichen Forderungen an die Produktion.

8.4.2.1 Lager

Das bisherige werkszentrale Lager, in dem vom Rohteil bis zum Fertigteil aller am Standort gefertigten Produkte alles aufbewahrt wurde, wurde jedoch nicht nur den einzelnen Bereichen zugeordnet, sondern zusätzlich noch aufgeteilt in Roh- und Fertigteillager. Diese wurden räumlich und organisatorisch den verbrauchenden Bereichen Zerspannung und Montage zugeordnet. Direkt bei den einzelnen Montagearbeitsplätzen installierte Handlager enthalten die am häufigsten verwendeten Kleinteile. Damit ist sichergestellt, daß der gesamte notwendige Materialfluß auf möglichst kurzem Weg kreuzungsfrei erfolgt.

8.4.2.2 Bearbeitungsmaschinen

In der vorherigen funktionalen Produktion mit den nach Bearbeitungsmaschinentypen gruppierten Bereichen summierten sich die zahlreichen Transport- und Wartezeiten so stark, daß für Pumpen mit kurzer Lieferzeit (S1-Klassifikation) immer eine Lagerfertigung durchgeführt werden mußte. Um diese aufgrund der großen Variantenvielzahl umfangreichen Lagerbestände zu beseitigen und eine Just-in-Time-Fertigung zu realisieren, erfolgte eine Umstellung auf eine teilespezifische Inselfertigung. Die Anordnung der Werkzeugmaschinen erfolgte kettenförmig in Arbeitsgruppen für ähnliche Teile (z.B. Wellen, Laufräder, Gehäuse), entsprechend der Reihenfolge der notwendigen Arbeitsschritte. Damit ist gewährleistet, daß vom Rohteil bis zum Fertigteil nur noch geringe Transport- und Wartezeiten anfallen.

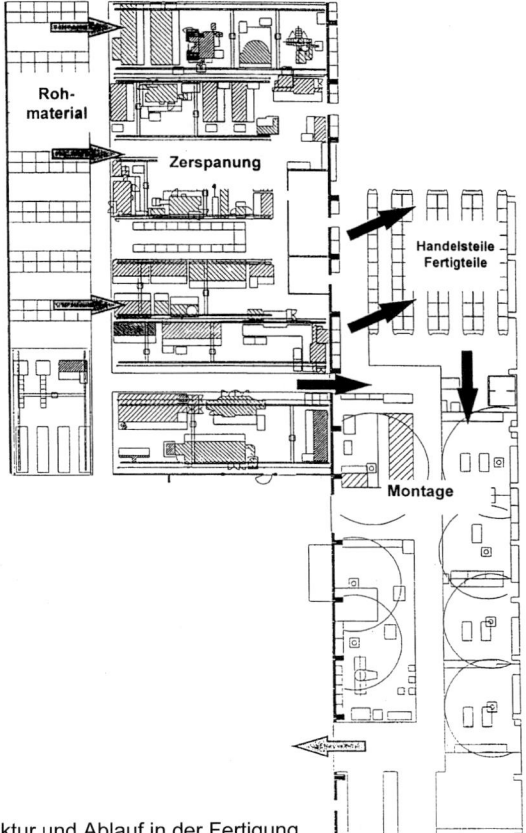

Bild 8.4-1: Struktur und Ablauf in der Fertigung

Für die Kapazitätsauslegung der einzelnen Inseln und der zugehörigen Werkzeug-maschinen mußte das vorhandene und zukünftige Produktprogramm auf die einzel-nen Produktvarianten mit den zugehörigen Teilen und Stückzahlen heruntergebro-chen werden. Die hierzu verwendeten Ansätze werden in Kap. 4 erläutert.

8.4.2.3 Steuerung

Um kurze Kommunikationswege zu gewährleisten, wurde die Fertigungssteuerung in unmittelbarer Nähe der Fertigungsinseln installiert.

Als auftragsbezogene Fertigungssteuerung für die teilebezogenen Fertigungsinseln wird die sogenannte Engpaßsteuerung eingesetzt **(Bild 8.4-2)**. Bei diesem Vorgehen wird die Engpaßmaschine als Taktgeber zur Steuerung verwendet. Es werden im-mer nur so viele Teile für die Inselproduktion freigegeben, wie dort bewältigt wer-den können. Durch diese Konzentration auf wenige Maschinen gewinnt man bei der Auslastungsbetrachtung eine größere Übersichtlichkeit.

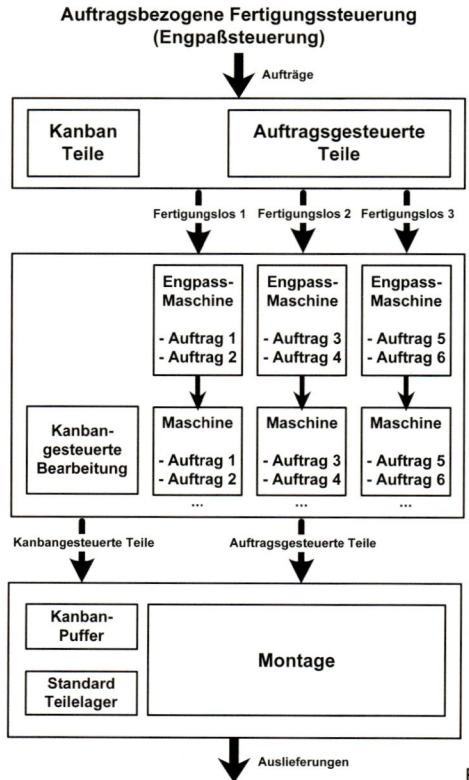

Bild 8.4-2: Auftragsbezogene Fertigungssteuerung

8.5   Abstimmung der Produkt- und der Produktionsstruktur

8.5.1   Umsetzung der Baukastenüberlegungen

Entscheidend für den Erfolg einer Baukasten-/Baureihenentwicklung ist neben den in Kap. 8.3 dargestellten Strategien auch die Übertragung des Baukastendenkens in die Fertigung. Dazu ist es zwingend notwendig, daß während der gesamten Entwicklungszeit ein ständiger Kontakt zwischen Entwicklungsteam und Fertigung besteht. Dies kann durch einen Fertigungsvertreter im bereichsübergreifenden Kernteam ebenso erfolgen, wie durch gemeinsame Diskussionen und ein Bewerten alternativer Lösungsansätze mit Einzelbereichen (Arbeitsplanung, Montage). Ebenso hilfreich sind Schulungen aller Fertigungsmitarbeiter vor der offiziellen Einführung der neuen Baureihen.

Die reduzierte Komplexität des Baukasten-/Baureihensystems bietet eine hervorragende Basis, um auch schlanke Ablaufprozesse in der Produktion zu verwirklichen (**Bild 8.4-1**).

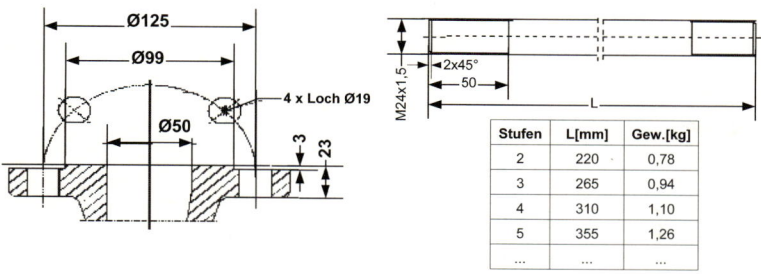

Bild 8.5-1: Umsetzung der Baukastenüberlegungen

Stufen	L[mm]	Gew.[kg]
2	220	0,78
3	265	0,94
4	310	1,10
5	355	1,26
...	...	...

Als Ausführungsformen von Zeichnungen bieten sich für Baukästen und Baureihen Tabellen- und Variantenzeichnungen an (**Bild 8.5-1**). Tabellenzeichnungen sollten verwendet werden, wenn sich von Teil zu Teil jeweils nur wenige Maße ändern, wie es bei allen stufenzahlabhängigen Teilen (z.B. Wellen und Verbindungsschrauben) der Fall ist. Variantenzeichnungen sind vorteilhaft, wenn in einem Detail eines Bauteils viele Ausführungsvarianten abgebildet werden (z.B. Flanschausführungen bei Gehäusen). Mit der Nutzung dieser Zeichnungskonzepte ist sichergestellt, daß der Verwandtschaftsgrad der Teile sofort erkennbar ist und sich durch Wiederverwendung von gemeinsamen Teilen, Arbeitsplänen, Fertigungsprogrammen und Vorrichtungen in einer Reduktion der Fertigungsdokumentation niederschlägt. Zudem ist bei späteren Änderungen, wenn zum Beispiel eine neue Bearbeitungsmaschine neue Möglichkeiten bietet, der Änderungsaufwand für die Zeichnungen und Fertigungsunterlagen minimiert.

Eine wichtige Entscheidungsbasis bilden auch die auf das Einzelteil heruntergebrochenen Planzahlen, die pumpenbezogen schon im Produktkonzept (siehe Kap. 8.3.1) dokumentiert wurden. Sie sind entscheidend bei den Festlegungen von Werkzeugen und Vorrichtungen.

8.5.2 Just-In-Time und/oder KANBAN

Um die Kosten für die Lagerhaltungen insgesamt stark zu reduzieren, war für alle Sterling-Werke eine strategische Entscheidung in Richtung auftragsbezogene Fertigung (Just-In-Time) gefallen [men01]. Ziel ist, möglichst viele der für die Pumpe notwendigen Teile erst mit dem Auftragseingang zu fertigen. In Abhängigkeit von den Lieferzeiten (Klassifizierungen siehe Kap. 8.3.1) fällt darunter, falls zeitlich möglich, auch die Beschaffung der Rohteile.

Dieses Vorgehen ist allerdings nicht für alle Bauteile wirtschaftlich sinnvoll, da den ersparten Lagerhaltungskosten erhöhte Aufwendungen für Rüstzeit und Steuerung gegenüber stehen. Besonders bei Bauteilen die aufgrund der Mehrstufigkeit oder Wiederholung (siehe Kap. 8.3.1) regelmäßig in größeren Stückzahlen vorkommen bietet sich eine Steuerung nach dem KANBAN-Prinzip an [men01]. Hierbei wird in der Montage ein Bestandspuffer (z.B. Palette) mit einer definierten Stückzahl ge-

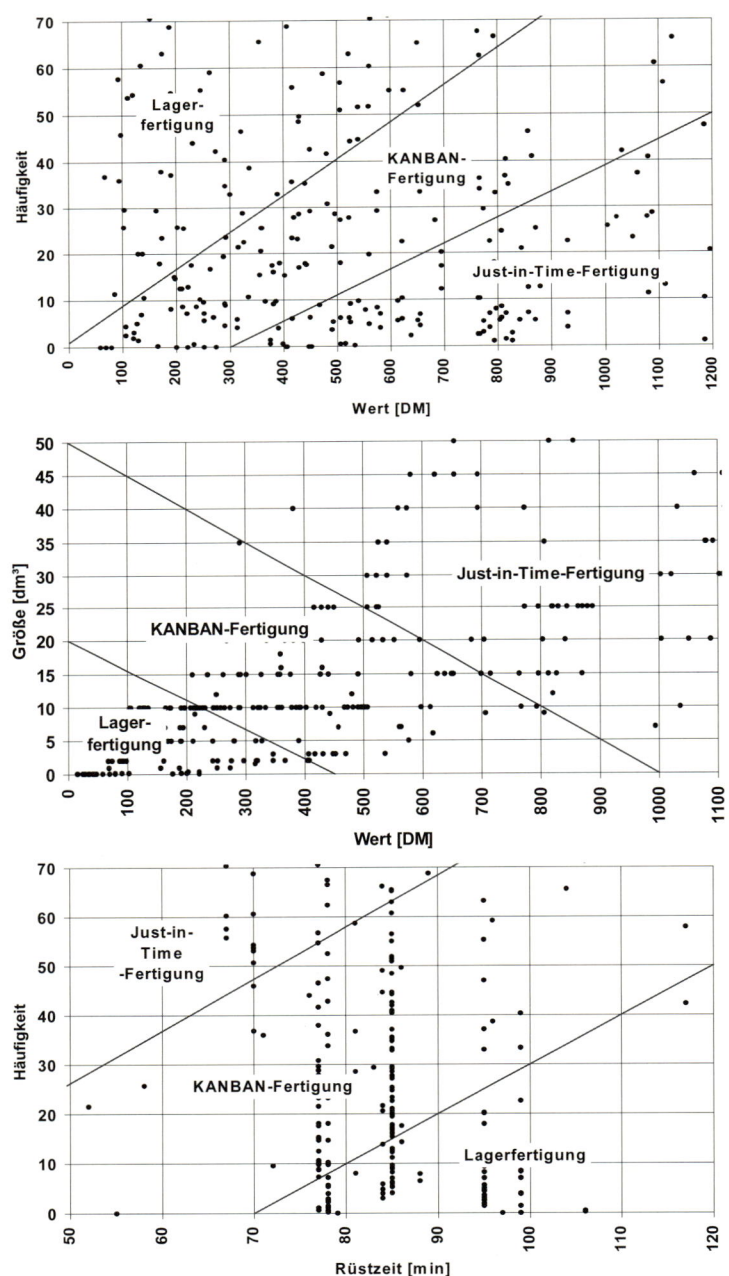

Bild 8.5-2: KANBAN und/oder Just-In-Time

führt. Bei Unterschreitung des Mindestbestandes wird ein Fertigungsauftrag mit definierter Losgröße gestartet und ein weiterer Bestandspuffer gefüllt und anschließend mit dem ersten ausgetauscht. Die beiden Paletten befinden sich also im Umlauf.

Für die Einteilung der dokumentierten Teile in die verschiedenen Fertigungsgruppen wurden folgende Kriterien herangezogen:

- Raumbedarf (Größe) und damit Lagerkosten,
- Wert des fertigen Teiles,
- Häufigkeit und
- Rüstzeit.

Dazu wurden alle Teile jeweils nach zwei Kriterien in Diagramme eingetragen und in der gemeinsamen Diskussion mit allen beteiligten Bereichen Grenzlinien für die einzelnen Fertigungsgruppen definiert (**Bild 8.5-2**). Die endgültige Eingruppierung erfolgte nach dem Mehrheitsprinzip innerhalb der Beteiligten.

8.6 Variantenbeherrschung beim Angebot und in der Auftragsabwicklung

Mit den in Kap. 8.3 beschriebenen Maßnahmen zur Reduktion der internen Produktkomplexität und den Maßnahmen zur schnellen Umsetzung in der Fertigung (siehe Kap. 8.4 bzw. 8.5) wurde die Basis für die effiziente und damit kostenoptimale Handhabung der mehrstufigen Gliederpumpen geschaffen.

Zur erfolgreichen Umsetzung auf dem Markt und damit auch zur Abschöpfung der Kostensenkungspotentiale müssen jedoch auch die vor- und nachgelagerten Unternehmensbereiche (Vertrieb und Auftragsabwicklung) einbezogen werden. Auf Grundlage der vereinfachten Produktstrukturen mit den detailliert festgelegten Klassifikationsstufen können die gesamten notwendigen Geschäftsprozesse strukturiert werden (**Bild 8.6-1**), um ebenfalls eine Straffung der Abläufe zu erreichen. Notwendige EDV-Unterstützungen fordern nur noch einen Bruchteil des Aufwandes, der für ihre Realisierung vor den durchgeführten Standardisierungsmaßnahmen notwendig gewesen wäre.

8.6.1 Angebotsprogramm

Um den Aufwand für Angebote zu reduzieren sowie die Qualität und Vollständigkeit der Angebotsunterlagen zu verbessern, muß ein Auswahl- und Angebotsprogramm folgende Anforderungen erfüllen [lux01] [fra00]:

- Unterstützung bei Auswahl von Alternativen (Preis/Wirkungsgrad; feste/variable Drehzahl),
- Berücksichtigung von Auswahlbedingungen und Grenzwerten,
- Entlastung bei Standardberechnungen,
- Weltweite Einsetzbarkeit, d.h. Sprachen leicht anpaßbar, unterschiedliche Dimensionen auswählbar etc.,

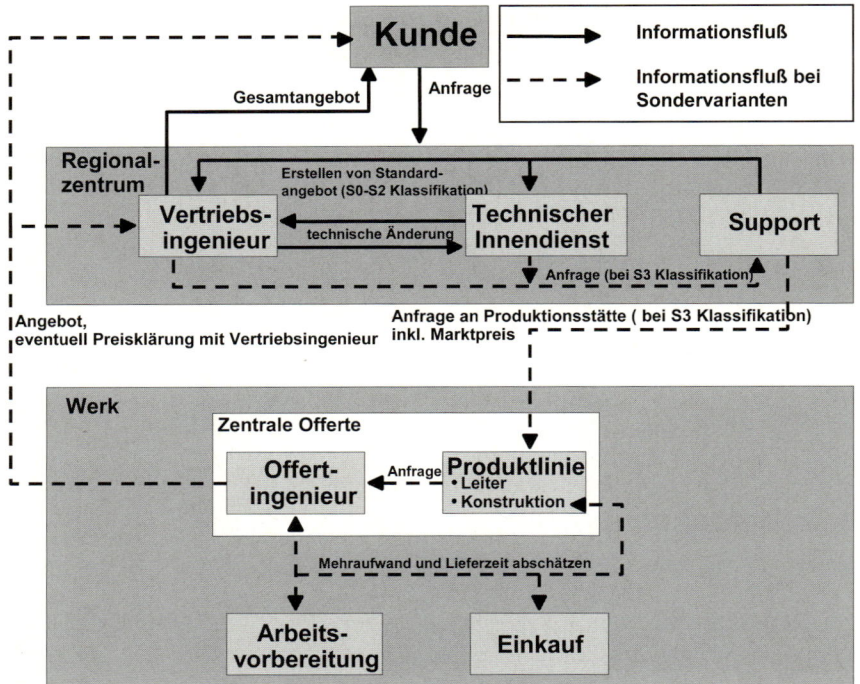

Bild 8.6-1: Prozesse bei der Angebotserstellung

- Realisierung einer Projektdatenbank,
- Verknüpfung mit ERP-System und Office-Anwendungen.

Mit dem realisierten Angebotsprogramm und den enthaltenen Hauptmodulen Hydraulikauswahl (**Bild 8.6-2**), Variantenauswahl (**Bild 8.6-3**), Aggregatszeichnung **(Bild 8.6-5)** und Zubehörauswahl, können die Mitarbeiter in den Verkaufsbereichen DV-unterstützt schnell die kompletten Angebotsunterlagen, wie z.B. Hydraulikkurven, Datenblatt, Schnittbild, Maßbild, Preisliste etc. erstellen. Aufgrund der dadurch erreichten Geschwindigkeit ist das Durchspielen von Lösungsalternativen effizient möglich; technische Grenzen werden automatisch überprüft. Abweichungen vom vorgesehenen, im Programm hinterlegten Standard erfordern vom Anbieter deutlich aufwendigere „Handarbeit". Damit besteht auch für den Verkauf ein zusätzlicher Anreiz, von Beginn an möglichst die dokumentierten Ausführungen anzubieten.

8.6.2 Aggregatekonfigurator

In aktuellen Ausschreibungen, Geschäftsvereinbarungen u.ä. wird das System aus Antrieb und Pumpe vermehrt als Einheit gesehen und der Pumpenlieferant damit zum Systemlieferant. Somit sind die Pumpenanbieter gezwungen, ihre Angebots- und Abwicklungssysteme auch in Hinblick auf Gesamtaggregate zu optimieren.

Komplette Aggregate bestehen aus Pumpe, Motor, Kupplung, Berührungsschutz, Grundplatten, diversen Kleinteilen und Unterlagen. Aus einer Vielzahl von Einzel-

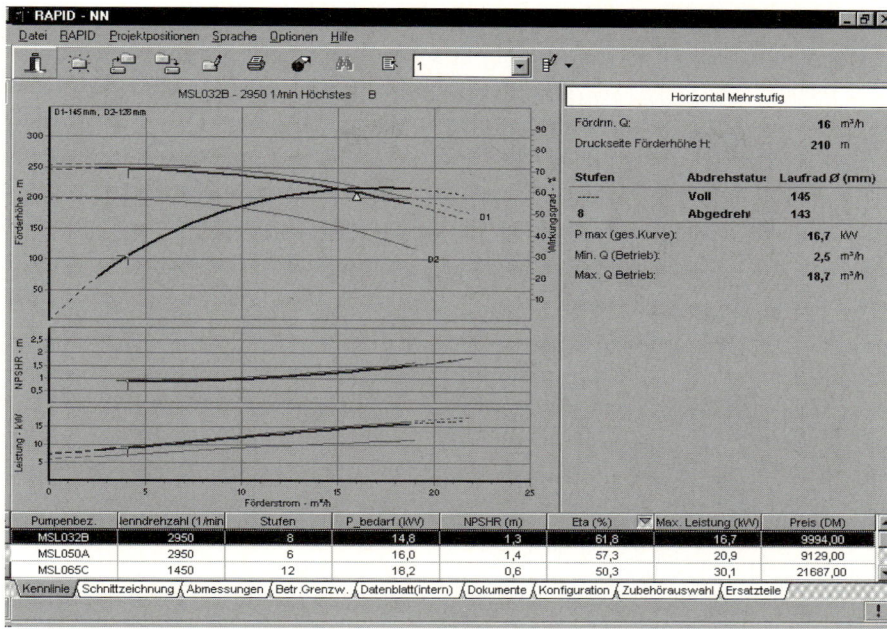

Bild 8.6-2: Hydraulikauswahl

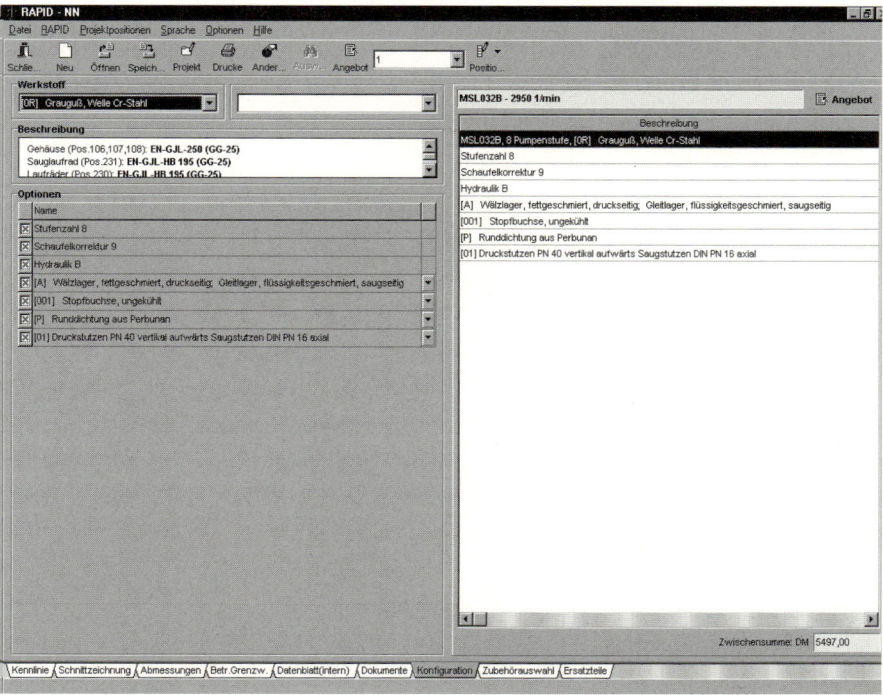

Bild 8.6-3: Variantenauswahl

komponenten (z.B. mehr als 4800 unterschiedliche Motoren) muß die passende, vom Kunden gewünschte, technisch optimale und mögliche Kombination auftrags-abhängig zusammengestellt werden. Dazu wurde eine Software auf Basis des SAP/R3-Variantenkonfigurators erstellt **(Bild 8.6-4)** [sap01]. Die Zusammenstellung der Teile erfolgt jeweils individuell sowohl bei der Angebotserstellung als auch bei der Auftragsabwicklung.

Die einzelnen Funktionen des Variantenkonfigurators sind:

- Alle vorkommenden Teile werden klassifiziert und mit Merkmalen versehen (Beispiel: Klasse der Motoren).
- Jedem Pumpentyp wird für die Zusammenstellung ein konfigurierbares Material (KMAT) zugeordnet, die sogenannte Maximalstückliste mit Klassen an den einzelnen Stücklistenpositionen.
- Über das Beziehungswissen werden aus den Klassen die passenden Teile ausgewählt. Abbildung des technischen Know-hows auf einfacher Ebene. (Beispiel: direkte Zuordnung von Standardkupplungen über das Drehmoment).
- Für die komplexere Auswahl wird das technische Wissen in Entscheidungstabellen hinterlegt. (Beispiel: notwendige Mehrfachabfragen).
- In einer automatischen Konsistenzprüfung wird das Ergebnis noch einmal überprüft (Beispiel: Paßt die nach Drehmoment ausgewählte Kupplung auch an der Motorwelle?).
- Automatische Übernahme der selektierten Materialien in den Auftrag.

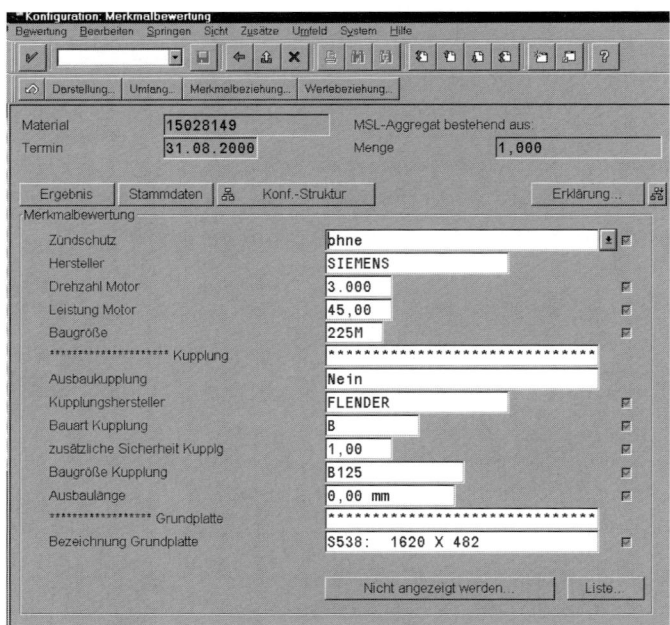

Bild 8.6-4: Umsetzung auf ERP-Ebene

Als Ergebnis erhält man eine Liste mit den notwendigen Teilen, den ermittelten Aggregatpreis und die Hauptabmessungen für den Aufstellungsplan **(Bild 8.6-5)**.

Mit Hilfe der Konfigurationssoftware ist dies trotz der Vielzahl der technischen Lösungsmöglichkeiten schnell und kontrolliert möglich.

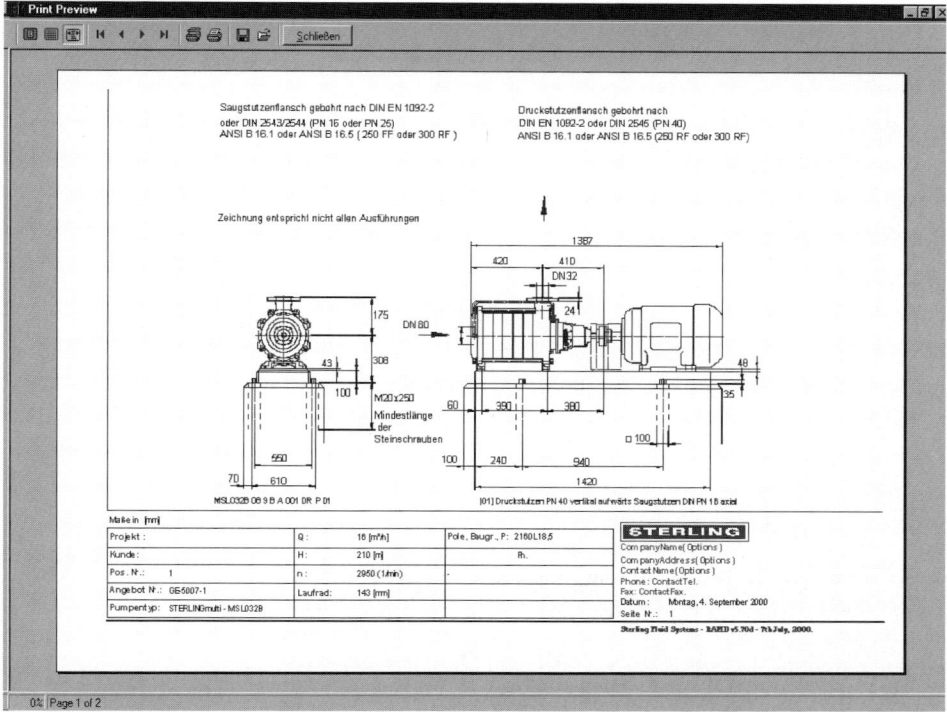

Bild 8.6-5: Aggregatszeichnung

8.7 Fazit

Für Sterling SIHI ergab sich aufgrund der zeitlichen Parallelität zwischen EVAPRO und dem Entwicklungsprojekt Gliedergehäusepumpen ein großer Nutzen. Es war möglich, die gefundenen Ansätze und Lösungsmöglichkeiten zur Beherrschung der Variantenvielfalt mit den anderen Projektpartnern zu diskutieren und direkt in die Praxis umzusetzen.

Mit den gefundenen Methoden und dokumentierten Vorgehensweisen konnte in relativ kurzer Zeit eine komplette Baureihenüberarbeitung durchgeführt und diese im Markt erfolgreich plaziert werden. Bei Projektende lag für die mehrstufigen Gliedergehäusepumpen ein vollständig dokumentiertes und klassifiziertes Produktprogramm vor, das trotz deutlich reduzierter innerer Komplexität die notwendigen Varianten für den Markt bietet. Die erreichte Reduktion der Varianz ist beachtlich und kann an der Zahl der Gußmodell anschaulich verdeutlicht werden (**Bild 8.7-1**). Die eingestellte Klassifizierung muß momentan nicht angepaßt werden (**Bild 8.7-2**).

Mit den durchgeführten Veränderungen in Struktur und Ablauf der Fertigung ist der Aufbau einer kompakten Fertigung gelungen. Durch die durchflußgerechte, lineare Anordnung von Rohteillager, Fertigungsmaschinen, Handelsteile/Fertigteillager und Montage können die vom Markt geforderten kurzen Lieferzeiten auch mit einer Just-In-Time Fertigung erreicht und damit die Lagerhaltungskosten bei aller notwendigen Variantenvielfalt minimiert werden.

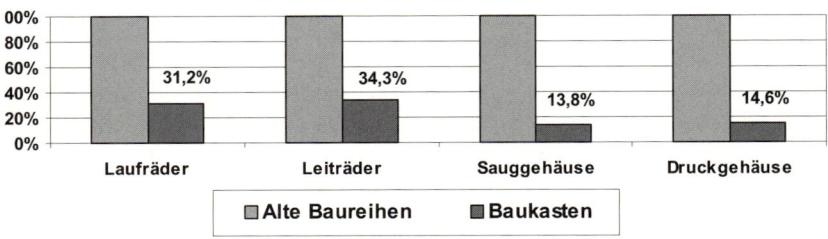

Bild 8.7-1: Reduktion der Modelleinrichtungen

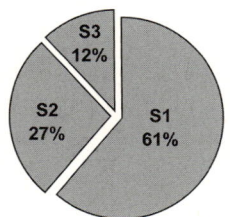

Bild 8.7-2: Erreichte Strukturierung des Produktspektrums

Die vereinfachte Baureihenstruktur bietet die Basis für klare, durchsichtige Prozesse sowie Angebotsprogramm und Aggregatekonfigurator. Mit dieser DV-Unterstützung ist gewährleistet, daß auch die Umsetzung in den Vertriebs- und Abwicklungsbereichen erfolgt. Zudem kann auf zukünftige Marktveränderungen schnell und kostengünstig reagiert werden. Mit dem vorliegenden Programm wurde auch eine hervorragende Basis für den geplanten späteren Einstieg in den Bereich E-Commerce geschaffen.

Die im Projektablauf gefundene und getestete Vorgehensweise wird für weitere andere Projekte in der Sterling Gruppe mit dem Ziel Komplexitätsreduktion als Leitlinie verwendet.

Weitere Schritte sind:

- die Erweiterung des Baukastens,
- die Stücklistenerstellung mittels Pumpenkonfigurator,
- Weitergabe der Erfahrungen an andere Werke der Gruppe und
- Fortsetzung des Erfahrungsaustausches mit den EVAPRO-Partnern.

9 Optimierung der Planung und Steuerung einer Omnibusfertigung

Robert Götz, Marc Menge

9.1 Ausgangssituation und Ziel

Die im konkreten Fallbeispiel zugrunde liegende Omnibusproduktion ist durch folgende wesentliche Kennzeichen geprägt:

- niedrige Stückzahlen bis ca. 10 Fahrzeuge pro Tag,
- drei unterschiedliche Baureihen werden gleichzeitig produziert,
- hohe Durchlaufzeit durch die Produktion (> 6 Wochen),
- hoher Kundeneinfluß auf die Produktgestaltung, dadurch viele Kundensonderwünsche und eine große Variantenvielfalt,
- komplexe Produktstruktur.

Die aus dieser Charakteristik resultierenden innerbetrieblichen Probleme und Schwierigkeiten sowie die aufbauend auf der Analyse der technischen Auftragsabwicklung erarbeiteten Anforderungen an Verbesserungsmaßnahmen zur Variantenbeherrschung werden im folgenden dargestellt.

9.1.1 Der Prozeß der technischen Auftragsabwicklung

Der zeitliche Soll-Ablauf des Auftragsdurchlaufs ist in **Bild 9.1-1** dargestellt. Zunächst wird der Auftrag zwischen Aussendienstmitarbeitern und Kunden verhandelt. Unterstützt wird der Vertrieb dabei durch ein EDV-gestütztes System zur Angebotserstellung, mittels dessen die häufig detaillierten Kundenvorstellungen in die passenden technischen Module übersetzt und gleichzeitig auf Zwänge und Verbote geprüft werden.

Die technische Auftragsklärung ist der Abschluß der Angebotsphase. Entscheidet sich der Kunde für das Angebot, wird im darauffolgenden Schritt die Lieferumfangsbeschreibung mit Vertrieb, Kunde und Konstruktion nochmals exakt durchgesprochen und z.B. Lösungsvarianten für Sonderwünsche entschieden. Die Abarbeitung aller konstruktiv offenen Punkte liefert am Ende die komplette technische Beschreibung des Fahrzeugs. Die periodische Einplanungssitzung entscheidet über die Produktionsreihenfolge der Kundenaufträge und die in der nächsten Periode in Fassung gegebenen Fahrzeuge.

Die Fassung ist der Übergang von der Vordisposition in die konkrete Bedarfsauslösung. Hier werden die in der Einplanung definierten Aufträge aufgelöst (Brutto-/Nettobedarfsrechnung) und die Beschaffung aller Teile angestoßen. Es folgt der Beginn der Fahrzeugmontage; die Montagedurchlaufzeit hängt ab von der aktuellen Produktionsschlagzahl, dem Mix der Fahrzeuge und den vereinbarten Lieferterminen.

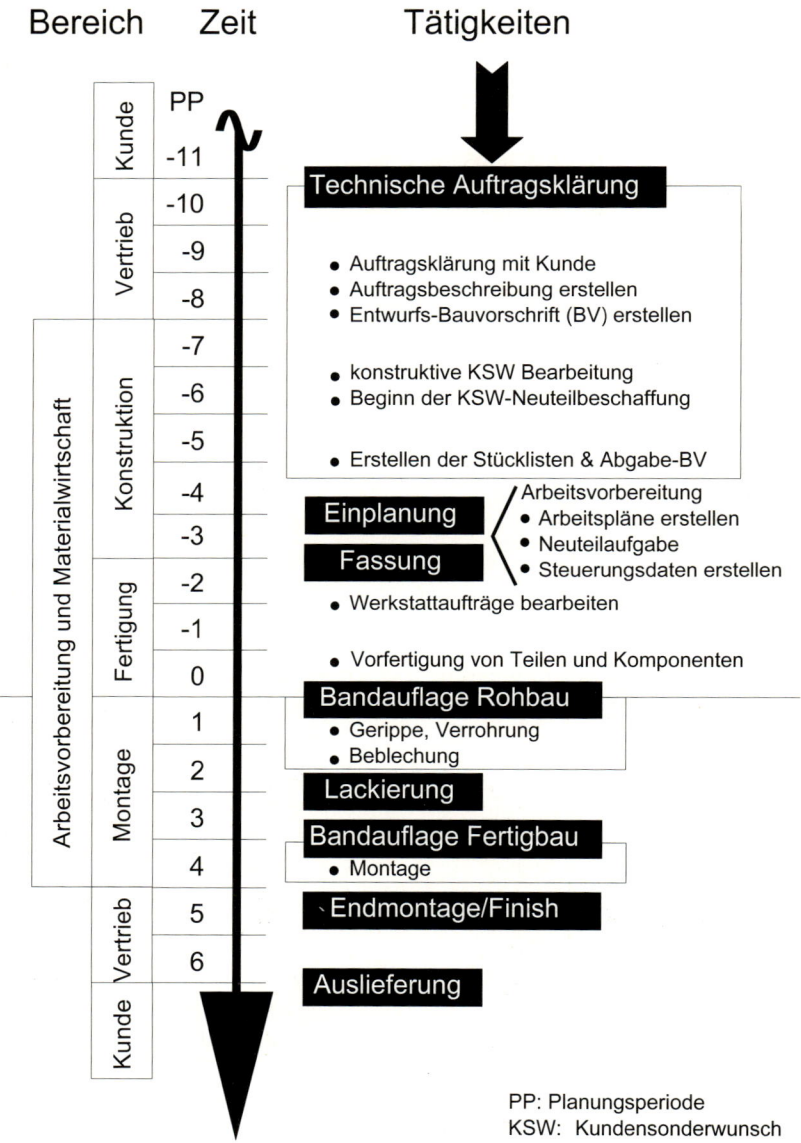

Bild 9.1-1: Auftragsdurchlauf im Omnibusbau

9.1.2 Schwachstellen und Probleme

Insgesamt weist die technische Auftragsabwicklung einen starren Charakter auf, der bei einer variantenreichen Einzel- und Kleinserienfertigung mit einem großen Kundeneinfluß zu zahlreichen Problemen führt. Ein wesentliches Kennzeichen der Auftragsabwicklung ist die hohe Zahl an technischen Produktänderungen. Innerhalb eines Untersuchungszeitraums von 21 Planungsperioden haben z.B. 963 Änderungen die Freigabe für den Serieneinsatz bekommen. Das bedeutet im Durchschnitt ca. 6,5 Änderungen pro Arbeitstag, unabhängig vom technischen Umfang der Änderung. Kundensonderwünsche haben einen Gesamtanteil von ca. 27% an den untersuchten Änderungen. Weiterhin wurde deutlich, daß über 50% der Änderungen kurzfristig, d.h. schnellstmöglich zu bearbeiten und in das Produkt einzuführen sind.

Aufgrund der Komplexität der Fahrzeuge und der umfangreichen Sonderwünsche ist die rechtzeitige Fertigstellung der Lieferumfangsbeschreibung durch den Vertrieb und die rechtzeitige Fertigstellung der technischen Dokumentation nicht immer sichergestellt. Die Transparenz und damit Steuerbarkeit des Prozesses „Dokumentationserstellung" war unzureichend. Damit wird die Materialvordisposition und die Materialbeschaffung kritisch: es kann das falsche Material beschafft bzw. umgekehrt die Mindestbeschaffungszeit unterschritten werden.

Weiterhin ist aufgrund der anonymen, nicht auftragsbezogenen Beschaffung die Materialversorgung einzelner Fahrzeuge intransparent. Zwischen Bedarfsauslösung und Materialverwendung vergehen 2–9 Wochen; in dieser Zeit kann durch Auftragsänderungen oder „Praxis" einiges an Material(zusatz)bedarf entstehen. Die daraus folgende Fehlteilquote kann die Montage behindern. Es fehlte bisher an Werkzeugen, um die Materialverfügbarkeit im kurzfristigen Bereich überwachen und daraus letzte Materialanstöße auslösen zu können. Aufgrund von erkannten Engpässen mußte die Montagereihenfolge dementsprechend oftmals umgeplant werden. Die Auswirkung der Reihenfolgeänderungen waren für die Montagesteuerung einerseits zu wenig transparent; sie wirken sich andererseits sowohl auf die Materialversorgung als auch auf die Personaleinsatzsteuerung aus. Folgerung aus letzterem ist eine nicht optimale Anpassung der Personalkapazität an den aktuellen Bedarf.

9.1.3 Ziele

Zur Verbesserung der Variantenbeherrschung werden folgende Teilziele angestrebt:

- Erhöhung der Transparenz in der Auftragsabwicklung,
- Fahrzeugbezogenes Controlling hinsichtlich fehlender Dokumentation,
- Bereitstellung der technischen Dokumentation zum Bedarfstermin,
- Optimierung der Ablauforganisation zur Reaktion auf Änderungen,
- Reduzierung von Fehlteilen,
- Aufbau einer Reichweitenermittlung zur Vorausschau der Teileversorgung,
- Steuerung der Fertigungsaufträge anhand der tatsächlichen Bedarfstermine der Montage,
- Planung der Montagereihenfolge unter Berücksichtigung von voraussichtlicher Teileverfügbarkeit, Liefertermin und Dokumentationsstand,

- Sicherstellung einer planmäßigen Montagefolge ohne Störungen aufgrund technischer Änderungen oder Fehlteile,
- Dynamische und kontinuierliche Prognose des Eintreffzeitpunkts eines Fahrzeugs pro Montagestation,
- Verbesserung der Überwachung des Auslieferungstermins und
- Ermittlung des kurzfristigen Personalbedarfs unter Berücksichtigung der realen Montagereihenfolge und der unterschiedlichen typ- und variantenspezifischen Arbeitsinhalte der verschiedenen Fahrzeuge.

9.2 Gesamtkonzept zur Flexibilisierung der Omnibusproduktion

Auf den Ergebnissen der Schwachstellenanalyse sowie den daraus abgeleiteten Anforderungen erfolgt die Entwicklung eines Lösungsansatzes zur Verbesserung der Variantenbeherrschung. Das entwickelte Konzept basiert auf folgenden zwei Leitgedanken:

1. Erhöhung der Transparenz in der Auftragsabwicklung durch auftragsbezogene Informationsbereitstellung,
2. Orientierung der Auftragsabwicklung an den Bedarfsterminen der Montage durch konsequente Anwendung des Zugprinzips auf Material, Informationen und Personal.

Der Lösungsansatz zielt auf die Überwindung der wesentlichen erkannten Schwachstellen, insbesondere der hohen Anzahl an Fehlteilen, der erheblichen kurzfristigen Schwankungen der Montagereihenfolge sowie der unvollständigen bzw. nicht termingerechten Fahrzeugdokumentation ab. Sie setzt sich aus vier aufeinander abgestimmten Einzelbausteinen zusammen. **Bild 9.2-1** gibt einen Überblick über das Zusammenwirken der einzelnen Bausteine *produktionsorientiertes Änderungsmanagement*, *Fertigungssteuerung*, *Montagesteuerung* und *Personalsteuerung*.

Im Zentrum der Betrachtung steht die effiziente *Steuerung der Montage*, da dort alle Probleme und Störungen aus der Auftragsabwicklung zusammentreffen. Zur Vermeidung dieser Störungen müssen sich die vorgelagerten Bereiche und Funktionen wesentlich stärker an den Erfordernissen und Terminen der Montage ausrichten. Ein Schlüssel dazu ist eine kontinuierliche und dynamische Prognose des wahrscheinlichen Fahrzeugdurchlaufs auf der Basis der aktuellen Montagereihenfolge, mit der für jedes Fahrzeug die Eintrefftermine an den verschiedenen Montagestandorten ermittelt werden. Die terminliche Feinsteuerung der Teileversorgung, der Änderungsbearbeitung sowie des Personaleinsatzes in der Montage erfolgt über diese Eintrefftermine, die im weiteren Verlauf dieses Kapitels auch Bedarfstermine genannt werden. Ein weiterer wesentlicher Aspekt ist die fahrzeugspezifische Berücksichtigung der Teileversorgungssituation und des Dokumentationsstands bei der Planung und Steuerung der optimalen Montagereihenfolge.

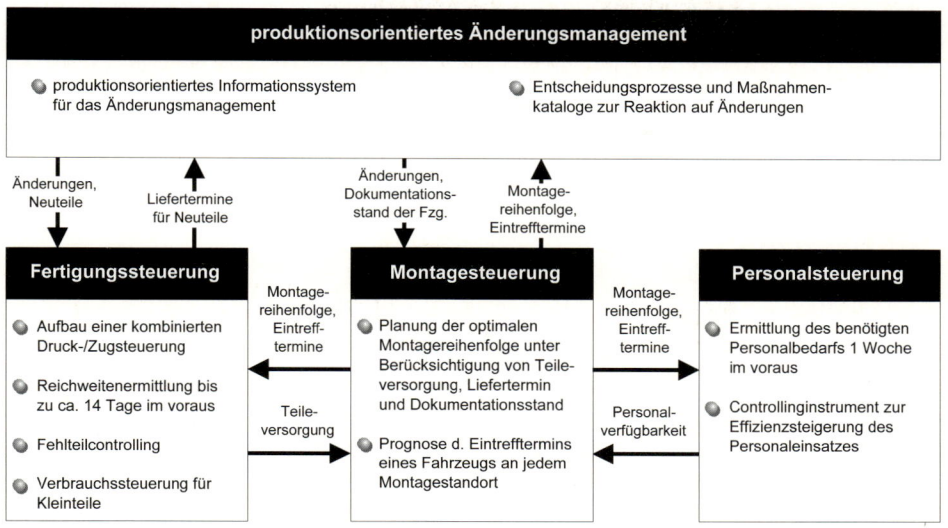

Bild 9.2-1: Integriertes Grobkonzept zur Optimierung der Variantenbeherrschung

Durch den Aufbau eines *produktionsorientierten Änderungsmanagements* werden Prozesse definiert, die situationsspezifische Maßnahmen zur Überwachung und Lenkung der Änderungsbearbeitung anstoßen. Dieses Controlling der Änderungsbearbeitung zielt auf die rechtzeitige Bereitstellung der für die Montage eines Fahrzeugs benötigten technischen Dokumentation zum Bedarfstermin ab. Zur Unterstützung der termingerechten Änderungsbearbeitung werden alle verfügbaren fahrzeug- und auftragsbezogenen Änderungsinformationen mit Hilfe eines Informationssystems den verschiedenen an der Auftragsabwicklung beteiligten Unternehmensbereichen bereitgestellt.

Neben einer Zugsteuerungskomponente, welche die benötigten Teile und Baugruppen auf der Grundlage der Bedarfstermine steuert, gehören auch eine Reichweitenermittlung sowie ein fahrzeugbezogenes Fehlteilecontrolling zum Baustein *Fertigungssteuerung*. Für Klein- und Normteile ist eine Verbrauchssteuerung vorgesehen, um den Steuerungsaufwand zu begrenzen.

Auch die kurzfristige *Steuerung des Personaleinsatzes* in der Montage orientiert sich an den Resultaten der Durchlaufprognose. Für jede Arbeitsgruppe einer Montagestation wird der zu erwartende Arbeitsumfang auf der Grundlage der wahrscheinlich in der nächsten Woche von der Gruppe zu produzierenden Fahrzeugen unter Berücksichtigung der typen- und variantenspezifischen Arbeitsinhalte errechnet. Daraus ergibt sich dann der tatsächlich benötigte Personalbedarf einer Arbeitsgruppe in der folgenden Woche.

9.3   Montagesteuerung

Zur Überwindung der festgestellten Probleme in der Montagesteuerung wurde ein
Ansatz entwickelt, der die üblichen Funktionen der Montagesteuerung um folgende
Punkte ergänzt (**Bild 9.3-1**):

- Erweiterte Verfügbarkeitsprüfung,
- Durchlaufsimulation und
- Koordination vorgelagerter Bereiche.

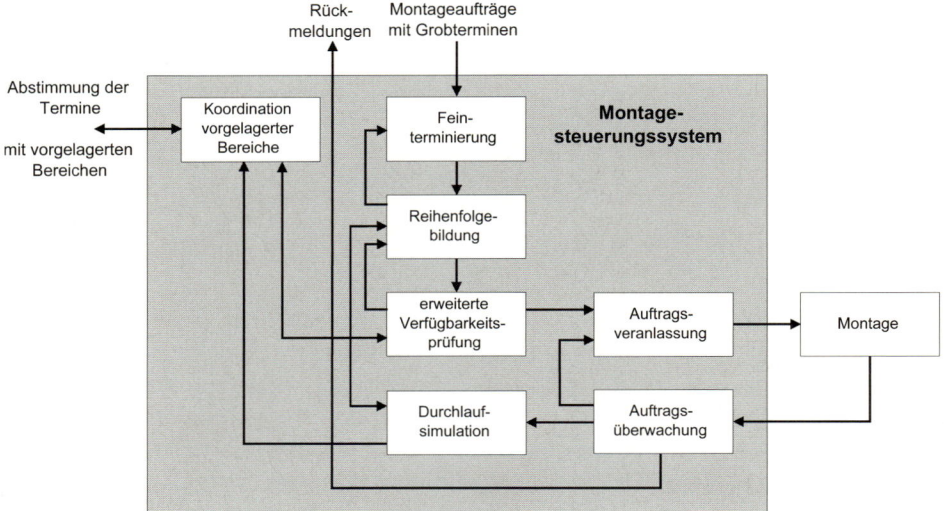

Bild 9.3-1: Erweiterte Funktionen der Montagesteuerung

9.3.1   Erweiterte Verfügbarkeitsprüfung

Marktübliche PPS-Systeme und die sie bei der operativen Planung und Steuerung
unterstützenden Leitsysteme beschränken sich bei der Verfügbarkeitsprüfung auf
Material und Ressourcen (Maschinen und Personal) [nic98]. Für die variantenreiche
Kleinserienfertigung komplexer Produkte mit langer Durchlaufzeit durch die Montage und den aus einem starken Kundeneinfluß auf die Auftragsabwicklung resultierenden häufigen Produktmodifikationen ist diese Betrachtung nicht ausreichend.
Die durch nicht vorhandene technische Dokumentation hervorgerufenen Störein-
flüsse auf die gesamte Prozeßkette der technischen Auftragsabwicklung, und dabei
insbesondere auf die Montage als deren letztes Glied, wurden bereits aufgezeigt.
Als Konsequenz leitet sich die Forderung nach einer erweiterten Verfügbarkeitsprüfung im Rahmen der Montagesteuerung ab, die neben der Material- und Personal-
verfügbarkeit auch die termingerechte Verfügbarkeit der erforderlichen technischen
Dokumentation untersucht (**Bild 9.3-2**).

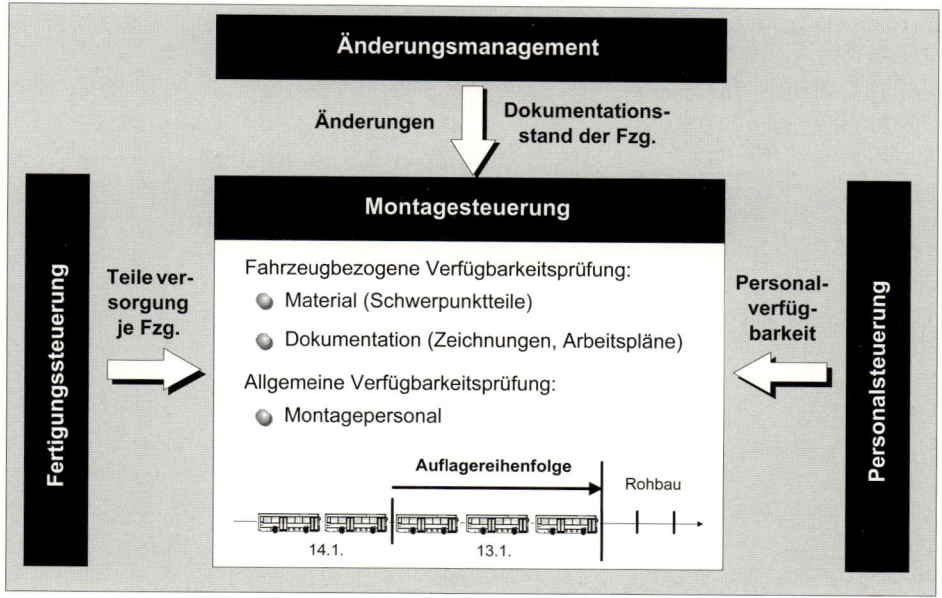

Bild 9.3-2: Erweiterte Verfügbarkeitsprüfung

Die Überprüfung der fahrzeugbezogenen Materialverfügbarkeit wird mit Hilfe der im Baustein *Fertigungssteuerung* aufgebauten Reichweitenermittlung vorgenommen (vgl. Kap. 9.5.2). Für jedes Fahrzeug, das zur Rohbau- oder Fertigbau-Bandauflage ansteht, wird die Verfügbarkeit der Schwerpunktteile abgefragt. Die Reichweitenermittlung berücksichtigt nicht nur bereits am Montageband und im Lager vorhandene Baugruppen und -teile, sondern auch laufende Fertigungsaufträge. Daher wird auch Material, das zum aktuellen Zeitpunkt noch nicht verfügbar ist, welches aber rechtzeitig zum Einbautermin gefertigt und angeliefert sein wird, in die Verfügbarkeitsprüfung eingezogen. Da der Reichweitenermittlung die aktuelle Bandauflagereihenfolge, die voraussichtlichen Eintrefftermine der Fahrzeuge in den Montagestationen sowie der fahrzeugspezifische Teilebedarf pro Montagestation zugrunde liegen, werden Veränderungen in der Materialverfügbarkeit, die sich aus Verschiebungen innerhalb der Montagereihenfolge ergeben, dynamisch berücksichtigt.

Das im Baustein *produktionsorientiertes Änderungsmanagement* entwickelte Änderungsinformationssystem (**Bild 9.4.3**) liefert für die in der Bandauflage eingeplanten Fahrzeuge Listen über noch nicht erstellte Zeichnungen und Arbeitspläne pro Fahrzeug. Ergeben diese fahrzeugbezogenen Prüfungen der Verfügbarkeit von Material und Information, daß bei einem Fahrzeug wichtige Schwerpunktteile fehlen und/oder wesentliche Teile der technischen Dokumentation noch nicht erstellt worden sind, kann eine erneute Reihenfolgebildung erfolgen.

Der *Personalsteuerung* wird die geplante Montagereihenfolge vorgegeben, aufgrund derer sich der kurzfristige Personalbedarf für die folgende Woche ergibt (sie-

he Kap. 9.6). Die Aufgabe der Personalsteuerung ist es, diese Kapazität bereitzustellen. Falls dieses aus betrieblichen Gründen nicht möglich ist, müssen die auftre-
tenden Personalengpässe der Montagesteuerung mitgeteilt werden, um das Monta-
geprogramm anzupassen.

9.3.2   Auftragsveranlassung und -überwachung

Die Veranlassung der Montage der Fahrzeuge erfolgt über die während der vorangehenden Schritte aufgestellte und überprüfte Bandauflagereihenfolge. Jedem Fahrzeug ist dort ein Termin für die Bandauflage auf das Rohbau- bzw. Fertigbauband
zugewiesen. Die Terminüberwachung des Auftragsfortschritts für die ca. 150 bis
300 gleichzeitig in der Montage befindlichen Fahrzeuge erfolgt nach dem in
Bild 9.3-3 dargestellten Prinzip. Wie bereits vorangehend beschrieben, werden bei
der Rückwärtsterminierung jedes Fahrzeugs für jede Montagestation späteste Eintrefftermine, sog. Warntermine, gesetzt. Diese Warnpunkte markieren den spätest
zulässigen Eintrefftermin des Fahrzeugs in jeder Montagestation, mit dem der Liefertermin bei regulärem Montagedurchlauf, d.h. ohne Sondermaßnahmen, noch einzuhalten ist.

Die Montagestationen melden die von ihnen bearbeiteten Fahrzeuge nach erfolgter
Fertigstellung der zugehörigen Arbeitsumfänge im Montagesteuerungssystem ab.
Mit diesen aktuellen Fortschrittsmeldungen aus der Montage wird eine Durchlaufsimulation durchgeführt, die für jedes Fahrzeug die wahrscheinlichen Eintrefftermine für die folgenden Montagestationen liefert. Die Daten aus der Durchlaufsimula-

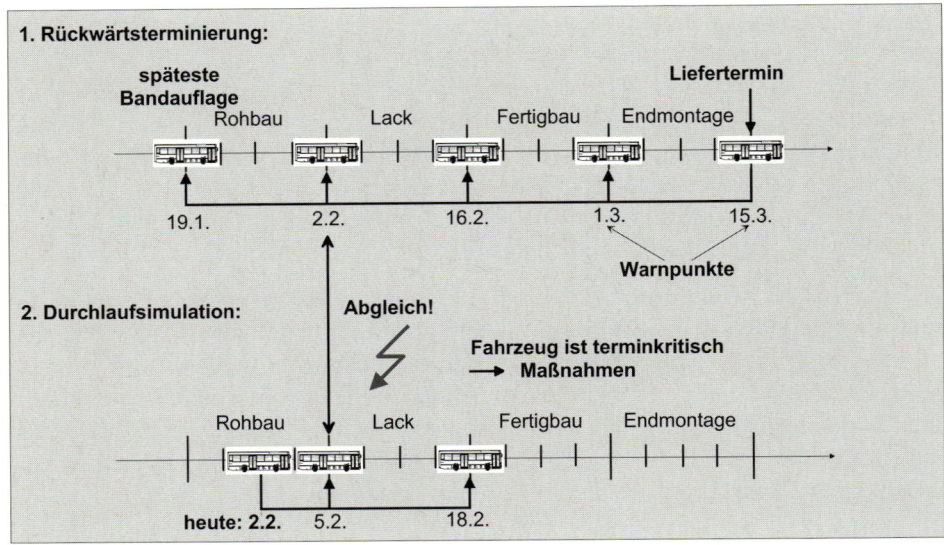

Bild 9.3-3: Überwachung der Termine im Montagedurchlauf

tionen werden mit den Warnpunkten verglichen. Fahrzeuge, die eine Montagestation später erreichen werden als nach der Feinterminierung geplant, sind demzufolge terminkritisch. Um den Liefertermin einhalten zu können, sind Sondermaßnahmen zu ergreifen, wie z.B. ein Vorziehen in der Montagereihenfolge.

9.3.3 Durchlaufsimulation

Die Durchlaufsimulation findet an verschiedenen Stellen Verwendung. Neben den bereits geschilderten Funktionen „Reihenfolgebildung" und „Auftragsüberwachung" wird auch die Koordination vorgelagerter Bereiche, vor allem Änderungsabwicklung, Fertigungs- und Personalsteuerung, a+uf der Grundlage der Resultate der Durchlaufsimulation vorgenommen.

Im Montagesteuerungssystem sind die derzeitig in einer Montagestation befindlichen Fahrzeuge in der Reihenfolge des Zugangs abgebildet. Für die Station RB 1 sind dieses die Fahrzeuge A–G (**Bild 9.3-4**). Aus der Verknüpfung aller Stationen eines Bandes (z. B. Rohbau) inklusive der Station Bandauflagereihenfolge (hier: BAAU) ergibt sich die aktuelle Montagereihenfolge für dieses Band. Weiterhin hat jede Montagestation einen Auftragsvorrat, der sich aus den aktuell in Arbeit befindlichen und den zukünftig zu bearbeitenden Fahrzeugen der vorangehenden Station ergibt. Für die Station RB 1 sind dieses die Fahrzeuge H–M. Jedes Band hat einen Pufferstandort, in den Fahrzeuge gebucht werden, die aufgrund von Problemen, wie beispielsweise Fehlteile, aus dem Band ausgeschleust wurden. Den Fahrzeugen im Puffer können der Termin für die erneute Aufnahme auf das Band sowie die nächste anzulaufende Montagestation hinterlegt werden. Fahrzeug S soll beispielsweise am 14.1. aus dem Puffer genommen und in Station RB 2 weiter montiert werden.

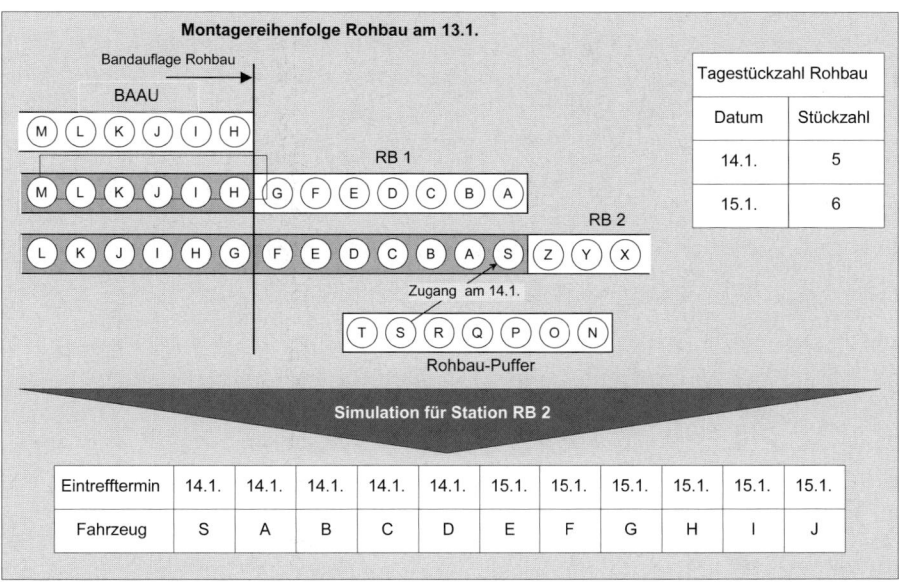

Bild 9.3-4: Prinzip der Durchlaufsimulation

Aus dem Monatsprogramm wird für jedes Band die täglich zu produzierende Soll-stückzahl abgeleitet. Für den 14.1. sind fünf und für den 15.1. sechs Fahrzeuge zur Montage auf dem Rohbau-Band geplant. Mit diesen Informationen errechnet die Simulation die Eintrefftermine der Fahrzeuge an den verschiedenen Montagestationen. In Station RB 2 werden als Ergebnis der Simulation die Fahrzeuge S und A–D am 14.1. sowie die Fahrzeuge E–J am 15.1. eintreffen.

Die Durchlaufsimulation wird bei jeder Fahrzeugbewegung in der Montage neu durchgeführt. Jede Veränderung in der Montagereihenfolge, die durch den regulären Montagefortschritt (Fahrzeug X wurde von RB 2 nach RB 3 gemeldet) oder durch Störungen (Fahrzeug T wurde in den Rohbau-Puffer gemeldet) hervorgerufen werden, veranlaßt die Aktualisierung der Simulation. Damit steht der aufgrund der momentanen Situation in der Montage wahrscheinliche Fahrzeugdurchlauf jederzeit aktualisiert zur Verfügung. Die Simulation erfolgt im ERP-System, wodurch die Daten unternehmensweit für alle Bereiche und Funktionen durchgängig nutzbar sind.

9.3.4   Koordination vorgelagerter Bereiche

Durch die nicht hinreichende Synchronisation zwischen der Montagereihenfolge einerseits sowie der Fertigungssteuerung und der Änderungsabwicklung andererseits kann die geplante Montagereihenfolge oftmals nicht eingehalten werden. Aus einer verspäteten Änderungsbearbeitung oder fehlenden Bauteilen resultieren Störungen, die ungewollte Verschiebungen in der Montagereihenfolge nach sich ziehen. Fahrzeuge, für die wesentliche Bauteile oder relevante Teile- bzw. Einbauzeichnungen noch nicht verfügbar sind, werden in der Bandauflagereihenfolge nach hinten verschoben. Das hat zur Folge, daß andere Aufträge vorgezogen werden müssen, um die Montagekapazitäten auszulasten und das Produktionsprogramm einzuhalten. Somit ergeben sich für die vorgezogenen Fahrzeuge frühere Bedarfstermine für Material und Information als ursprünglich geplant, was wiederum erheblichen Mehraufwand zur Koordination bedeutet und weitere Störungen nach sich ziehen kann. Diese Situation kann nur verbessert werden, wenn die Abstimmung der Montagesteuerung mit den vorgelagerten Bereichen, vor allem Materialwirtschaft/Fertigungssteuerung sowie Konstruktion und Arbeitsplanung optimiert wird.

Im hier entwickelten Konzept einer erweiterten Montagesteuerung erfolgt die Abstimmung mit den vorgelagerten Bereichen durch die ständig aktualisierte Bereitstellung sowohl der aktuellen Bandauflage-Reihenfolge als auch der Ergebnisse der Durchlaufsimulation, über das ERP-System (**Bild 9.3-5**). Durch die somit ermöglichte Ausrichtung der Teileversorgung sowie der Änderungsabwicklung an den permanent aktualisierten Bedarfsterminen der Montage mittels durchgängiger Anwendung des Zugprinzips wird das Störungspotential auf die Montage reduziert. Indem für die genannten Bereiche frühzeitig Schwierigkeiten in Teileversorgung oder Dokumentationserstellung für bestimmte Aufträge ermittelt werden, wird ein Regelkreis aufgebaut. Durch den Einsatz der Simulation des Montagedurchlaufs als Grundlage für die Zugsteuerung wird das herkömmliche reaktive (nacheilende) PPS-Konzept in ein proaktives (vorauseilendes) Konzept überführt [vdi3633-1, vdi3633-5].

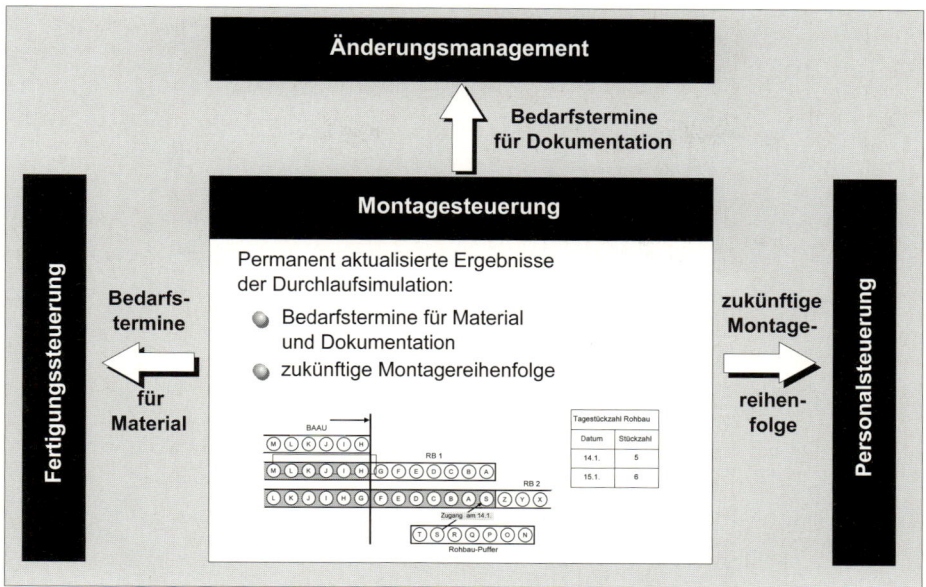

Bild 9.3-5: Koordination vorgelagerter Bereiche

9.4 Produktionsorientiertes Änderungsmanagement

Die zahlreichen und häufig sehr späten Produktänderungen verursachen sowohl in den indirekten Bereichen der technischen Auftragsabwicklung als auch in der Produktion erhebliche Probleme. Zur Prozeßoptimierung im Rahmen der Änderungsbearbeitung wird der Baustein des produktionsorientierten Änderungsmanagements aufgebaut und vorgestellt.

Zu den Grundvoraussetzungen für ein effektives und effizientes Änderungsmanagement gehören die durchgängige Definition und Abstimmung der Abläufe mit allen Beteiligten, deren konsequente Einhaltung sowie die Unterstützung der Prozesse durch geeignete Informationssysteme [bil98]. Die Berücksichtigung dieser Grundvoraussetzungen in Kombination mit der Umsetzung der beiden aufgestellten Leitgedanken „Erhöhung der Transparenz" und „durchgängige Zugsteuerung" auf die Prozesse bei Produktänderungen führen zum Ansatz des produktionsorientierten Änderungsmanagements.

Im Gegensatz zum klassischen Änderungswesen, bei dem die Änderungsabläufe starr sequentiell ablaufen, nicht nach Prioritäten differenziert sind und zudem die Termine der Änderungsdurchführung nur unzureichend überwacht werden [con98], orientiert sich das entwickelte Konzept an den Prinzipien des Integrierten Änderungsmanagements bezüglich einer effizienten Abwicklung von Änderungen [voi98] und ergänzt die Änderungsabwicklung um eine Controllingkomponente.

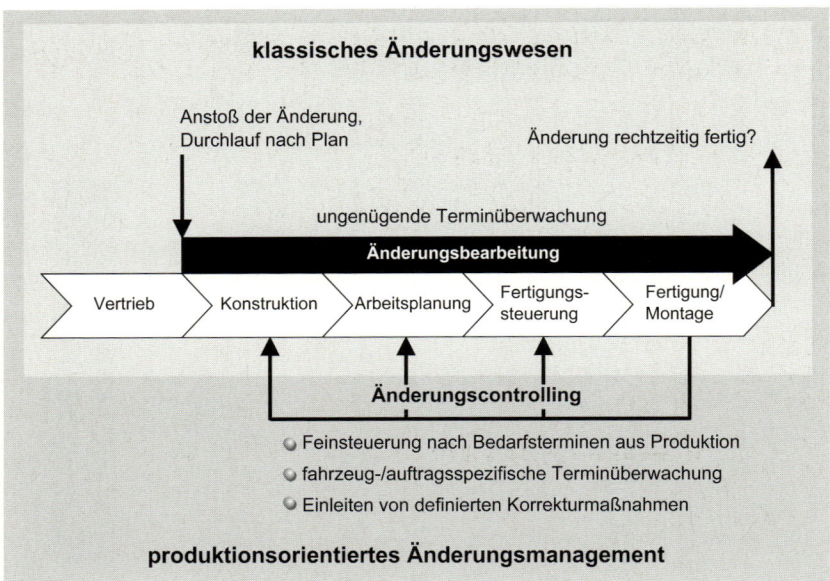

Bild 9.4-1: Produktionsorientiertes Änderungsmanagement

Beim produktionsorientierten Änderungsmanagement (**Bild 9.4-1**) wird die Priorisierung, d.h. die Feinsteuerung der Änderungsbearbeitung, anhand der durch die aktuelle Auftragsreihenfolge in der Montage ermittelten Bedarfstermine für die technische Dokumentation vorgenommen. Das Zugprinzip wird damit auch auf die technische Dokumentation angewandt, um diese Informationen für jeden Auftrag zum benötigten Zeitpunkt bereitzustellen und somit Störungen auf Montagefortschritt und -reihenfolge zu vermeiden. Die Änderungsbearbeitung wird auftrags- bzw. fahrzeugspezifisch überwacht, um bei Terminüberschreitungen oder ähnlichen Störungen gezielte Korrekturmaßnahmen, z.B. Beschleunigung der Dokumentationserstellung, einleiten zu können.

Die Grundlage für das produktionsorientierte Änderungsmanagement sind systematisch erfaßte und verarbeitete Basisinformationen (**Bild 9.4-2**). Insbesondere müssen die vorhandenen Daten durch geeignete Zuordnungsverfahren aufbereitet werden, um einen Bezug zwischen technischem Inhalt und Umfang einer Produktänderung einerseits und den eingeplanten oder bereits in der Produktion befindlichen Aufträgen bzw. Fahrzeugen andererseits herstellen zu können.

Mit diesen Voraussetzungen wird es möglich, situationsspezifische Entscheidungsprozesse zu schaffen, die dazu dienen, die Gesamtheit der anstehenden Änderungen hinsichtlich Dringlichkeit, Einsatztermin und Auswirkungen zu lenken und zu überwachen. Die von einer Änderung betroffenen Montagebereiche werden mit dem momentanen Standort eines Fahrzeugs unter Einsatz einer Änderungseingangsmatrix verglichen. Durch diesen Vergleich ergibt sich die verbleibende Zeitspanne

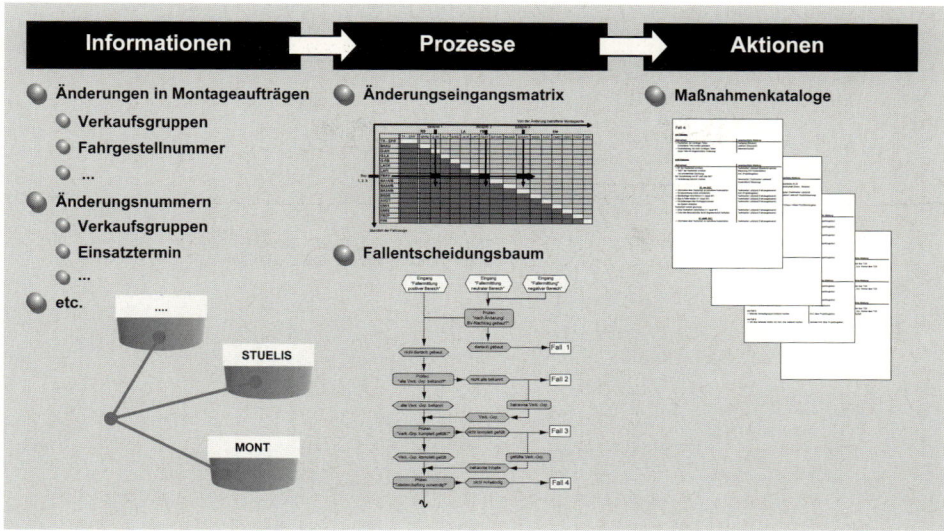

Bild 9.4-2: Von Änderungsinformationen zu situationsspezifischen Maßnahmen

zur Umsetzung der Änderung. Die Ergebnisse dieses Abgleichs finden ihren Eingang in einen strukturierten Ablauf zur Kategorisierung der vorliegenden Änderung in verschiedene situationsspezifische Fälle.

Mittels abgestimmter Maßnahmenkataloge für alle definierten Fälle werden für jede Änderung die notwendigen Aktionen sowie die jeweils für die Durchführung verantwortlichen Bereiche definiert, so daß ein klar strukturierter Ablauf gewährleistet werden kann.

9.4.1 Änderungsinformationssystem

Die Änderungsabwicklung wird nur unzureichend in den vorhandenen DV-Systemen abgebildet. Durch den fehlenden Bezug zwischen Änderung und Fahrzeug ist eine Priorisierung der Änderungsbearbeitung und deren Überwachung im Sinne einer Feinsteuerung mit der derzeitigen Systemunterstützung nicht möglich. Zur Schaffung der für die Realisierung des produktionsorientierten Änderungsmanagements notwendigen Entscheidungsgrundlagen wurde daher zunächst ein PC-basiertes Informationssystem für das Änderungscontrolling aufgebaut (**Bild 9.4-3**). Folgende Aufgaben werden von diesem System übernommen:

- Zuordnung von Änderungen zu Fahrzeugen,
- Bestimmung der neuen und geänderten Teile pro Fahrzeug,
- Ermittlung der fehlenden Dokumentation pro Fahrzeug,
- Informationsbereitstellung zur Terminüberwachung der Änderungsbearbeitung.

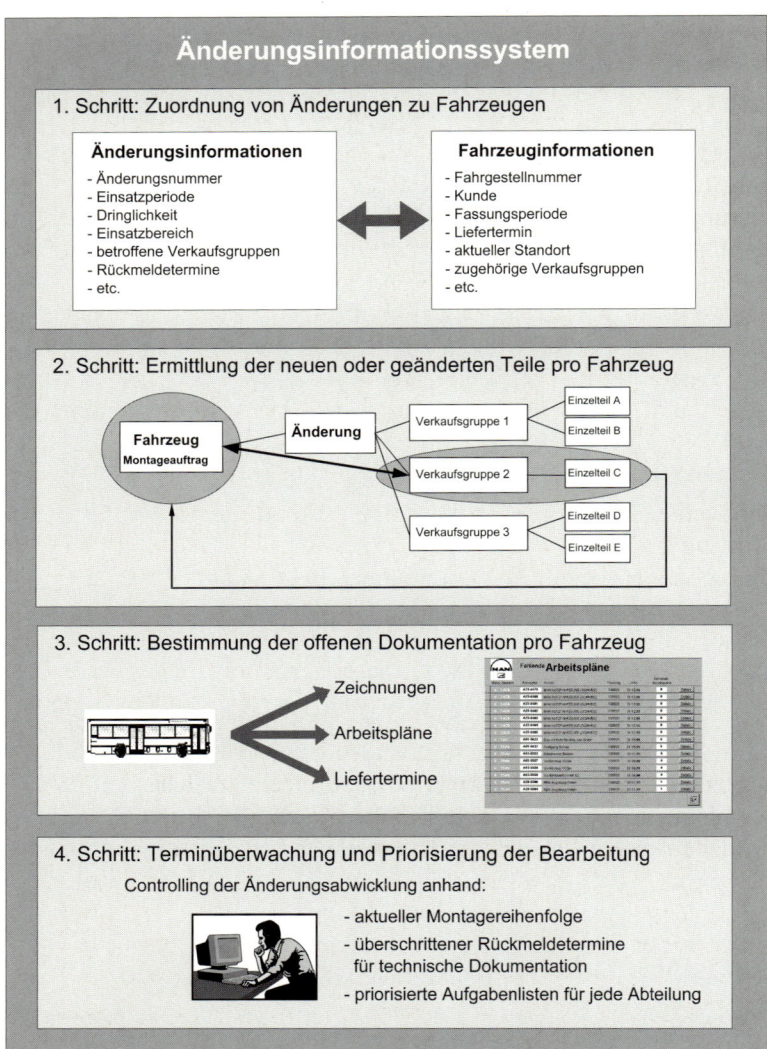

Bild 9.4-3: Funktionen des Änderungsinformationssystems

Da die Daten aufgrund der heterogenen DV-Struktur verteilt in verschiedenen Systemen vorliegen, müssen sie zuerst über Schnittstellen in eine PC-basierte Datenbank importiert werden. Für das Änderungsinformationssystem sind vor allem die Stücklistenverwaltung und das Montagesteuerungssystem Lieferanten für die Eingangsinformationen. Die weitere Datenverarbeitung und Informationsaufbereitung findet im Änderungsinformationssystem statt.

Die Verknüpfung von Fahrzeugen mit den zugehörigen Produktänderungen wird in einem mehrstufigen Verfahren durchgeführt. Durch einen Abgleich der von einer Änderung betroffenen Verkaufsgruppen mit den in einem Fahrzeug laut Montage-

auftrag vorhandenen Verkaufsgruppen läßt sich eine Zuordnung von Fahrgestell-
nummer zu Änderungsnummern herstellen. Damit sind alle Änderungen ermittelt,
die theoretisch für ein bestimmtes Fahrzeug relevant sein können, unabhängig vom
Einsatztermin der Änderung. Der Einsatztermin der Änderung wird im zweiten
Schritt überprüft, indem die Fassungsperiode des Fahrzeugs mit dem Zeitpunkt der
Stücklistenfreigabe (sog. Einsatzperiode) sowie der Dringlichkeit und dem Einsatzbereich der Änderung verglichen werden. Die Kombination von Dringlichkeit und
Einsatzbereich gibt z.B. an, ob die Änderung auch Fahrzeuge betrifft, die sich in der
Einsatzperiode bereits im Produktionsumlauf befinden oder sogar schon an den
Kunden ausgeliefert wurden, oder ob ab Stücklistenfreigabe der Änderung die Alt-
teile noch aufgebraucht werden dürfen. Durch diese Vergleiche, auf die hier aufgrund der starken unternehmensspezifischen Besonderheiten nicht näher eingegangen werden soll, wird ein eindeutiger Bezug zwischen einer Fahrgestellnummer und
den für dieses Fahrzeug relevanten Änderungnummern hergestellt, der wiederum
die Grundlage für alle fahrzeug- bzw. auftragsbezogenen Auswertungen bildet.

Darauf aufbauend werden die Sachnummern der neuen und geänderten Teile für jedes einzelne Fahrzeug bestimmt. In der Regel enthält ein Fahrzeug nicht alle Verkaufsgruppen, die mit einer Änderungsnummer bearbeitet wurden, sondern nur gewisse Teilumfänge. Daher muß immer geprüft werden, welche Verkaufsgruppen
aus einem Änderungsumfang überhaupt im Montageauftrag des zu betrachtenden
Fahrzeugs enthalten sind.

Für ein effektives Änderungscontrolling reicht die Verknüpfung von Teilen, die durch
Änderungen modifiziert oder in Stücklisten ergänzt wurden, nicht aus. Vielmehr ist für
eine solide Entscheidungsgrundlage die Aussage entscheidend, welche der Änderungen bereits abgeschlossen und welche noch nicht vollständig bearbeitet worden sind.
Zur Bestimmung der zu einem Fahrzeug noch zu erledigenden Tätigkeiten muß geprüft werden, ob bereits für jede Position der Änderung (Zeichnung, Arbeitsplan, etc.)
eine Erledigtmeldung vergeben wurde. Auf diese Weise können für jedes Fahrzeug die
noch nicht erstellten Zeichnungen, die fehlenden Arbeitspläne sowie die noch nicht be-
stätigten Liefertermine für neue bzw. geänderte Kaufteile ermittelt werden.

Mit der durch die vorangehenden Schritte richtig zu einem Fahrzeug zugeordneten
noch fehlenden technischen Dokumentation kann schließlich eine gezielte Terminüberwachung erfolgen sowie eine prioritätsgerechte Bearbeitung der noch ausste-
henden Arbeiten eingeleitet werden. Zur Terminüberwachung wird für jede noch
nicht bearbeitete Position der Rückmeldetermin auf Überschreitung geprüft. Da bei
Überschreitung des Rückmeldetermins der Einsatztermin der Änderung gefährdet
ist, werden alle Positionen mit überschrittenen Rückmeldeterminen ausgewertet.
Weiterhin wird zu jeder zum Fahrzeug noch fehlenden Dokumentation der momen-
tane Standort des Fahrzeugs anzeigt, um somit einen weiteren Hinweis auf die noch
zur rechtzeitigen Erledigung verbleibende Zeitspanne zu erhalten. Durch eine Zuordnung der noch fehlenden Dokumentation zu den verantwortlichen Abteilungen
und der Angabe der jeweiligen Dringlichkeit werden für jede an der Änderungsbearbeitung beteiligten Abteilungen priorisierte Aufgabenlisten erstellt.

Durch den Aufbau des Änderungsinformationssystems stehen die wichtigsten Daten als Entscheidungsgrundlage für die termingerechte Überwachung und Steuerung der Änderungsbearbeitung sowie zur Reaktion auf unvorhergesehene Änderungen zur Verfügung.

9.5   Fertigungssteuerung

Das konventionelle Drucksteuerungsprinzip nach dem MRP II-Verfahren weist den prinzipiellen Nachteil auf, das durch nachträgliche Produktänderungen oder Terminverschiebungen hervorgerufene mengenmäßige und zeitliche Bedarfsveränderungen keine Berücksichtigung finden. Die Auswirkungen sind u.a. zahlreiche Fehlteile in der Montage. Bekannte Zugsteuerungsverfahren, wie z.B. Kanban, zielen auf die Überwindung dieser Schwachpunkte, da hier der Impuls zur Fertigung direkt von der verbrauchenden Stelle, also der Montage ausgeht. In der variantenreichen, mehrstufigen Einzel- und Kleinserienfertigung eignen sie sich jedoch nur bedingt und in Teilbereichen. Daher wird ein Ansatz entwickelt, der Vorteile einer Zugsteuerung beinhaltet und an eine bestehende Drucksteuerung angebunden werden kann.

Die folgenden wesentlichen Funktionen werden für eine optimierte Fertigungssteuerung benötigt:

- Herstellung des Bezugs zwischen Fahrzeug und Fertigungsauftrag,
- Einbeziehung aller Terminverschiebungen in der Montage sowie aller Produktänderungen,
- Vorausschau der zukünftigen Materialversorgungssituation und
- Durchsetzung und Controlling der termingerechten Teilefertigung und Beschaffung.

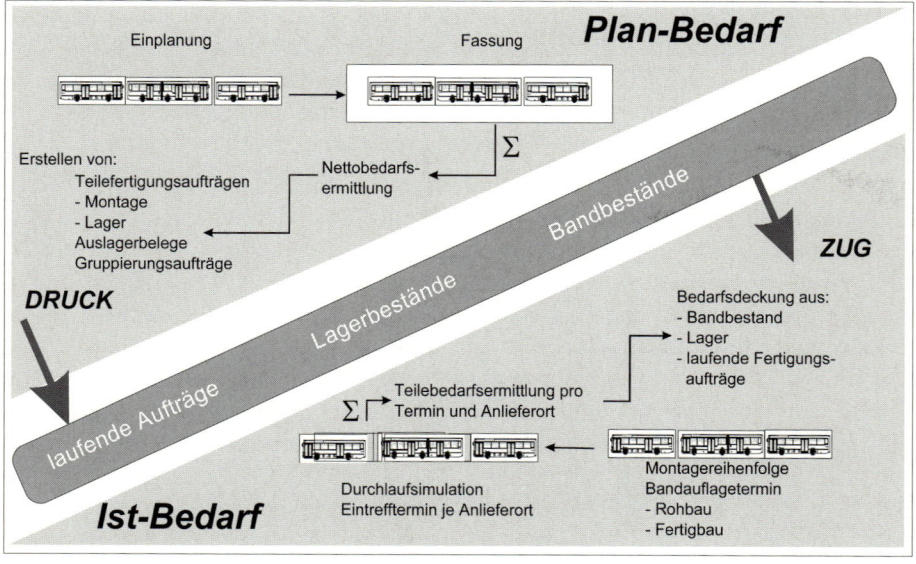

Bild 9.5-1: Kombinierte Druck-/Zugsteuerung

Das entwickelte Konzept einer kombinierten Druck-/Zugsteuerung stellt dem durch die Drucksteuerung bestimmten Plan-Bedarf den durch die Zugsteuerung laufend aktualisierten Ist-Bedarf der Montage gegenüber (**Bild 9.5-1**).

Der Anstoß der Fertigungsaufträge erfolgt weiterhin durch das bestehende Drucksteuerungssystem. Zum Zeitpunkt der sog. Fassung erfolgt die Nettobedarfsermittlung für alle Fahrzeuge einer Planungsperiode, welche die erforderlichen Teilefertigungs-, Beschaffungs- und Auslageraufträge auslöst. Der Bezug zwischen Fahrzeug und Fertigungsauftrag geht dabei verloren. Der Zieltermin für die Fertigstellung der Fertigungsaufträge ist der erste Tag der Planungsperiode, in der die Rohbau-Bandauflage der Fahrzeuge erfolgen soll.

Die Zugsteuerungskomponente stellt den Fahrzeugbezug wieder her und weist den Aufträgen nun eindeutige bedarfsorientierte Zieltermine zu. Diese Bedarfstermine werden auf Grundlage der Ergebnisse der Durchlaufsimulation sowie der aktuellen Fahrzeugstückliste, die auch eventuelle nachträgliche Produktänderungen beinhaltet, ermittelt. Die Zugsteuerung überprüft die Deckung des aktuellen Teilebedarfs, was eine Vorausschau über die zukünftige Teileverfügbarkeit (Reichweitenermittlung) ermöglicht.

9.5.1 Bedarfsermittlung durch die Zugsteuerung

Die durch die Zugsteuerung täglich durchgeführte Ermittlung des aktuellen Teilebedarfs unter Berücksichtigung aller Produktänderungen und Terminverschiebungen in der Montage ist in **Bild 9.5-2** dargestellt. Mit der Durchlaufsimulation werden die Eintrefftermine der Fahrzeuge in den verschiedenen Montagestationen aus-

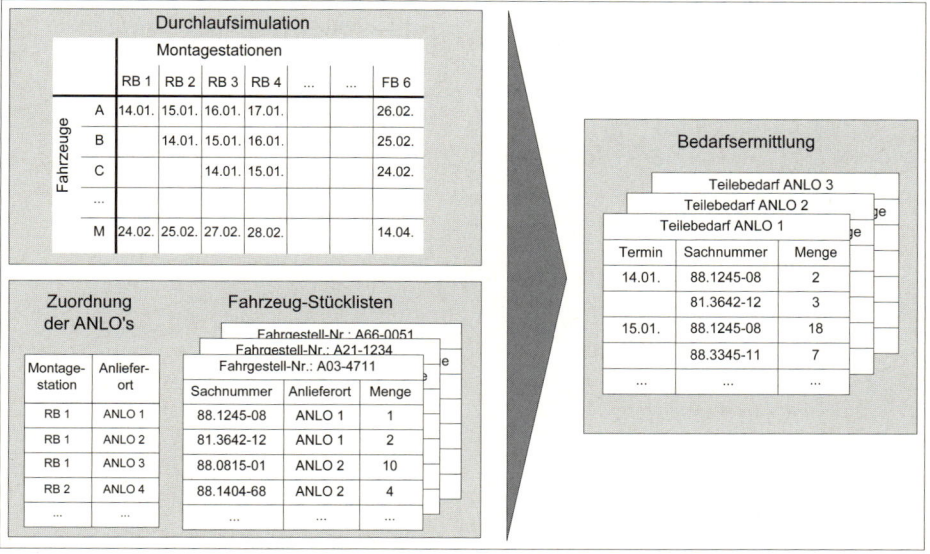

Bild 9.5-2: Bedarfsermittlung durch die Zugsteuerung

gehend vom derzeitigen Montagefortschritt ermittelt. Somit ist bekannt, wann ein Fahrzeug in einer bestimmten Montagestation voraussichtlich eintreffen wird.

Die Fahrzeugstückliste enthält den genauen Teilebedarf (Sachnummern, Mengen) eines Busses (Fahrgestell-Nummer) an jedem Anlieferort. Der Anlieferort ist ein definierter Bereich für die Materialbereitstellung innerhalb einer Montagestation. Da eine Montagestation mehrere Anlieferorte haben kann, erfolgt über eine Tabelle die Zuordnung der Anlieferorte zu den Montagestationen. Die Verknüpfung des Teilebedarfs jedes Fahrzeugs an jedem Anlieferort mit den Ergebnissen der Durchlaufsimulation ergibt den anlieferort- und terminbezogenen Teilebedarf in der Montage.

9.5.2 Reichweitenermittlung durch die Zugsteuerung

Als Voraussetzung für die korrekte Deckungsrechnung und Reichweitenermittlung müssen die Bandbestände in den Montagestationen im ERP-System geführt werden. Die Zugangsbuchung in den Bandbestand erfolgt automatisch durch das ERP-

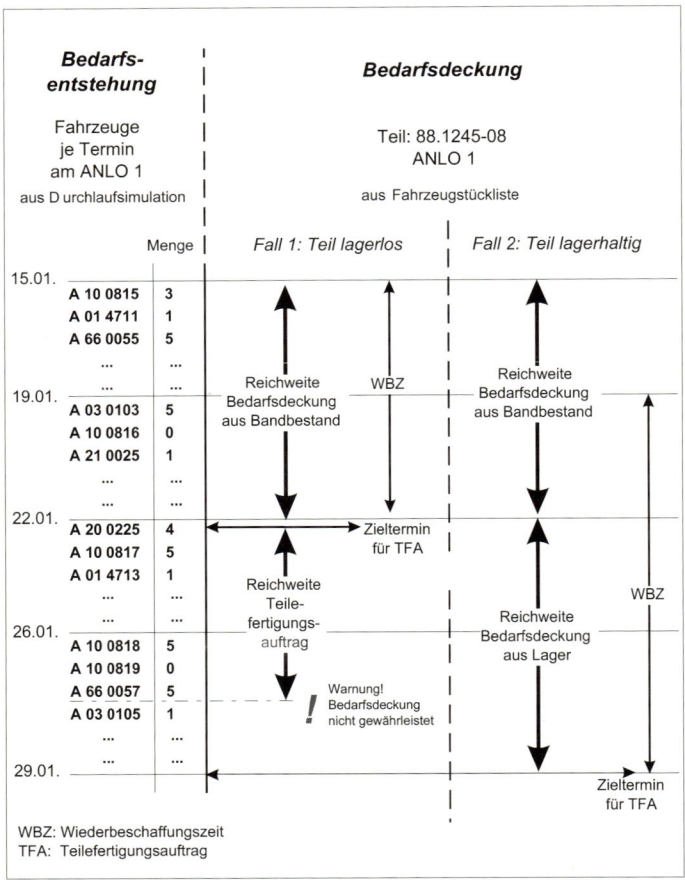

Bild 9.5-3: Deckungsrechnung und Reichweitenermittlung

System, bei lagerhaltigen Teilen nach Erledigung des Auslagerauftrags und bei direkt von der Fertigung lagerlos an die Montage gelieferten Teilen durch die Fertigmeldung des zugehörigen Teilefertigungsauftrags. Die Abbuchung der Teile aus dem Bandbestand erfolgt durch die Weitermeldung eines Fahrzeugs in die nächste Montagestation. Die Montagegruppen haben die Möglichkeit, bei Abweichungen zwischen tatsächlichem Teilebestand in der Station und Bandbestand im System eine manuelle Korrektur der Bandbestände im ERP-System durchzuführen.

Mit den hinterlegten Bandbeständen sowie den Lagerbeständen und den laufenden Fertigungsaufträgen wird der berechnete Teilebedarf termin- und anlieferortbezogen mit der vorhandenen Teiledeckung abgeglichen (**Bild 9.5-3**). Die Deckungsrechnung erfolgt separat für jede Sachnummer an jedem Anlieferort. Zur Deckung des Bedarfs wird zunächst der Bandbestand herangezogen. Ist dieser erschöpft, wird der Bedarf der folgenden Fahrzeuge bei lagerhaltigen Teilen aus dem Lager gedeckt. Der Bedarf von lagerlosen Teilen wird aus dem Fertigungsauftrag mit der frühesten Lieferperiode gedeckt. Der Zeitpunkt, an dem der Bandbestand, und bei lagerhaltigen Teilen zusätzlich der Lagerbestand, erschöpft ist, definiert den Zieltermin des frühesten Fertigungsauftrags. Dadurch ist der Bezug zwischen Fahrzeug und Fertigungsauftrag wieder hergestellt.

Mit Hilfe der Reichweitenermittlung und den damit definierten Zielterminen für die Fertigungsaufträge wird die Fertigungssteuerung in die Lage versetzt, auftretende Probleme in der Materialversorgung der Montage frühzeitig zu erkennen und entsprechende Maßnahmen einzuleiten, um das Auftreten von Fehlteilen zu vermeiden. Mit der Kenntnis der Zieltermine kann die Bearbeitungsreihenfolge der Fertigungsaufträge von der Fertigungssteuerung entsprechend des tatsächlichen Bedarfs der Montage priorisiert und somit gezielt beeinflußt werden.

9.5.3 Versorgungssituation und Terminierung der Aufträge

Durch die zusätzliche Zugsteuerungskomponente werden für die Fertigungssteuerung wesentliche Informationsauswertungen möglich. Die wichtigsten sind:

- Vorausschau der Teileversorgung pro Fahrzeug,
- Vorausschau der Teileversorgung pro Anlieferort,
- Vorausschau der Teileversorgung pro Sachnummer und
- Ermittlung der Zieltermine für Teilefertigungsaufträge und Kaufteil-Bestellungen.

Die Überprüfung der fahrzeugbezogenen Versorgungssituation liefert als Ergebnis für jede Sachnummer der Fahrzeugstückliste die Art der Bedarfsdeckung (**Tabelle 9.5-1**). Teile und Baugruppen, deren rechtzeitige Bereitstellung für das Fahrzeug nicht gesichert ist, werden angezeigt. Diese Auswertung ist vor allem für die Montagesteuerung relevant, um die Teileversorgung für die zur Bandauflage eingeplanten Fahrzeuge zu überprüfen und erforderlichenfalls die Auflagereihenfolge zu verändern (vgl. Kap. 9.3.1).

Versorgungssituation Fahrzeug: A01 0287				
Datum	**Sachnummer**	**Anlieferort**	**Menge**	**Bedarfsdecker**
02.03.	88.1245-08	ANLO 1	5	Bandbestand
02.03.	81.2930-01	ANLO 2	12	Lager 1234
02.03.	88.0816-01	ANLO 4	25	Bandbestand
03.03.	88.5513-02	ANLO 5	1	Bandbestand
03.03.	88.7220-01	ANLO 5	66	TFA 2802-101
04.03.	81.1234-05	ANLO 7	2	Keine Versorgung
...	...	...	...	...

TFA: Teilefertigungsauftrag

Tabelle 9.5.1: Fahrzeugbezogene Versorgungssituation

Für jede Sachnummer eines Anlieferortes kann mit Hilfe der Reichweitenermittlung das Datum des Versorgungsabrisses berechnet sowie das Fahrzeug benannt werden, bei dem das Teil als erstes fehlen wird (**Tabelle 9.5-2**). Die Aufgabe der Fertigungssteuerung ist es, durch Beschleunigung der Fertigungsaufträge für die rechtzeitige Schließung der Versorgungslücke zu sorgen. Eine ähnliche Auswertung ist auch für die Reichweite jeder Sachnummer möglich.

Versorgungssituation Anlieferort: ANLO 1			
Nicht versorgt ab:			
Sachnummer	**Datum**	**Fahrzeug**	**Menge**
88.1290-01	04.03.	A01-1002	5
81.1234-01	05.03.	A11-2167	12
88.5821-01	05.03.	A21-0777	25
88.9580-02	08.03.	A20-0761	1
88.7221-01	08.03.	A01-0443	66
81.1255-05	10.03.	A66-0011	2
...	...	...	...

Tabelle 9.5.2: Versorgungsabriß an einem Anlieferort

Für die laufenden Fertigungsaufträge und Kaufteilbestellungen wird mit der Reichweitenermittlung der erforderliche Zieltermin berechnet, wodurch diese entsprechend des tatsächlichen Teilebedarfs der Montage priorisiert und terminiert werden können (**Tabelle 9.5-3**). Fertigungsaufträge, die durch den änderungsbedingten Entfall von Teilen aus der Stückliste nicht mehr benötigt werden, erhalten keinen Zieltermin und müssen entsprechend nicht gefertigt werden.

Zieltermine TFA für Anlieferort: ANLO 1				
Datum	**Sachnummer**	**Fahrzeug**	**Menge**	**Bedarfsdecker**
04.03.	88.1290-01	A01-1002	5	TFA 2002-102
05.03.	81.1234-01	A11-2167	12	TFA 2102-015
05.03.	88.5821-01	A21-0777	25	TFA 1702-077
08.03.	88.9580-02	A20-0761	1	TFA 2002-005
08.03.	88.7221-01	A01-0443	66	TFA 0102-087
10.03.	81.1255-05	A66-0011	2	TFA 2002-088
...	...	...	...	...

TFA: Teilefertigungsauftrag

Tabelle 9.5.3: Zieltermine für Teilefertigungsaufträge

9.6   Personalsteuerung

Mit der in das ERP-System integrierten Durchlaufsimulation liegen jederzeit unternehmensweit die aktuellen Prognosen des Auftragsdurchlaufs der Fahrzeuge durch die Montage vor und können damit auch für die Personalsteuerung genutzt werden. Auf diese Weise wird das Zugprinzip auch auf die Steuerung des Werkereinsatzes angewendet. Dadurch kann der kurzfristige Personaleinsatz in den Montagegruppen genauer auf die typen- und variantenabhängigen Arbeitsinhalte der in naher Zukunft zu produzierenden Fahrzeuge abgestimmt werden, um größere Über- oder Unterdeckungen zu vermeiden. Auf diese Weise können die Flexibilitätspotentiale der Gruppenarbeit besser erschlossen werden.

Auf der Grundlage der Resultate der Durchlaufsimulation erfolgt eine deterministische Ermittlung des quantitativen Personalbedarfs in der Montage in Anlehnung an REFA [refa85]. **Bild 9.6-1** stellt das Vorgehen bei der Personalsteuerung dar.

Die Montagesteuerung plant die Bandauflagen und legt somit die zukünftige Montagereihenfolge fest. Über die Durchlaufsimulation werden analog zum Vorgehen bei der Zugsteuerung die Eintrefftermine der Fahrzeuge in den Montagestationen ermittelt. Die Montage-Arbeitspläne enthalten die Summe der erforderlichen Montage-Vorgabezeiten je Fahrzeug t_e aufgeschlüsselt auf die einzelnen Gruppen einer Kostenstelle. Die Kombination der gruppenbezogenen Vorgabezeit je Fahrzeug mit den Resultaten der Durchlaufsimulation liefert die Summe der gruppenbezogenen Vorgabezeiten t_{eGR} der folgenden Woche. Als weitere Randbedingungen fließen die im Arbeitszeitmodell AZM hinterlegte wöchentliche Arbeitszeit, der Soll-Zeitgrad pro Kostenstelle ZG_{Soll} sowie vereinbarte Zuschläge für ungeplante Aufwände in die Berechnung des Einsatzbedarfes jeder Gruppe ein.

Der Zeitgrad *ZG* ist definiert als das Verhältnis der Summe der abgerechneten Vorgabezeiten zu den tatsächlich benötigten Zeiten [refa92]. Die tatsächlich benötigte Zeit ist die Differenz zwischen der Anwesenheitszeit und der Zeit für ungeplante Aufwände.

$$\sum MA_{GR} = \frac{\sum t_{e_{GR}}[min] \cdot (ZK + MAK + GK)[\%]}{60 \cdot AZM[h] \cdot ZG_{Soll}[\%]}$$

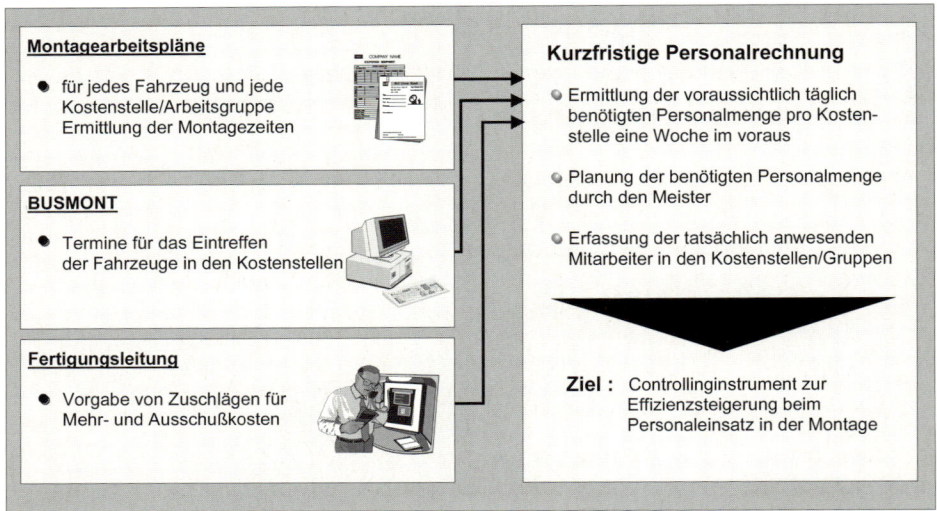

Bild 9.6-1: Modell der Personalsteuerung

Der für die Kostenstelle verantwortliche Meister führt basierend auf den berechneten Werten die Planung des Personaleinsatzes der folgenden Woche aller zur Kostenstelle gehörigen Gruppen durch. Dabei ist ein eventueller Reservebedarf anhand von Erfahrungswerten mit einzuplanen. Dem Personalbedarf wird der Personalbestand in der Kostenstelle unter Einbeziehung von Urlaub, Überstundenausgleich und krankheitsbedingter Abwesenheit gegenübergestellt. Eventueller Personalüberhang oder -unterdeckung kann je nach Qualifikationsanforderungen durch Ausleihen von Mitarbeitern an bzw. von anderen Kostenstellen kompensiert werden. Sollten diese Maßnahmen nicht zur Deckung des kurzfristigen Personalbedarfs ausreichen, ist die Montagesteuerung davon in Kenntnis zu setzen, damit z.B. die zu produzierenden Stückzahlen angepaßt werden können (vgl. Kap. 9.3.1) oder das Arbeitszeitmodell flexibel dem Bedarf angepaßt werden kann.

Die aus den Kostenstellen und Gruppen nach Beendigung der Arbeiten zurückgemeldeten Anwesenheitszeiten, die abgerechneten Vorgabezeiten sowie die geleisteten ungeplanten Aufwände werden erfaßt, der erreichte Zeitgrad *ZG_{Ist}* wird berechnet.

Schließlich wird ein Soll/Ist-Vergleich durchgeführt, der die tatsächlich erbrachte Leistung einer Kostenstelle bzw. Gruppe den Vorgabewerten für Zeitgrad, Mehr- und Ausschußkosten und Gemeinkosten gegenüberstellt. Durch diesen Soll/Ist-Vergleich kann bei mittel- bis langfristiger Auswertung und dem gegebenenfalls erforderlichen Einleiten von Optimierungsmaßnahmen die Effizienz des Personaleinsatzes gesteigert werden.

9.7   Einführung und Praxiserfahrungen

Nach der Entwicklung des Feinkonzepts wurden die vier Bausteine in der Praxis getestet und anschließend weitgehend in die betrieblichen Routineprozesse übernommen.

Im Bereich der Montagesteuerung wurde die Durchlaufsimulation in das ERP-System integriert. Somit stehen die Eintrefftermine der Fahrzeuge an den verschiedenen Montagestationen unternehmensweit und permanent aktualisiert zur Verfügung. Die Genauigkeit dieser Eintrefftermine war anfangs noch etwas kritisch zu beurteilen. Eine Steigerung der Prognosegenauigkeit wird jedoch erwartet, wenn die Zugsteuerung montageweit eingeführt wird und sich somit die Teileversorgung wesentlich verbessert. Dadurch werden weniger Fahrzeuge fehlteilbedingt in Puffer ausgeschleust und die Montagereihenfolge wird stabilisiert.

Zur Unterstützung der Reihenfolgebildung und der laufenden Terminüberwachung wurde ein Software-Prototyp entwickelt und an das ERP-System angebunden. Mit Hilfe dieses Systems konnte die konzipierte Planungs- und Steuerungsmethodik erfolgreich getestet werden.

Das Änderungsinformationssystem wurde realisiert und in den operativen Betrieb überführt. Das System weist eine hohe Akzeptanz der Anwender auf. Durch die damit ermöglichte Zuordnung von Änderungen zu Fahrzeugen wird der bisher für diese Aufgabe benötigte Arbeitsaufwand erheblich reduziert. Für die verschiedenen an der Änderungsbearbeitung beteiligten Abteilungen (Einkauf, Materialwirtschaft, Arbeitsvorbereitung und Einsatzsteuerung) werden spezifische Listen mit terminkritischen Aufgaben generiert. Weiterhin kann für jedes Fahrzeug die noch fehlende technische Dokumentation ermittelt werden. Durch die Einführung des Änderungsinformationssystems und die ablauforganisatorische Neugestaltung des Änderungscontrollings konnten die Termintreue und die Transparenz der Änderungsbearbeitung erheblich gesteigert werden.

Für die Einführung der Zugsteuerungskomponente und der Reichweitenermittlung mußte neben der Systementwicklung ein hoher Aufwand in die organisatorische Einführung im Montagebereich investiert werden. Dazu mußte u.a. die Materialbereitstellung der Anlieferorte neu geordnet sowie die hinzugekommene Verantwortung für die Bandbestandspflege festgelegt werden. Die Montagegruppen wurden hinsichtlich der Funktionsweise und den daraus resultierenden neuen Aufgaben und

Möglichkeiten geschult. Da die Reichweitenermittlung das korrekte Führen der Bandbestände durch die Montagegruppen voraussetzt, entsteht für diese zunächst ein Mehraufwand. Dieser Mehraufwand wird durch die Verbesserung der Materialversorgung mehr als kompensiert, doch dieser Zusammenhang mußte erst nachgewiesen werden.

Zu diesem Zweck wurden die Zugsteuerung und Reichweitenermittlung sowie die damit verbundene Pflege der Bandbestände im ERP-System zunächst in einigen Pilotkostenstellen implementiert. Bereits im Pilotbetrieb konnte eine deutliche Reduzierung des Fehlteilaufkommens um ca. 20% festgestellt werden. Damit wurden die Voraussetzungen für eine montageweite Einführung der Zugsteuerung, die derzeit vorbereitet wird, geschaffen. Wie die Reduzierung der Fehlteile in den Pilotbereichen zeigt, ist die Genauigkeit der Durchlaufsimulation für die Anforderungen der Zugsteuerung ausreichend.

Für die Steuerung des kurzfristigen Personalbedarfs wurde ein DV-System auf der Grundlage der entwickelten Systematik aufgebaut und getestet. Dabei konnten für die Ermittlung des durchschnittlichen Personalbedarfs einer Montagegruppe für die folgende Woche gute Ergebnisse erzielt werden. Für eine tagesgenaue Berechnung des Mitarbeiterbedarfs müssen jedoch die Eingangsdaten, insbesondere die Eintrefftermine der Fahrzeuge in den Montagestationen, noch genauer werden.

10 Literaturverzeichnis

[ant96]   Antoni, C.: Gruppenarbeit – mehr als ein Konzept. In: Antoni, C. (Hrsg.): Gruppenarbeit in Unternehmen. Konzepte, Erfahrungen, Perspektiven. Weinheim, Psychologie Verlags Union, 1996

[bar90]   Barrenscheen, J.: Die systematische Ausnutzung von Symmetrieeigenschaften beim Konstruieren. Dissertation, TU Braunschweig, 1990

[bar95]   Bartuschat, M.: Ein Beitrag zur Beherrschung der Variantenvielfalt in der Serienfertigung. Essen, Vulkan, 1995

[bct01]   www.bct-technology.com: Strategic Standardization Solutions, 2001

[bec89]   Becker, T.; Caesar, Chr.; Schuh, G.: Beherrschung der Variantenvielfalt – Regelkreis zwischen Produktgestaltung und Produktbewertung, Konstruktion 41, S. 239–242, 1989

[bil98]   Billinger, A.: Optimierungsbedarf aus der Sicht eines Automobilherstellers. In: Lindemann, U.; Reichwald, R. (Hrsg.): Integriertes Änderungsmanagement. Berlin, Springer, 1998

[bla99]   Blackenfelt, M.: On the development of modular mechatronic products. Licentiate Thesis, Royal Institute of Technology, Stockholm, 1999

[bla01]   Blackenfelt, M.: Managing complexity by product modularisation. Dissertation, Royal Institute of Technology, Stockholm, 2001

[ble96]   Bleicher, K.: Das Konzept integriertes Management, 4. Aufl. Frankfurt/Main, Campus, 1996

[bor61]   Borowski, K. H.: Das Baukastensystem in der Technik. Schriftenreihe der wissenschaftlichen Normung, Band 5, Berlin, Springer, 1961

[bou97]   Boutellier, R.; Schuh, G.; Seghezzi, H. D.: Industrielle Produktion und Kundennähe – Ein Widerspruch? In: Schuh, G.; Wiendahl, H.-P. (Hrsg.): Komplexität und Agilität. Steckt die Produktion in der Sackgasse?, Berlin, Springer, 1997

[bra94]   Braun, S.: Die Prozeßkostenrechnung: Ein fortschrittliches Kostenrechnungssystem? Ludwigsburg, Berlin, Wissenschaft & Praxis, 1994

[bre97]   Brexel, D.: Methodische Strukturmodelle komplexer und variantenreicher Produkte des integrativen Maschinenbaus. Paderborn, Heinz-Nixdorf-Institut, Univ. GHS Paderborn, 1997

[büt97]   Büttner, K.: Rechnerunterstütztes Konfigurieren von Baukastenprodukten. Dissertation, TH Darmstadt, 1997

[cae91]   Caesar, C.: Kostenorientierte Gestaltungsmethodik für variantenreiche Serienprodukte, Variant Mode and Effects Analysis (VMEA). VDI-Fortschritt-Berichte Reihe 2 Nr. 218, Düsseldorf, 1991

[cci94]   Verwaltungskosten von Teilen. Projektinformation für die Kosten-Nutzen-Analyse, CCI Engineering Consult GmbH, Hannover, 1994

[cin00]   N.N.: Cinteg – Software macht E-Business für Variantenprodukte möglich. CAD-CAM Report Nr. 9, S. 8–9, 2000

[con98]   Conrat, J.-I.; Voigt, P.: Defizite im heutigen Änderungswesen. In: Lindemann, U.; Reichwald, R. (Hrsg.), Integriertes Änderungsmanagement. Berlin, Springer, 1998

[cor92]   Corsten, H. (Hrsg.): Lexikon der Betriebswirtschaftslehre. München, Wien, Oldenbourg, 1992

[din199]   DIN 199, Teil 2: Begriffe im Zeichnungs- und Stücklistenwesen. Berlin, Köln, Beuth, 1977

[din2330]   DIN 2330: Begriffe und Benennungen; Allgemeine Grundsätze. Berlin, Köln, Beuth, 1993

[din4000]   DIN 4000: Sachmerkmale, Anwendung in der Praxis. Berlin, Köln, Beuth, 1979

[dor91]   Dorninger, C.: Kundenindividuelle Fertigung. Moderne Techniken und Organisationsformen zur Produktionsplanung und Steuerung. Wien, Linde, 1991

[dub01]   Beitz, W.; Grote, K.-H.: Dubbel – Taschenbuch für den Maschinenbau. 20. Auflage, Berlin, Springer, 2001

[ehr95]   Ehrlenspiel, K.: Integrierte Produktentwicklung. München, Wien, Carl Hanser, 1995

[ehr99]   Ehrlenspiel, K.: Kostengünstig Entwickeln und Konstruieren. Kostenmanagement bei der integrierten Produktentwicklung. 3. Auflage, Berlin, Springer, 2000

[eig01]   www.eigner.com: Precision Lifecycle Management, 2001

[eri98]   Erixon, G.: Modular Function Deployment – A Method for Product Modularisation. Dissertation, Royal Institute of Technology, Stockholm, 1998

[eri99]   Ericsson, A.; Erixon, G.: Controlling Design Variants; Modular Product Platforms. Society of Manufacturing Engineers, Dearborn, Michigan, 1999

[ess87]   Essler, W. K.; Brendel, E.; Martínez, R. F.: Grundzüge der Logik. Band 2, 2. Auflage, Frankfurt, Klostermann, 1987

[eve77]   Eversheim, W.; Minolla, W.; Fischer, W.: Angebotskalkulation mit Kostenfunktionen in der Einzel- und Kleinserienfertigung. Berlin, Köln, Beuth, 1977

[eve83]   Eversheim, W.; Ungeheuer, U.; Peffekoven, K. H.: Montageorientierte Erzeugnisstrukturierung in der Einzel- und Kleinserienproduktion – ein Gegensatz zur funktionsorientierten Erzeugnisgliederung. VDI-Z 125, Nr. 12, 1983

[eve86]   Eversheim, W.; Steinfatt, E.: Produktstrukturanalyse mit dem Variantenbaum. Industrieanzeiger 108, Nr. 84, S. 49–50, 1986

[eve88]   Eversheim, W.; Schuh, G.; Caesar, C.: Variantenvielfalt in der Serienproduktion, Ursachen und Lösungsansätze, VDI-Z 130, Nr. 12, S. 45–49, 1988

[eve89a]   Eversheim, W.; Schuh, G.; Caesar, C.: Beherrschung der Variantenvielfalt, Methoden und Hilfsmittel, VDI-Z 131, Nr. 1, S. 42–46, 1989

[eve89b]   Eversheim, W.; Schuh, G.; Caesar, C.: Konventionelle Kostenkalkulation verursacht Varianten, eine Methode zur Variantenbewertung, VDI-Z 131, Nr. 2, S. 57–61, 1989

[eve89c]   Eversheim, W.; Becker, T.: Baugruppenvarianten übersichtlich darstellen – ein graphentheoretischer Ansatz zur Variantenanalyse. Konstruktion 41, S. 173–176, 1989

[eve93]   Eversheim, W., Kümper, R.: Variantenmanagement durch ressourcenorientierte Produktbewertung. krp Nr. 4, S. 233–238, 1993

[eve95]   Eversheim, W. (Hrsg.): Prozeßorientierte Unternehmensorganisation. Konzepte und Methoden zur Gestaltung „schlanker" Organisationen. Berlin, Springer, 1995

[fai01]   www.faircar.de: Europas große Gebrauchtwagenbörse, 2001

[fir97]   Firchau, N. L.: Nutzung des Quality Function Deployment in frühen Phasen des Methodischen Konstruierens. Studienarbeit, Institut für Konstruktionslehre, Maschinen- und Feinwerkelemente, TU Braunschweig, 1997

[fis93]   Fischer, T. M.: Kostenmanagement strategischer Erfolgsfaktoren; Instrumente zur operativen Steuerung der strategischen Schlüsselfaktoren Qualität, Flexibilität und Schnelligkeit. Schriftenreihe Controlling Praxis, München, Vahlen, 1993

[fra76]   Franke, H.-J.: Untersuchungen zur Algorithmisierbarkeit des Konstruktionsprozesses. VDI-Fortschritt-Bericht Reihe 1 Nr. 47, 1976

[fra87]   Franke, H.-J.; Schill, J.: Kosten senken durch Einsparen von Teilen. VDI-Berichte Nr. 651, Seite 139–152, Düsseldorf, VDI, 1987

[fra93]   Franke, H.-J.; Lippardt, S.; Jeschke, A.; Feldhahn, K.-A.: Standardisierung der Produktstruktur zur Verbesserung der Ablauforganisation in einem Unternehmen des Spezialmaschinenbaus. VDI-Z 135, Nr. 10, S. 70–73, 1993

[fra96]   Franke, H.-J.; Kaletka, I.; Beukenberg, M.; Kunz, R.: Variantenreduzierung mit Baukastentechniken, ZWF 91, Nr. 10, S. 501–504, 1996

[fra98a]   Franke, H.-J.: Produkt-Variantenvielfalt; Ursachen und Methoden zu ihrer Bewältigung, Effektive Entwicklung und Auftragsabwicklung variantenreicher Produkte, VDI-Berichte 1434, Düsseldorf; VDI, 1998

[fra98b]   Franke, H.-J.: Variantenvielfalt und resultierende Komplexität, Ursachen und Methoden zu ihrer Bewältigung. In Meerkamm, H.: Design for X, Beiträge zum 9. Symposium, Erlangen, 1998

[fra98c]   Franke, H.-J.; Firchau, N. L.: Zusammenfassender Zwischenbericht des Kalenderjahres 1998 für das BMBF-Projekt „Methoden und Werkzeuge

zur Kostenreduktion variantenreicher Produktspektren in der Einzel- und Kleinserienfertigung – EVAPRO". Institut für Konstruktionslehre, Maschinen und Feinwerkelemente, TU Braunschweig, 1998

[fra00]   Franke, H.-J.; Lux, S.; Kochanowski, W.; Gamp, S.: Internet-basierte Angebotserstellung für komplexe Produkte, Konstruktion 52 (2000) 5, S. 24–26

[fra00b]   Franke, H.-J.; Firchau, N. L.: Abschlußberichte des BMBF-Projekts „Methoden und Werkzeuge zur Kostenreduktion variantenreicher Produktspektren in der Einzel- und Kleinserienfertigung – EVAPRO". Institut für Konstruktionslehre, Maschinen und Feinwerkelemente, TU Braunschweig, 2000

[fra01]   Franke, H.-J.; Firchau, N. L.; Steinebrunner, E.: Methodische Unterstützung für das Variantenmanagement. wt Werkstattstechnik 91 (2001) H. 6 S. 303–306, 2001

[fro99]   Frost, W.: Abbildung variantenreicher Produktstrukturen in SAP R/3. Studienarbeit, Institut für Konstruktionslehre, Maschinen- und Feinwerkelemente, TU Braunschweig, 1999

[gai96]   Gaitanides, M.; Müffelmann, J.: Standardisierung komplexer Prozesse im strategischen Kontext. ZWF 91, Nr. 5, S. 195–198, 1996

[gem98]   Gembrys, S.-N.: Ein Modell zur Reduzierung der Variantenvielfalt in Produktionsunternehmen. PTZ Berlin, 1998

[ger84]   Gerhard, E.: Baureihenentwicklung. Konstruktionsprinzip Ähnlichkeit. Grafenau, Expert, 1984

[gin01]   www.gina-net.de: Ganzheitliche Innovationsprozesse in modularen Unternehmensnetzwerken (GINA). BMBF-Projekt, 2001

[gol96]   Gollub, U.: Variantenvielfalt reduzieren – Outsourcing überleben, io Mangement Zeitschrift, Nr. 7/8, S. 37–39, 1996

[gol98]   Golm, F.; Schellberg, O.; Schulten, I.: Informationsversorgung entscheidet über Gruppenautonomie in der Automobilproduktion. ZWF 93, S. 578–580, 1998

[gra00]   Grasmann, M.: Produktkonfiguration auf Basis von Engineering Data Management-Systemen. Dissertation, Univ.-GH Paderborn, 2000

[gro92]   Größer, H.: Systematische rechnerunterstützte Ermittlung von Produktanforderungen. Dissertation, TH Darmstadt, 1992

[här99]   Härder, T.; Rahm, E.: Datenbanksystem – Konzepte und Techniken der Implementierung. Berlin, Springer, 1999

[ham96]   Hammer, H.: Die Praxis des Variantenmanagements. io Management Zeitschrift, Nr. 7/8, S. 34–36, 1996

[hay93]   Hay, P. H.; Hieronimus, A.; Huss, H. P.: Projektabrechnung. In: Chmielewicz, K.; Schweitzer, M. (Hrsg.): Handwörterbuch des Rechnungswesens. 3. Aufl., Stuttgart, 1993

[hei99]   Heina, J.: Variantenmanagement: Kosten-Nutzen-Bewertung zur Optimierung der Variantenvielfalt. Wiesbaden, Deutscher Universitäts-Verlag, 1999

[heu97]   Heuer, A.; Saake, G.: Datenbanken: Konzepte und Sprachen. 1. Nach-druck. Bonn, Thomson Publishing GmbH, 1997

[hic85]   Hichert, R.: Probleme der Vielfalt. Teil 1: Soll man auf Exoten verzich-ten?, wt-Z ind. Fertigung 75, Nr. 4, S. 235–237, 1985

[hic86a]   Hichert, R.: Probleme der Vielfalt. Teil 2: Was kostet die Variante?, wt-Z ind. Fertigung 76, Nr. 3, S. 141–145, 1986

[hic86b]   Hichert, R.: Probleme der Vielfalt. Teil 3: Was bestimmt die optimale Erzeugnisvielfalt?, wt-Z ind. Fertigung 76, Nr. 11, S. 673–676, 1986

[hic87]   Hichert, R.: Probleme der Vielfalt. Teil 4: Erzeugnisvielfalt im Wettbe-werbsvergleich, wt-Z ind. Fertigung 77, Nr. 4, S. 223–227, 1987

[hof99]   Hofmayer, P.: Erfolgreiche Gruppenarbeit in der Montage. Tagungs-band zum 15. Deutschen Montagekongreß, München, 13./14.10.1999

[hof00]   Hoffmeister, H.-W.: Vorlesungsskript Rechnergeführte Produktion. Braunschweig: Institut für Werkzeugmaschinen und Fertigungstechnik, TU Braunschweig, 2000

[höl98]   Hölzler, E.; Kraus, H.: Angebotssysteme für mehr Produktivität im Ver-trieb, ZWF 93, Nr. 3, S. 80–83, 1998

[hom97]   Homburg, Ch.; Daum, D.: Wege aus der Komplexitätskostenfalle. ZWF 92, Nr. 7–8, S. 333–337, 1997

[hub97]   Hubka, V.: Theorie der Maschinensysteme. Berlin, Springer, 1997

[hun98]   Hungerberg, H.; Brandt, R.; Beitz, W.: Methodische Baureihenentwick-lung am Beispiel einer neuen Waschgerätebaureihe der Bosch und Sie-mens Hausgeräte GmbH. VDI-Bericht 1434, Düsseldorf, VDI, 1998

[jes97]   Jeschke, A.: Beitrag zur wirtschaftlichen Bewertung von Standardisie-rungs-Maßnahmen in der Einzel- und Kleinserienfertigung durch die Konstruktion. Dissertation, TU Braunschweig, 1997

[jes98]   Jeschke, A.; Krusche, T.; Mette, M.: Kostenorientierte Standardisierung am Beispiel von Ausmischanlagen zur Getränkeherstellung. VDI-Bericht 1434, Düsseldorf, VDI, 1998

[jun95]   Junghanns, W.: Kontinuierlich verbessern – möglichst sofort. Tagungs-band zum Kongreß „Neue Formen der Arbeitsorganisation in der Pro-duktion". Braunschweig, 19./20.06.1995

[kai95]   Kaiser, A.: Integriertes Variantenmanagement mit Hilfe der Prozeß-kostenrechnung. Dissertation, Hochschule St. Gallen, 1995

[kil86]   Kilger, W.: Die Kostenträgerrechnung als leistungs- und kostenwirt-schaftliches Spiegelbild des Produktions- und Absatzprogramms. In: Kilger, W; Scheer, A.-W. (Hrsg.): Rechnungswesen und EDV. 7. Saar-brücker Arbeitstagung 1986, Heidelberg, 1986, S. 3–53

[kil93]   Kilger, W.: Flexible Plankostenrechnung und Deckungsbeitragsrech-nung. 10. Auflage, Wiesbaden, Gabler, 1993

[kle97]   Kleinschmidt, P.; Rank, C.: Relationale Datenbanksysteme: eine prakti-sche Einführung. Berlin, Springer, 1997

[klo97]   Kloock, J.: Betriebliches Rechnungswesen, 2. Auflage, Bergisch Glad-bach, Josef Eul GmbH, 1997

[koh97a] Kohlhase, N.: Methoden und Instrumente zum Entwickeln marktgerechter Baukastensysteme. Konstruktion 49, H. 7–9, S. 30–38, 1997

[koh97b] Kohlhase, N.: Strukturieren und Beurteilen von Baukastensystemen, Strategien, Methoden, Instrumente. Dissertation TH Darmstadt; VDI-Fortschritt-Berichte Reihe 1, Nr. 275, Düsseldorf: VDI, 1997

[koh98] Kohlhase, N.; Schnorr, R.; Schlücker, E.: Reduzierung der Variantenvielfalt in der Einzel- und Kleinserienfertigung. Konstruktion 50, H. 6, S. 15–21, 1998

[kol86] Koller, R.: Entwicklung und Systematik der Bauweisen technischer Systeme, Konstruktion 38, S. 1–7, 1986

[kol98] Koller, R.: Konstruktionslehre für den Maschinenbau; Grundlagen zur Neu- und Weiterentwicklung technischer Produkte mit Beispielen. Berlin, Springer, 1998

[kon00] N.N.: Standardisierung als Schlüssel zum Erfolg, Konstruktion 52 (2000) 10, S. 26

[kra96] Kramer, M.: Produkterfolg durch Customer Focus; Marktorientiertes F&E Management. Berlin, Springer, 1996

[lac95] Lackes, R.: Datenbankgestütztes Kosten- und Erfolgs-Controlling bei intensiver Variantenfertigung. In: Reichmann, H. (Hrsg.), Handbuch Kosten- und Erfolgs-Controlling, München 1995

[les95] Lesch, U.; Vormstein, Y.: Neue Organisationsformen in der technischen Auftragsabwicklung; VDI-Z 137 Nr. 9, S. 54–59, 1995

[lin94] Lingnau, V.: Variantenmanagement. Produktionsplanung im Rahmen einer Produktdifferenzierungsstrategie. Berlin, Erich Schmidt, 1994

[lin98] Lindemann, U.; Reichwald, R.: Integriertes Änderungsmanagement. Berlin, Springer, 1998

[lös00] Lösch, J., Frost, W.: Management der Variantenvielfalt. Eine empirische Analyse; Arbeitsbericht 00/09 der Abteilung Controlling und Unternehmensrechnung der TU Braunschweig, Braunschweig, 2000

[lös01] Lösch, J.: Controlling der Variantenvielfalt: Eine koordinationsorientierte Konzeption zur Steuerung von Produktvarianten. Dissertation, TU Braunschweig, 2001.

[lux01] Lux, St.: Entwicklung rechnergestützter Angebotssysteme mit generischen Methoden. Dissertation, TU Braunschweig, 2001

[mal00] Malik, F.: Systemisches Management, Evolution, Selbstorganisation: Grundprobleme, Funktionsmechanismen und Lösungsansätze für komplexe Systeme. 2. Auflage, Bern, Haupt, 2000

[mee99] Meerkamm, H.; Heynen, C.; Sander, S.: Integriertes Komplexitätsmanagement, ZWF 94, Nr. 9, Seite 498–502, 1999

[men01] Menge, M.: Ein Beitrag zur Beherrschung der Variantenvielfalt in der auftragsbezogenen Einzel- und Kleinserienfertigung komplexer Produkte. Dissertation, TU Braunschweig, 2001

[nic79] Nicolai, M.: Rechnerunterstützte Variantenkonstruktion von Baugruppen. Düsseldorf, VDI, 1979

[nic98]   Nicolai, H.; Schotten, M.; Much, D.: Aufgaben. In: Luczak, H.; Evers-
           heim, W. (Hrsg.); Schotten, M.: Produktionsplanung und -steuerung.
           Berlin, Springer, 1998

[pat82]   Patzak, G.: Systemtechnik – Planung komplexer innovativer Systeme.
           Berlin, Springer, 1982

[pabe74a] Beitz, W.; Pahl, G.: Baukastenkonstruktionen. Konstruktion 26, S. 153–
           160, 1974

[pabe74b] Pahl, G.; Beitz, W.: Baureihenentwicklung. Konstruktion 26, S. 71–79
           und 113–118, 1974

[pabe97]   Pahl, G.; Beitz, W.: Konstruktionslehre. Methoden und Anwendung.
           4. Auflage, Berlin, Springer, 1997

[per01]   Perlwitz, M.: Kostenschätzung auf Grundlage variantenbestimmter
           Merkmale. Studienarbeit, Institut für Konstruktionslehre, Maschinen-
           und Feinwerkelemente, TU-Braunschweig, 2001

[pil98]   Piller, F. T.: Kundenindividuelle Massenproduktion; die Wettbewerbs-
           strategie der Zukunft. München, Wien, Carl Hanser, 2001

[rat93]   Rathnow, P. J.: Integriertes Variantenmanagement. Bestimmung, Reali-
           sierung und Sicherung der optimalen Produktvielfalt. Göttingen, Van-
           denhoeck & Rupprecht, 1993

[refa85]   N.N.: Methodenlehre der Planung und Steuerung. Teil 2. München, Carl
           Hanser, 1985

[refa92]   N.N.: Methodenlehre des Arbeitsstudiums. Teil 2. München, Carl Han-
           ser, 1992

[rei93]   Integration von Prozeßkostenrechnung und Fixkostenmanagement –
           Notwendige Voraussetzungen für ein effektives Kostenmanagement. In:
           krp Sonderheft 2, S. 63–73, 1993

[rot94]   Roth, K.: Konstruieren mit Konstruktionskatalogen. Band I und II.
           2. Auflage, Berlin, Springer, 1994

[ros97]   Rosenberg, O.: Kostensenkung durch Komplexitätsmanagement. In:
           Franz, K.-P.; Kajüter, P. (Hrsg.), Kostenmanagement – Wettbewerbsvor-
           teile durch systematische Kostensteuerung, Stuttgart 1997, S. 185–206

[saa99]   Saake, G.; Heuer, A.: Datenbanken: Implementierungstechniken, 1. Auf-
           lage Bonn, MITP, 1999

[sap01]   www.sap.com: SAP Variantenkonfiguration und Internet Pricing Confi-
           gurator, SAP Produktbeschreibung 2001

[sca80]   Schaller, U.: Ein Beitrag zur vorteilhaften Erzeugnisgliederung bei vari-
           antenreicher Serienfertigung im Maschinenbau. Dissertation, RWTH
           Aachen, 1980

[scä99]   Schäuble, S.: Entwicklung einer Methode zur verursachungsgerechten
           Verrechnung und Kalkulation variateninduzierter Gemeinkosten, Di-
           plomarbeit, Institut für Werkzeugmaschinen und Fertigungstechnik, TU
           Braunschweig, 1999

[scb91]   Schubert, B.: Entwicklung von Konzepten für Produktinnovationen mit-
           tels Conjointanalyse, Stuttgart, 1991

[scl91]   Schulte, C.: Aktivitätsorientierte Kostenrechnung – Eine Strategie zur Variantenreduktion. In: Controlling 1, S. 18–23, 1991

[scm89]   Schmitt, G., Ströhlein, T.: Relationen und Graphen, Berlin, Springer, 1989

[scö97]   Schölling, W.: Kundenorientierte Produktinnovation und Produktstandardisierung. ZWF 92, Nr. 11, S. 561–565, 1997

[scu88]   Schuh, G.: Gestaltung und Bewertung von Produktvarianten, Ein Beitrag zur systematischen Planung von Serienprodukten. Dissertation, RWTH Aachen, 1988

[scu89]   Schuh, G.; Caesar, Chr.: Variantenorientierte Produktgestaltung – Standardisierung und Modularisierung von Serienprodukten. Konstruktion 41, S. 207–211, 1989

[scu94]   Schuh, G.; Herf, H.-D.: VMEA – Variantenmanagement in Entwicklung, Planung und Änderungsdienst. ZWF CIM 89, Nr. 11, 1994

[scu01a]   www.variantenmanagement.de: GPS, Prof. Schuh, Komplexitätsmanagement GmbH, 2001

[scu01b]   www.complexitymanager.de: GPS, Prof. Schuh, Komplexitätsmanagement GmbH, 2001

[scu01c]   Schuh, G.; Schwenk, U.: Produktkomplexität managen; Strategien, Methoden, Tools. München, Wien, Carl Hanser, 2001

[scw87]   Schwarzkopf, W.: Bildung eines flexiblen Systems für das konstruktionswissenschaftliche Methodenpotential unter Berücksichtigung der Anpassungsfähigkeit an praktische Anwendungsbedingungen, VDI Fortschritt-Berichte Reihe 1 Nr. 152, Düsseldorf, VDI, 1987

[ugs01]   www.eds.com/products/plm/unigraphics: Unigraphics Suite, 2001

[ulr74]   Ulrich, H.; Krieg, W.: Sankt Gallener Managementmodell. 3. Auflage, Bern, Haupt, 1974

[ung86]   Ungeheuer, U.: Produkt- und Montagestrukturierung. Methodik zur Planung einer anforderungsgerechten Produkt- und Montagestruktur für komplexe Erzeugnisse der Einzel- und Kleinserienproduktion. VDI-Fortschritt-Berichte Reihe 2 Nr. 112, Düsseldorf, 1986

[vdi2218] VDI-Richtlinie 2218 (Entwurf): Feature-Technologie. Berlin, Köln, Beuth, 1999

[vdi2219] VDI-Richtlinie 2219 (Entwurf): Datenverarbeitung in der Konstruktion; Einführung und Wirtschaftlichkeit von EDM/PDM-Systemen. Berlin, Köln, Beuth, 1999

[vdi2220] VDI-Richtlinie 2220: Produktplanung; Ablauf, Begriffe und Organisation. Berlin, Köln, Beuth, 1980

[vdi2221] VDI-Richtlinie 2221: Methodik zum Entwickeln und Konstruieren technischer Systeme und Produkte. Berlin, Köln, Beuth, 1993

[vdi2222] VDI-Richtlinie 2222, Blatt 2: Konstruktionsmethodik; Erstellung und Anwendung von Konstruktionskatalogen. Berlin, Köln, Beuth, 1982

[vdi2234] VDI-Richtlinie 2234: Wirtschaftliche Grundlagen für den Konstrukteur. Berlin, Köln, Beuth, 1990

[vdi2235] VDI-Richtlinie 2235: Wirtschaftliche Entscheidungen beim Konstruieren; Methoden und Hilfen. Berlin, Köln, Beuth, 1987

[vdi2815] VDI-Richtlinie 2815, Blatt 3: Begriffe für die Produktionsplanung und -steuerung; Stücklisten. Berlin, Köln, Beuth, 1978

[vdi3633-1] VDI-Richtlinie 3633: Blatt 1 (Entwurf): Simulation von Logistik-, Materialfluß- und Produktionssystemen. Berlin, Köln, Beuth, 2000

[vdi3633-5] VDI-Richtlinie 3633: Blatt 5: Simulation von Logistik-, Materialfluß- und Produktionssystemen, Integration der Simulation in die betrieblichen Abläufe. Berlin, Köln, Beuth, 2000

[ves00] Vester, F.: Die Kunst vernetzt zu denken. 4. Auflage Stuttgart, DVA, 2000

[voi98] Voigt, P.; Riedel, D.: Management und Organisation. In: Lindemann, U.; Reichwald, R. (Hrsg.): Integriertes Änderungsmanagement. Berlin, Springer, 1998

[vos95] Vossen, G.: Datenmodelle, Datenbanksprachen und Datenbank-Management-Systeme. 2. Auflage, Bonn, Addison-Wesley, 1995

[wac94] Wach, J. J.: Problemspezifische Hilfsmittel für die integrierte Produktentwicklung. Dissertation, TU München, 1994

[wer98] Werner, B.: Konzeption von teilautonomer Gruppenarbeit unter Berücksichtigung kultureller Einflüsse. Dissertation, Universität Karlsruhe, 1998

[wes93] Westkämper, E.; Bartuschat, M.: Produktcontrolling – Kostenoptimale Variantenvielfalt, CIM Management Nr. 4, S. 26–32, 1993

[wes95] Westkämper, E.; Bartuschat, M.: Varianten kostengerecht ermitteln, Fabrik 43 1/2, S. 32–34, 1995

[wil96] Wildemann, H.: Produktionslogistik. In: Eversheim, W.; Schuh, G. (Hrsg.): Produktion und Management, Teil 2. Berlin, Springer, 1996

[wil99] Wildemann, Horst: Effektives Variantenmanagement. ZWF 94, Nr. 4, S. 181–185, 1999

[wor01] www.work-center.de: Application Service Provider (ASP) für Konstruktion und Entwicklung, 2001

[wtc01] www.web2cad.de: The world of mechanics, 2001

[wüp98a] Wüpping, J.: Logistikgerechte Produktstrukturen bei marktorientierter Variantenvielfalt. In: io management Nr. 1/2, S. 76–81, 1998

[wüp98b] Wüpping, J.; Pekruhl, K.: Marktorientierte Produktstrukturen bei optimaler Variantenvielfalt. VDI-Z 140, Nr. 1/2, 1998

[wüp98c] Wüpping, J.: Zu viele Varianten mindern den Ertrag; Variantenbildung durch Variantencontrolling. controller magazin 1, S. 42–47, 1998

[wüp98d] Wüpping, J.: Ertragsorientiertes Variantenmanagement. ZWF 93, Nr. 7–8, Seite 360–364, 1998

[wüp01] Wüpping, J.: Produktkonfiguration – Der Weg zur kundenindividuellen Serienfertigung. wt Werkstattstechnik 91, Heft 3, S. 152–156, 2001

11   Stichwortverzeichnis